深度学习
计算机视觉实战

卷积神经网络、Python、TensorFlow 和 Kivy

[埃及] 艾哈迈德·法齐·迦得 著
(Ahmed Fawzy Gad)

林 赐 译

清华大学出版社

北 京

Practical Computer Vision Applications Using Deep Learning with CNNs: With Detailed Examples in Python Using TensorFlow and Kivy

Ahmed Fawzy Gad

EISBN：978-1-4842-4166-0

Original English language edition published by Apress Media. Copyright © 2018 by Ahmed Fawzy Gad. Simplified Chinese-Language edition copyright © 2020 by Tsinghua University Press. All rights reserved.

本书中文简体字版由 Apress 出版公司授权清华大学出版社出版。未经出版者书面许可，不得以任何方式复制或抄袭本书内容。

北京市版权局著作权合同登记号　图字：01-2019-6106

图书在版编目(CIP)数据

深度学习计算机视觉实战：卷积神经网络、Python、TensorFlow 和 Kivy / (埃及)艾哈迈德·法齐·迦得(Ahmed Fawzy Gad)著；林赐 译. —北京：清华大学出版社，2020.7

书名原文：Practical Computer Vision Applications Using Deep Learning with CNNs: With Detailed Examples in Python Using TensorFlow and Kivy

ISBN 978-7-302-55822-4

Ⅰ. ①深… Ⅱ. ①艾… ②林… Ⅲ. ①计算机视觉 ②机器学习 Ⅳ. ①TP302.7②TP181

中国版本图书馆 CIP 数据核字(2020)第 106142 号

责任编辑：王　军
装帧设计：孔祥峰
责任校对：成凤进
责任印制：沈　露

出版发行：清华大学出版社
　　　　　网　　　址：http://www.tup.com.cn，http://www.wqbook.com
　　　　　地　　　址：北京清华大学学研大厦 A 座　　　邮　　编：100084
　　　　　社 总 机：010-62770175　　　　　　　　　邮　　购：010-62786544
　　　　　投稿与读者服务：010-62776969，c-service@tup.tsinghua.edu.cn
　　　　　质 量 反 馈：010-62772015，zhiliang@tup.tsinghua.edu.cn
印 装 者：三河市吉祥印务有限公司
经　　销：全国新华书店
开　　本：170mm×240mm　　　印　　张：21.25　　字　　数：491 千字
版　　次：2020 年 9 月第 1 版　　　印　　次：2020 年 9 月第 1 次印刷
定　　价：98.00 元

产品编号：084277-01

译 者 序

目前市面上，诸如深度学习与计算机视觉的书籍汗牛充栋，让人眼花缭乱，难以选择。大部分专业书籍公式艰深，理论深奥，极其容易沦为"睡前读物"。本书不希冀成为高大全式的百科全书，而是另辟蹊径，着重实践，以一种"随风潜入夜，润物细无声"的方式，深入浅出地告诉读者使用卷积神经网络进行图像处理的原理。

本书将深度学习应用到不同平台上，使用卷积神经网络(CNN)和 Python 编写计算机视觉应用，解释了传统的机器学习对图像进行处理的原理，强调了传统的人工为计算机视觉选择特征的局限性，顺理成章地提出了使用卷积神经网络自动化处理图像的优点并使用遗传算法优化这个神经网络。

计算机视觉处理博大精深，是一门融图像、数学、统计、编程于一体的科学。学习新理论是一种抽丝剥茧的过程，学习者很难通过一次学习或简单地通过一本书，就能够透彻理解一种理论，熟练掌握一项技术。所谓"博学之，审问之，慎思之，明辨之，笃行之"，《中庸》里的这句名言高度概括了学习的过程。要想完全掌握计算机视觉与 CNN，仅靠阅读本书是远远不够的。要成为 AI 从业人员，光有编码实践，而没有深厚的数学基础和理论知识也是不行的。其结果将是对人工智能一知半解，不能够融会贯通。因此，我建议读者搭配理论书籍，一同阅读理解此书。当理解到达一定深度后，自会有"山重水复疑无路，柳暗花明又一村"的感觉。

在此，特别感谢清华大学出版社的领导和编辑们，感谢他们对我的信任和理解，把这样一本好书交给我翻译。同时我也要感谢他们为本书的翻译投入的巨大热情，可谓呕心沥血。没有他们的耐心和帮助，本书不可能顺利付梓。

林赐
2020 年 4 月 5 日于渥太华大学

作 者 简 介

    Ahmed Fawzy Gad 是一名助教，来自埃及，2015 年在埃及梅努菲亚大学计算机与信息学院获得信息技术荣誉理学学士学位，2018 年获得硕士学位。Ahmed 对深度学习、机器学习、计算机视觉和 Python 饶有兴趣。他曾担任机器学习项目的软件工程师和顾问。通过分享著作并在 YouTube 频道上录制教程，为数据科学界添砖加瓦是 Ahmed 的奋斗目标。

    Ahmed 发表了多篇研究论文，撰写了 *TensorFlow: A Guide to Build Artificial Neural Networks Using Python* (Lambert，2017)一书。Ahmed 一直希望在其所感兴趣的领域与其他专家分享经验。

技术审校者简介

Leonardo De Marchi 拥有人工智能硕士学位，曾在体育界担任数据科学家，并与纽约尼克斯和曼联等客户合作，还曾与 Justgiving 等大型社交网络合作。

现在，他在 Badoo(全球最大的约会网站，拥有超过3.6亿用户)担任首席数据科学家。他还是 ideai.io(一家专门从事深度学习和机器学习培训的公司)的首席讲师并受雇于欧盟委员会。

Lentin Joseph 是来自印度的作家和机器人企业家。他在印度经营着机器人软件公司 Qbotics Labs (http://qboticslabs.com)。

在机器人领域，他拥有 8 年的经验，尤其擅长使用机器人操作系统(ROS)、Open-CV 和 PCL 进行机器人软件开发。

他撰写了 7 本关于 ROS 的书籍: *Learning Robotics Using Python*(两个版本，Packt), *Mastering ROS for Robotics Programming*(两个版本, Packt), *ROS Robotics Projects*(Packt), *Robot Operating System for Absolute Beginners*(Apress)和 *ROS Programming: Building Powerful Robots*(Packt)。

他还审校了三本与机器人技术和 ROS 相关的书籍。第一本是 *Effective Robotics Programming Using ROS*(Packt)，接着是 *Raspberry Pi Image Processing*(Apress) 和 *Raspberry Pi Supercomputer*(Apress)。

Lentin 及其团队是 HRATC 2016 挑战赛(ICRA 2016 的一部分)的获胜者。他还是 ICRA 2015 的 HRATC 挑战赛的决赛入围者。

他在印度获得了机器人技术和自动化的硕士学位，曾在卡内基-梅隆大学的机器人学院做过研究。

前　言

　　人工智能(Artificial Intelligence，AI)是将人类思维嵌入计算机的一个领域。换句话说，就是创建模仿生物大脑功能的人工大脑。现在，人们需要将使用智能可做的所有事情转移到机器中。第一代 AI 专注于人类可以规范描述的问题。进行智能操作的步骤以机器必须遵循的指令形式来描述。机器遵循人类给出的步骤，而不做任何改变。这些是第一代 AI 的特征。

　　人类可以完整描述一些简单问题，如井字游戏甚至是国际象棋，但无法描述更复杂的问题。在国际象棋中，将棋盘表示为 8×8 大小的矩阵可以简单地解释问题，描述每个棋子及其走法。机器将仅限于完成人类规范描述的那些任务。通过编写此类指令，机器可智能地下棋，此时机器智能是人工的。机器本身不是智能的，但人类能以几条静态代码行的形式将其智能传递给机器。所谓"静态"，这表示在所有情况下机器行为都是相同的。

　　这种状况下，机器与人类紧密相连，不能单独工作。这就像是主仆关系。人类是主人，机器是仆人，后者仅遵循人类的指令，而不能做其他事情。

　　将智能行为嵌入代码块并不能处理人类的所有智能行为。一些简单任务(如排序数字)可以由人类描述，然后交由机器处理，它们具有 100%的人类智能。但某些复杂任务，例如语音转文本、图像识别、情感分析等，不能仅通过代码来解决。此类问题无法像国际象棋那样被人类描述。我们不可能编写代码识别猫等图片对象。由于不存在分类物体的单一规则，因此此类识别物体的智能行为不能简单地使用静态代码解决。例如，不存在识别猫的规则。即使某条规则能够成功创建，可以识别某个环境中的猫，但当应用到另一个环境中时，也必然失败。那么，对于此类任务，我们如何使机器拥有智能呢？这就要实现机器学习(Machine Learning，ML)，即由机器学习规则。

　　为了使机器能够识别对象，我们可以按照机器可理解的方式提供来自专家的先验知识。这种基于知识的系统构成第二代 AI。此类系统的其中一个挑战在于如何处理不确定性和未知知识。人类可以在不同的复杂环境中识别对象，能够智能地处理不确定性和未知知识，但机器不能。

在 ML 中，人类负责完成研究数据的复杂任务，要找出哪些类型的特征能够准确地对对象进行分类。遗憾的是，找到最佳类型的特征是一项艰巨的任务。这是研究人员针对不同应用正尝试进行回答的问题。例如，为诊断疾病，专业人士首先要收集患者和未患病者的数据，对这些数据进行正确标记，然后找到可以明确区分他们的某些类型的特征。这类特征可能是年龄、性别、血糖和血压。数据集越大，人类找到适用于所有样本的特征的难度就越大，因此这是一项非常具有挑战性的任务。

但如今，我们可以训练 ML 模型来了解如何区分不同的类别。ML 算法可以找到合适的数学函数，在输入和输出之间建立最健壮的关系。

机器学习算法并不能解决所有问题。关键的智能仍然存在于人类专家的头脑中，而非机器中。人类收集和标记数据，提取最合适的特征，并选择最佳的 ML 算法。在这之后，机器学习算法仅学习人类所讲的内容。在寻找将输入映射到输出的规则的过程中，机器仍然起着重要的作用。

通常，使用来自特定环境的数据进行训练的 ML 算法不能用在其他环境中。这是一个关键的限制。整个世界存在着大量数据，数据每天都在增加，传统的机器学习技术不适合对其进行处理。例如，使用一组工程化的特征描述图像是非常复杂的，这是因为即使在同一环境中，情况也是富于变化的。我们应该重复这项工作(即特征工程)，以使 ML 算法能够适用于其他环境。

随着类别数量的增加，人类找到好的区别性特征的能力会降低，因此我们不应该依赖于人类，而要将这些工作留给机器。机器本身会尝试探索数据，找到合适的特征，以区分不同的类别。我们仅需要提供数据给机器即可。这就是深度学习(Deep Learning，DL)。人们正趋于使用卷积神经网络(CNN)这个 DL 模型处理大量图像。

DL 领域着重于学习如何从原始数据中得出结论，而无须进行特征工程之类的中间步骤。这就是实际上 DL 可以被称为"自动化特征工程"的原因。它对处理器和内存的要求比较高，可能需要数周的时间区分不同的类别。

本书针对的是未来的数据科学家，这些科学家正逐步开始了解 DL 的基本概念，以用于计算机视觉。读者应该对图像处理和 Python 有一个基本了解。以下是各章内容的概述。

第 1 章基于计算机视觉中一些常用特征描述子的介绍，选择了最适合的特征集对 Fruits 360 数据集进行分类。此类特征使用 Python 实现。通过在预处理步骤中过滤此类特征，可以使用最少数目的特征进行分类。该章得出的结论是，传统的手工特征不适用于复杂问题。DL 是处理大量样本及类别的替代方法。

第 2 章讨论人工神经网络(Artificial Neural Network，ANN)，这是 DL 模型的基础。它首先解释了 ANN 仅是线性模型的组合。我们通过指定最佳层数和神经元为一些简单示例设计 ANN 架构。基于数值示例和 Python 示例，我们可以清楚地知道 ANN 如何进行前向和后向传递。

第 3 章使用第 2 章中的特征集实现 ANN，对 Fruits 360 数据集的子集进行分类。由于在实现过程中未使用任何优化技术，因此分类正确率较低。

第 4 章简单介绍单目标和多目标优化技术。它使用基于随机技术的遗传算法优化 ANN 权重。这将分类正确率提高到 97%以上。

第 5 章讨论识别多维信号的 CNN。该章从强调全连接神经网络(FCNN)和 CNN 之间的差别以及 CNN 如何从 FCNN 中衍生出来开始。基于数值示例，CNN 中的两个基本操作(即卷积和池化)的概念将逐渐变得清晰。我们可以使用 NumPy 实现 CNN 层，从而详细了解 CNN 如何工作。

第 6 章介绍 DL 库 TensorFlow，我们使用这个库构建用于并行和分布式处理大量数据的 DL 模型。通过构建简单的线性模型和模拟 XOR 门的 ANN 等示例，我们讨论了 TensorFlow 占位符、变量、数据流图和 TensorBoard。在该章结束时，使用 tensorflow.nn 模块创建了 CNN，用于分类 CIFAR10 数据集。

第 7 章将训练过的模型部署到 Web 服务器上，以便让互联网用户使用 Web 浏览器进行访问。我们使用 Flask 微框架创建 Web 应用，使用 HTML、CSS 和 JavaScript 构建前端页面来访问 Web 服务器。HTML 页面发送带有一张图像的 HTTP 请求到服务器，服务器使用预测类别对请求进行响应。

第 8 章使用 Kivy 开源库构建跨平台应用。通过将 Kivy 链接到 NumPy，我们可以构建数据科学应用，不作任何改变地在不同平台上进行工作。这消除了对特定平台自定义代码的开销。我们创建了一个 Android 应用，它读取图像并执行第 5 章中使用 NumPy 实现的 CNN。

为了让他人从所创建的项目中受益，我们可以将其在线发布。附录 A 讨论了如何打包 Python 项目，将它们发布到 Python 包索引(PyPI)仓库。

在开始学习之前，让我们先简单了解本书中使用的 Python 环境。

本书中的所有代码都使用 Python 实现。由于使用原生 Python 处理图像的工作非常复杂，因此我们在各章中使用了多个库帮助生成高效的实现。

首先，我们可以从 www.python.org/downloads 这个链接下载原生 Python 代码。本书使用 Python 3(请安装适用于你的系统的 Python 版本)。下一步是准备本书需要的所有库。我们不建议单独安装各个库，而推荐使用 Anaconda Python 发行版(可以通过链接 www.anaconda.com/download 进行下载)。它支持 Windows、Mac 和 Linux 并打包了超过 1400 个的数据科学库。我们可以从 https://repo.anaconda. com/pkgs 这个页面访问所有受支持的软件包的列表。只要在计算机上安装了 Anaconda，所有支持的库就都可以使用。这有助于快速准备好 Python 环境。

本书所需的库为 NumPy、SciPy、Matplotlib、scikit-image、scikit-learn、TensorFlow、Flask、werkzeug、Jinja、pickle、Pillow 和 Kivy。除了 Kivy 外，Anaconda 支持所有这些库。在本书的各个章节中，我们可以看到各个库的函数。注意，此类库很容易安装。在安装了原生 Python 后，可使用 pip 安装程序下载并安装库，所基于的指令为 pip install <lib-name>。我们仅需要输入库的名称。有些安装并不简单，可能随着系统的改变而改变。因此，我们无法涵盖不同的安装。出于这个原因，比起分别安装各个库，Anaconda 是更好的选择。让我们继续讨论所需的库。

Python 支持许多内置的数据结构：列表、元组、字典、集合和字符串。但在数据科学应用中，没有一种数据结构可提供灵活性。

这些数据结构支持同时使用不同的数据类型工作。相同的数据结构可能包含数字、字符、对象等。字符串是个例外，它只支持字符。此外，字符串和元组是不可变的，这意味着在创建后，我们不可能改变它们的值。使用字典保存图像像素要求为每个像素添加键，但这会增大所保存数据的量。集合仅限于集合操作，而图像不限于此类操作。

谈到图像，这是本书的主要内容，列表是合适的数据结构。这是一种可变的数据类型，能够存放矩阵。不过，使用列表会使过程变得复杂。由于不同的数值数据类型可以保存在相同的列表中，因此我们必须确定每一项都是某一特定类型的数值类型。为应用简单的操作(如将一个数字加到图像上)，我们必须写一个循环访问每个元素，单独地应用此种操作。在数据科学应用中，我们推荐使用工具让操作变得简单。在构建应用时，我们需要克服一些富有挑战性的任务，而在编写此类任务时，我们没有必要增加另一个挑战。

出于这种原因，我们使用了 NumPy 库。它的基本作用是在 Python 语言中支持一种新的数据结构，即数组。使用 NumPy 数组比使用列表简单。例如，在将图像转换为 NumPy 数组后，仅使用加法操作，我们就可以将某个数字添加到图像中的每个元素上。许多其他的库也有相应函数接收并返回 NumPy 数组。

虽然在 NumPy 数组内部支持某些操作，但这不意味着要应用这些操作。SciPy 库支持 NumPy 数组中的相同操作。它也支持使用 scipy.ndimage 子模块处理 n 维 NumPy 数组(例如图像)。对于有关图像的更多高级操作，我们使用 scikit-image 库。例如，使用此库可以提取图像特征。

在读取图像并应用一些操作后，我们使用 Matplotlib 显示图像。我们仅将其用于 2D 可视化，但是它也支持一些 3D 特征。

在读取图像、提取特征并进行可视化后，我们可以使用 scikit-learn 库构建 ML 模型。它支持备用的不同类型的模型。只需要提供输入、输出及其参数，即可获得已训练的模型。

训练完 ML 模型后，可使用 pickle 库将其保存，供以后使用。pickle 库可以序列化和反序列化对象。此时，我们可构建和保存 ML 模型。然后，我们可以转向使用 TensorFlow 构建和保存 DL 模型。这是最常使用的 DL 库，它支持不同的 API，可同时满足专业人士和初学者的需求。TensorFlow 用自己的方式保存已训练的模型。

Flask 是用于构建 Web 应用程序的微框架，我们使用它部署已训练的模型。通过将已训练的模型部署到 Web 服务器上，客户端可以使用 Web 浏览器进行访问。它们可以上传测试图像到服务器，接收类别标签。Flask 使用 Jinja2 模板引擎和 WSGI 构建应用。因此，我们必须安装 Jinja 和 werkzeug 库。

为构建可以在设备上运行的数据科学移动应用，我们要使用 Kivy。这是支持 Python 代码跨平台运行的 Python 库。在本书中，我们使用 Kivy 构建适用于 Android 设备的丰富数据科学应用。在市面上，我们可以使用 Kivy 生成的 APK，它与通常使用 Android Studio 创建的 APK 一模一样。

Kivy 使用 python-for-android 打包器，它允许添加所需的依赖包到 Android 应用程序中。由于 scikit-image 不支持 python-for-android，因此我们使用 Pillow 读取图像，这个库支持在 Android 设备上运行。

目　　录

第 1 章

■ ■ ■

计算机视觉识别

　　大多数计算机科学研究都在尝试建造一个类似于人类的机器人，使其能够充当人类。此类机器人甚至有可能具有情绪属性。通过传感器，机器人能感知周围的环境温度。通过面部表情，机器人能够知道一个人是悲伤还是快乐。现在看起来不可能的事情在未来可能只是一种挑战。

　　目前，非常具有挑战性的一种应用是物体识别。它是指可以基于不同类型的数据(如音频、图像和文本)进行识别。由于图像信息的丰富性有助于任务的完成，因此图像识别是一种非常有效的方式。因而，它被认为是最流行的计算机视觉应用。

　　世界上存在大量的物体，区分它们是一项复杂的任务。不同的物体可能具有相似的外观，而仅有微妙的细节差别。此外，根据物体的周边环境，同一个物体也会有不同的表现。例如，根据光、视角、畸变和阻塞，相同的物体在图片上具有不同的表现。对于图像识别而言，由于每个像素的微小变化会导致图像中的巨大变化，从而导致系统不能正确地识别物体，因此像素可能不是一个好选择，但这取决于原生图片。我们的目标是找到一组独特属性或特征，只要物体的结构出现在图片中的某处，这组属性或特征就不会随着像素位置或值的改变而改变。手动从图片中提取特征是图像识别面临的一个重大挑战，这正是特征提取的自动方法替代像素方法的原因所在。

　　当前，由于在任何环境中对物体进行识别都是非常复杂的，因此替代方法是限制目标环境或目标物体。例如，我们可以只针对一组动物，而不是识别所有类型的动物。我们可以将环境局限于室内图片，而不是室内外的图片。我们仅使用一些视图进行物体识别，而不是在不同的视图中进行物体识别。一般而言，在较小领域内创建人工智能应用虽然具有挑战性，但它比通用的人工智能应用更简单，困难也较少。

　　本章将讨论如何构建对水果图像进行分类的识别应用。首先介绍一些类型的特征(一般来说，这些特征对不同类型的应用都有用)，然后找出此类特征的最佳特征，用于目标应用。在本章结束前，我们将明白为什么手动提取特征具有挑战性，以及为什么首选使用卷积神经网络(Convolutional Neural Network，CNN)进行自动特征挖掘。

1.1　图像识别步骤

类似于大多数传统的识别应用，图像识别可能要遵循一些预定义的步骤，接收输入，返回所期望的结果。图 1-1 总结了此类步骤。

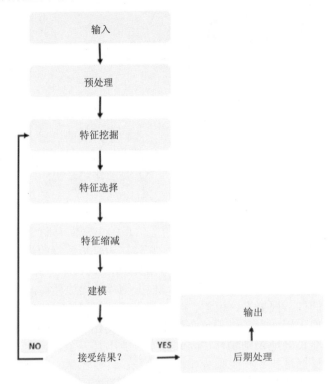

图 1-1　总体识别步骤

有时，所输入的图像不适合以当前的格式进行处理。例如，如果要创建一个面部识别应用，在复杂的环境中捕捉图像，识别图像中的人，那么最好在开始识别目标物体之前移除背景。这种情况下，背景移除是一种预处理。一般来说，在实际工作之前的任何步骤都被称为预处理。预处理是最大限度地提高成功识别概率的一个步骤。

输入图像准备就绪后，我们就完成实际工作，开始进行特征提取或特征挖掘。在大部分识别应用中，这是关键步骤。目标是找出能够精确描述每个输入图像的一组代表性特征。这样一组特征应该可以最大化每个输入图像映射到其正确输出的概率，最小化分配给每个输入图像错误标签的概率。所得到的结果就是可以对要使用的特征类型进行分析。

应用与所使用的特征集息息相关。可以基于应用选择特征。通过理解应用的本质，可以很容易地检测出所需要的特征类型。对于如人脸检测的应用，所要提取的特征是什么？人脸具有不同颜色的皮肤，因此我们可以确定肤色是所要使用的特征。了解到应用是在室外灰度图像、较暗和移动的环境中检测人脸有助于选择合适的特征。如果被要求创建应用识别橙子和香蕉，那么你可以受益于橙子和香蕉具有不同的颜色这个事实，仅确定颜色特征就足以识别二者。但这不足以识别不同类型的皮肤癌。我们需要做更多的工作，找出最适合的特征集。1.2 节将讨论有助于图像识别应用的一些特征。

在创建特征向量并获得在识别应用中很可能有用的特征后，我们要通过其他步骤以进一步增强，即进行特征选择和缩减。我们将特征选择和缩减的主要目标定义为从特征集中获得最优特征子集，通过减小不相关的特征、相关联的特征和噪声特征增强学习算法性能或精度。1.3 节将讨论通过移除不相关、相关联和噪声特征缩减特征向量长度的方法。

1.2   特征提取

将原始格式的图片作为训练模型的输入并不常见。我们有不同理由证明提取特征是一种更好的方式。其中一个理由是，即使是小图片，也具有大量像素。如果每个像素都作为模型的输入，那么对于尺寸为 100×100 像素的灰度图像而言，就有 100×100=10 000 个输入变量输入模型中。对于 100 个样本的小数据集而言，整个数据集共有 100×10 000=1 000 000 个输入。如果图片是 RGB 格式，那么要将总数乘以 3。这需要大量的内存，此外也是计算密集型的。

在训练前，倾向于进行特征提取的另一个原因是输入图像中有不同属性且不同类型的物体，而我们只想针对单个物体。例如，图 1-2(a)显示了来自"狗与猫 Kaggle"竞赛的狗图像。我们的目标是检测狗，并不关心木头和草。如果将完整的图像用作模型的输入，木头和草将影响结果。只使用专属于狗的特征是更好的做法。很明显，图 1-2(b)显示了狗的颜色与图像中的其他颜色不同。

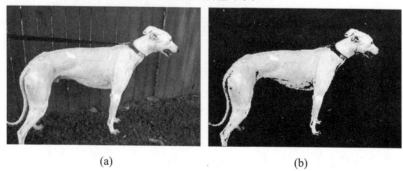

(a)   (b)

图 1-2   在使用特征的情况下来针对图像内的特定物体相对容易

一般来说，对问题的成功建模与最佳特征的选择紧密相关。数据科学家应选择最有代表性的特征集用于问题求解。可以使用不同类型的特征描述图像。这些特征可以不同方式进行分类。一种方式是检测是全局还是局部(从图像的特定区域)提取这些特征。局部特征指边和关键点等特征。全局特征指颜色直方图或像素数特征。所谓全局，意味着特征描述整张图像。例如，颜色直方图居于左侧区域中间表明整张图片偏暗。这种描述并不只针对图片的特定区域。局部特征则聚焦于图像内的特定内容，如边。

下面将讨论以下特征：

- 颜色直方图
- 边缘
  - HOG
- 纹理
  - GLCM
  - GLGCM
  - LBP

1.2.1　颜色直方图

颜色直方图表示的是整幅图上颜色的分布。它通常用于灰度图像，但是也可以进行修改，将其与彩色图像一起使用。为简单起见，我们计算图 1-3 中的 5×5 的 2 位图像的颜色直方图。这幅图像是使用 NumPy 随机生成的，仅有 4 个灰度等级。

3	2	2	0	3
1	3	0	2	2
2	2	2	2	3
3	3	3	2	3
0	2	3	2	2

图 1-3　尺寸为 5×5 的 2 位灰度图像

通过计算每个灰度等级的频度，所得到的直方图如图 1-4 所示。根据直方图，可以很明显地看到高频率的柱状区间位于右边，因此这幅图大部分的像素的值较高，图像较亮。

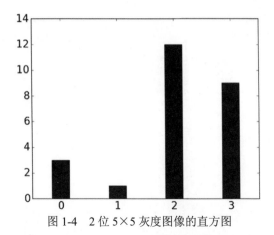

图 1-4 2 位 5×5 灰度图像的直方图

代码清单 1-1 给出了 Python 代码，用于随机生成先前的微小图像，同时计算并显示直方图。

代码清单 1-1 随机生成微小图像的直方图

```
import matplotlib.pyplot
import numpy

rand_img = numpy.random.uniform(low=0, high=3, size=(5,5))
rand_img = numpy.uint8(rand_img)
hist = numpy.histogram(rand_img, bins=4)
matplotlib.pyplot.bar(left=[0,1,2,3], height=hist[0], align="center",
width=0.3)
matplotlib.pyplot.xticks([0,1,2,3], fontsize=20)
matplotlib.pyplot.yticks(numpy.arange(0, 15, 2), fontsize=20)
```

numpy.random.uniform()接收要返回的数组的大小，以及图像像素所分配值区间的上下限。由于我们要创建 2 位的图像，因此下限为 0，上限为 3。numpy.uint8()用于将值从浮点值转换为整数值。然后，使用 numpy.histogram()计算直方图，这个函数接收图像和柱状区间的数目，返回每个等级的频率。最终使用 matplotlib.pyplot.bar()返回柱状图，在 x 轴上显示每个等级，在 y 轴上显示频率。matplotlib.pyplot.xticks()和 matplotlib.pyplot.yticks()用于改变 x 轴和 y 轴的范围，以及所显示的字体大小。

1. 真实世界图像的直方图

让我们计算图 1-2(a)所示的真实世界图像在转换为黑白图像后的直方图，如图 1-5 所示。直方图看起来大部分集中在左侧，这意味着图片整体较暗。由于狗的身体是白色的，因此直方图的某些部分位于柱状图分布的最右侧。

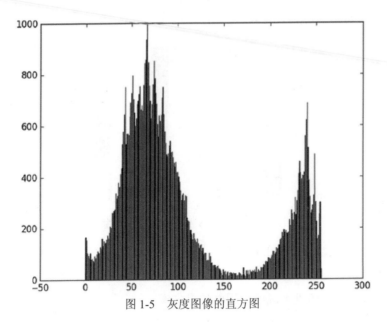

图 1-5　灰度图像的直方图

代码清单 1-2 给出了 Python 代码，用于读取彩色图像，将其转换为灰度图，计算其直方图，最后将直方图绘制成柱状图。

代码清单 1-2　真实世界图像的直方图

```
import matplotlib.pyplot
import numpy
import skimage.io


im = skimage.io.imread("69.jpg", as_grey=True)
im = numpy.uint8(im*255)

hist = numpy.histogram(im, bins=256)
matplotlib.pyplot.bar(left=numpy.arange(256), height= hist[0],
align="center", width=0.1)
```

通过 skimage.io.imread()函数，使用 as_grey 属性读取图像并将其转换为灰度图。当 as_grey 设置为 True 时，返回的图像为灰度图。所返回的图像数据类型为 float64。使用 numpy.uint8()将其转换为 0~255 的无符号整数。由于 numpy.uint8()不重新调整输入，因此在转换之前先将图像中的每个像素值乘以 255，这就可以保证数字为使用 8 位表示的整数。例如，应用数字 0.7，结果为 0。我们希望重新调整 0.4，从 0~1 的区间转换为 0~255 的区间，然后将其转换为 uint8。如果不将输入乘以 255，所有的值要么为 0，要么为 1。注意，由于图像使用了 8 个位表示，因此将直方图柱状区间的数目设置为 256，而不是先前示例中的 4。

2. HSV 色彩空间

彩色直方图意味着图像像素为色彩空间中的一个像素，然后计数在此彩色空间中存在的等级的频率。此前，图像使用 RGB 色彩空间表示，每个通道的区间为 0~255。但这并不是仅有的色彩空间。

我们将介绍的另一种色彩空间为 HSV(色调-饱和度-值)。此种色彩空间的优点是将色彩信息和亮度信息分离。色调通道持有色彩信息，其他通道(饱和度和值)指定了色彩的亮度。针对色彩而不是亮度创建亮度不变的特征是非常有用的。在本书中，我们不讨论 HSV 色彩空间，但是扩展阅读如何使用 HSV 生成色彩也是不错的。值得一提的是，色调通道表示为圆形，其值的范围为 0~360，其中 0 表示红色，120 表示绿色，240 表示蓝色，360 又回到表示红色。因此，这个色调通道始于红色，终于红色。

对于图 1-2(a)中所述的图像，其色调通道和直方图如图 1-6 所示。当色调通道使用灰度图像表示时，如图 1-6(a)所示，红色会得到较高的值(白色)，如狗的项圈所示。由于蓝色也会获得较高的色调值 240，因此在灰度图像中，它显得较浅。具有色调值 140 的绿色相较于 360 更接近于 0，因此它的颜色较暗。注意，狗的身体使用 RGB 色彩空间表示为白色，在 HSV 空间中看起来是黑色的。这个原因在于，HSV 不关注强度，仅关注颜色。在 V 通道中，这将表示为白色。

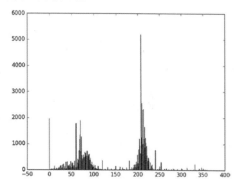

(a) HSV 色调通道   (b) 直方图

图 1-6　使用 HSV 表示的彩色图像色调通道及其直方图

根据代码清单 1-3，将 RGB 的图像转换为 HSV 色彩空间并显示其色调通道的直方图。

代码清单 1-3　使用 Matplotlib 显示图像直方图

```
import matplotlib.pyplot
import numpy
import skimage.io
```

```python
import skimage.color
im = skimage.io.imread("69.jpg", as_grey=False)

im_HSV = skimage.color.rgb2hsv(im)
Hue = im_HSV[:, :, 0]

hist = numpy.histogram(Hue, bins=360)
matplotlib.pyplot.bar(left=numpy.arange(360), height=hist[0],
align="center", width=0.1)
```

由于色调通道是 HSV 色彩空间中的第一个通道，因此它被赋予索引 0 并返回。

我们期望不同图像的特征是独一无二的。如果不同的图像具有相同的特征，则会造成结果不准确。颜色直方图就具有这样一个缺点，因为不同图像的颜色直方图可能完全相同。其原因是，颜色直方图只是计数色彩的频率，而不关注它们的排列。图 1-7(a)转置了图 1-3 中的图像。如图 1-7(b)所示，尽管像素的位置不同，转置前后的图像直方图是完全相同的。

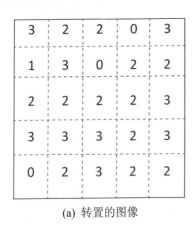
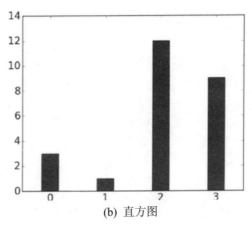

(a) 转置的图像　　　　　　　　　　　(b) 直方图

图 1-7　更改像素位置不改变彩色直方图

即使对图像进行更改(如旋转和缩放)，一个良好的特征描述子也应该保持持续性，因此有人可能会认为这不是一个问题。颜色直方图不能满足这种属性，因为即使图片完全改变了，依然返回相同的颜色直方图。为解决这个问题，我们期望像素强度和位置可返回一个更具代表性的特征。此类特征的示例是纹理特征，如 GLCM。

1.2.2 GLCM

其中一种流行的统计纹理分析方法依赖于从像素对之间的空间关系中提取的二阶统计。最流行的此类特征是从共生矩阵(CM)中提取出来的。其中一种共生矩阵为灰度共生矩阵(GLCM)。顾名思义，这种方法的输入为灰度图像，输出为返回的GLCM 矩阵。

我们可将 GLCM 描述为二维直方图，根据每个灰度对等级之间的距离计数它们之间的共生个数。GLCM 和一阶直方图不同的是，GLCM 不只依赖于强度，也依赖于像素的空间关系。对于每两个像素，一个称之为参考像素，另一个称之为邻居像素。当两个强度等级之间的距离为 D 且角度为 θ 时，GLCM 可找到两个强度等级共生的次数。$GLCM_{(1,3),D=1,\theta=0°}$ 指的是当强度值为 1 的参考像素与强度为 3 的邻居像素之间的分隔距离为 $D=1$ 且角度 $\theta=0°$ 时共生的次数。当 $\theta=0°$ 时，这意味着它们处在同一水平线上。θ 指定了方向，D 指定了在此方向上的距离。注意，参考像素存在于邻居像素的左侧。

计算 GLCM 的步骤如下所示：

(1) 如果输入图像为灰度格式或二进制格式，那么可以直接使用。如果这是彩色图像，则将其转换为灰度图像或者(如果合适)仅使用其中一个通道。

(2) 找出此图像中的强度等级总数。如果数目为 L，将这些等级从 0 到 $L-1$ 进行计数。

(3) 创建 $L\times L$ 矩阵，其中将行和列从 0 到 $L-1$ 进行计数。

(4) 选择适当的 GLCM 参数(D、θ)。

(5) 找出每两对强度等级之间的共生的次数。

1. D 值

调查研究表明，最好的 D 值范围为 1~10。较大的值将使得 GLCM 不能捕捉到详细的纹理信息。因此，对于 $D=1,2,4,8$ 来说，结果是精确的；对于 $D=1,2$ 来说是最好的。通常情况下，一个像素与邻近它的像素更相关。比起较大的距离，缩短距离可取得更好的结果。

2. θ 值

对于一个 3×3 的矩阵，中心像素具有 8 个相邻像素。在此中心像素与所有其他 8 个像素之间，θ 有 8 个可能的值，如图 1-8 所示。

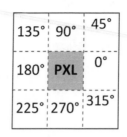

图 1-8　中心像素及其 8 个相邻像素之间的 θ 值

由于将 θ 设定为 0°和 180°时共生对是相同的(例如 $GLCM_{(1,3),\theta=0°}=GLCM_{(3,1),\theta=180°}$)，因此用一个角度就足够了。总体说来，相隔 180°的两个角度值返回的是相同的结果。这可以应用在角度(45°，225°)，(135°，315°)和(90°，270°)上。

当 $D=1°$ 且 $\theta=0°$ 时，让我们从对先前图 1-3 中的矩阵计算 GLCM 开始，然后为下面的矩阵重复相同的过程。由于图像具有 4 个强度等级，因此当参考强度为 0 时，可用的对为(0,0)、(0,1)、(0,2)和(0,3)。当参考强度为 1 时，可用的对为(1,0)、(1,1)、(1,2)和(1,3)。对于 2 和 3，也是如此。

3	2	2	0	3
1	3	0	2	2
2	2	2	2	3
3	3	3	2	3
0	2	3	2	2

如果计算 $GLCM_{(0,0),D=1,\theta=0°}$，则值应该为 0。这是因为对于强度为 0 的像素，在水平上没有另一个强度为 0 的像素距离为 1 个像素。对于(0,1)、(1,0)、(1,1)、(1,2)、(2,1)和(3,1)对，结果也为 0。

对于 $GLCM_{(0,2),D=1,\theta=0°}$，则结果为 2，这是因为在水平方向上，强度为 3 的像素与强度为 0 的像素(即 $\theta=0°$)的距离为 1 个像素，这种像素出现了 3 次。对于 $GLCM_{(3,3),D=1,\theta=0°}$，结果也为 2。对于 $GLCM_{(0,3),D=1,\theta=0°}$，结果为 1，这是因为在距离为 1 且角度为 0 的情况下，强度为 3 的像素与强度为 0 的像素对只出现一次。这位于原矩阵的右上方。

得到的完整 GLCM 如图 1-9 所示。这个矩阵的大小为 4×4，因为它具有 4 个强度等级，编号从 0 到 3。我们添加了行和列的标签到矩阵中，这样更容易了解哪个强度等级与另一个强度等级共生。

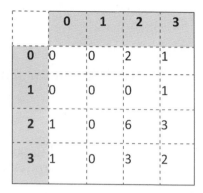

图 1-9　图 1-3 中矩阵的 GLCM，其中距离为 1，角度为 0

代码清单 1-4 中给出了返回先前 GLCM 所使用的 Python 代码。

代码清单 1-4　GLCM 矩阵计算

```
import numpy
import skimage.feature


arr = numpy.array([[3, 2, 2, 0, 3],
                   [1, 3, 0, 2, 2],
                   [2, 2, 2, 2, 3],
                   [3, 3, 3, 2, 3],
                   [0, 2, 3, 2, 2]])

co_mat = skimage.feature.greycomatrix(image=arr, distances=[1],
angles=[0],levels=4)
```

skimage.feature.greycomatrix()用于计算 GLCM。这个方法接收输入图像、用于矩阵计算的距离和角度、所使用的等级数目。等级数目是最重要的，默认值为256。

注意，对于每对特定的角度和距离，都有一个矩阵。由于仅使用一个距离和角度，因此仅返回单个 GLCM 矩阵。所返回的输出形状有 4 个数字，如下所示：

```
co_mat.shape = (4, 4, 1, 1)
```

前两个数字分别表示行数和列数。第三个数表示所使用距离的数目。最后一个数字表示角度的数目。如果要基于更多距离和角度对矩阵进行计算，那么在 skimage.feature.greycomatrix()中指定它们。下一行代码使用两个距离和三个角度计算 GLCM。

```
co_mat = skimage.feature.greycomatrix(image=arr, distances=[1, 4],
angles=[0, 45, 90], levels=4)
```

返回的矩阵的形状为：

```
co_mat.shape = (4, 4, 2, 3)
```

由于有两个距离和三个角度，因此返回的 GLCM 总数为 2×3=6。为返回距离为 1 且角度为 0 的 GLCM，索引如下所示：

```
co_mat[:, :, 0, 0]
```

这返回了完整的 4×4 的 GLCM，但是根据其在 skimage.feature.greycomatrix() 函数中的顺序，这仅是第一个距离(1)和第一个角度(0)返回的 GLCM。为返回对应于距离为 4 且角度为 90 的 GLCM，索引如下所示：

```
co_mat[:, :, 1, 2]
```

3. GLCM 归一化

先前计算的 GLCM 有助于学习每个强度等级与其他强度等级共生的次数。我们可以从这样的信息中获益，预测任意两个强度等级共生的概率。GLCM 可以转换为概率矩阵，因此我们可以知道分隔距离为 D 且角度为 θ 的任意两个强度等级 l_1 和 l_2 共生的概率。将矩阵中的每个元素除以矩阵元素的总和可以得到这个概率。我们称所得到的矩阵为归一化矩阵或概率矩阵。基于图 1-9，所有元素的总和为 20。将每个元素除以这个数后，归一化矩阵如图 1-10 所示。

	0	1	2	3
0	0.0	0.0	0.1	0.05
1	0.0	0.0	0.0	0.05
2	0.05	0.0	0.3	0.15
3	0.05	0.0	0.15	0.1

图 1-10　距离为 1 且角度为 0 的归一化 GLCM 矩阵

归一化灰度共生矩阵的其中一个益处是输出矩阵中的所有元素都处在同一个范围内(从 0.0 到 1.0)。此外，结果与图像大小无关。例如，根据图 1-9 的 5×5 大小的图像，对于(2,2)对，最高频率为 6。如果新的图像较大(例如 100×100)，则最高的频率不会是 6，而是更大的一个值(如 2000)。由于这个数值与图像大小相关，因此我们不能比较 6 与 2000。通过归一化矩阵，灰度共生矩阵(GLCM)与图像大小无关，因此我们可以正确地比较它们。在图 1-10 中，(2,2)对的概率为 0.3，这可以与任意大小的任意图像的共生概率进行比较。

使用 Python 归一化 GLCM 非常简单。根据称为 normed 的布尔参数，如果将这个参数设置为 True，那么结果就是归一化的。这个参数默认设置为 False。根据下列这行代码计算归一化矩阵：

```
co_mat_normed = skimage.feature.greycomatrix(image=arr, distances=[1],
angles=[0], levels=4, normed=True)
```

由于我们使用 2 位的图像，仅有 4 个等级，因此灰度共生矩阵的大小为 4×4。对于图 1-2(a)所示的 8 位灰度图像，有 256 个等级，因此矩阵大小为 256×256。归一化 GLCM 如图 1-11 所示。在两个区域内概率较大。由于背景具有较深的颜色，因此第一个区域在左上(强度较低)。由于狗的身体颜色为白色，因此另一个区域在右下(强度较高)。

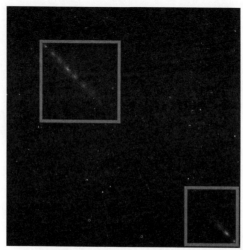

图 1-11　距离为 6 且角度为 0 的具有 256 个等级的灰度图像的灰度共生矩阵

随着等级数目的增加，矩阵的大小也在增加。如图 1-11 所示，GLCM 具有 256×256=65 536 个元素。在特征向量中使用矩阵中的所有元素将会极大地增加其长度。我们可以通过从矩阵中提取特征减小此数字，包括相异度、相关性、均匀性、能量、对比度和 ASM(角二阶矩)。代码清单 1-5 给出了提取此类特征所需的 Python 代码。

代码清单 1-5　提取灰度共生矩阵的特征

```
import skimage.io, skimage.feature
import numpy

img = skimage.io.imread('im.jpg', as_grey=True);

img = numpy.uint8(img*255)
```

```
glcm = skimage.feature.greycomatrix(img, distances=[6], angles=[0],
levels=256, normed=True)

dissimilarity = skimage.feature.greycoprops(P=glcm, prop='dissimilarity')
correlation = skimage.feature.greycoprops(P=glcm, prop='correlation')
homogeneity = skimage.feature.greycoprops(P=glcm, prop='homogeneity')
energy = skimage.feature.greycoprops(P=glcm, prop='energy')
contrast = skimage.feature.greycoprops(P=glcm, prop='contrast')
ASM = skimage.feature.greycoprops(P=glcm, prop='ASM')

glcm_props = [dissimilarity, correlation, homogeneity, energy,
contrast, ASM]

print('Dissimilarity',dissimilarity,'\nCorrelation',correlation,
'\nHomogeneity',homogeneity,'\nEnergy',energy,'\nContrast',contrast,
'\nASM',ASM)
```

灰度共生矩阵的其中一个缺点是依赖于灰度值。只在亮度上的微小改变也会影响所得到的灰度共生矩阵。其中一个解决方法是使用梯度而不是强度构建共生矩阵。这种矩阵称为基于梯度的灰度共生矩阵(GLGCM)。通过使用梯度，GLGCM 对于亮度变化可以保持不变。

无论是 GLCM 还是 GLGCM，都会随着图像的变换而改变。也就是说，如果相同灰度图像受到转换的影响(如旋转)，那么描述子会获得不同的特征。好的特征描述子应该不随着此类效果而变化。

1.2.3 HOG

我们可使用 GLCM 描述图像纹理，但不能用它描述图像强度的突然变化(如边缘)。有时在处理某些问题时，纹理不是一种合适的特征，我们必须寻找另一种特征。我们使用其中一类特征描述子描述图像边缘。此类特征可以描述边缘的不同方面，如边缘方向或取向、边缘位置、边缘强度或幅度。

本节将讨论称为取向梯度直方图(HOG)的描述子，这个描述子描述了边缘取向。有时，目标对象具有唯一的运动方向，因此 HOG 是一种合适的特征。HOG 创建了一些单元条(表示边缘取向的频率)的直方图。让我们来了解 HOG 的工作机制。

1. 图像梯度

图像内的每对相邻像素之间的强度会有变化。为测量这种变化，可计算每个像素的梯度向量来测量这个像素的强度如何变化到其相邻像素的强度。向量的大小是两个像素之间的强度差值。向量也通过 X 方向和 Y 方向反映出变化的方向。基于图 1-12 中的灰度图像，让我们来计算第 3 行第 4 列像素 21 在 X 和 Y 方向上强度的变化。

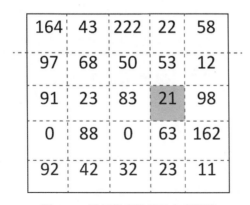

图 1-12　进行梯度计算的灰度图像

可以使用掩模找出 X 和 Y 方向的梯度大小，如图 1-13 所示。让我们开始计算梯度。

水平方向　　　　　　　　　　垂直方向

图 1-13　计算水平方向和垂直方向梯度的掩模

将水平掩模对中目标像素，我们可以计算出 X 方向的梯度。这里相邻像素是 83 和 98。将这两个值相减(无论是将左边像素的值减去右边像素的值，还是将右边像素的值减去左边像素的值都可以，但是整幅图要保持一致)，则这个像素的变化量为 98-83=15。这种情况下，所使用的角度为 0°。

为获得此像素在 Y 方向上变化的量，将垂直掩模对中目标像素。然后，该像素上方和下方的像素进行相减，返回 63-53=10。这种情况下，使用的角度为 90°。

计算了 X 和 Y 方向的变化后，下一步根据公式 1-1 计算最终的梯度大小，以及根据公式 1-2 计算梯度方向。

$$Z = \sqrt{X^2 + Y^2}$$ 　　　　　　　　（式 1-1）

$$\text{Angle} = \tan^{-1} \frac{Y}{X}$$ 　　　　　　　　（式 1-2）

梯度大小等于 $\sqrt{15^2 + 10^2} \approx 18.03$。

2. 梯度方向

关于梯度方向，有人可能会说，该像素改变方向是在 0°，因为 0°向量的大小比 90°向量的大小大。但是，另一些人可能会说，该像素在 0°和 90°方向都没有改变，而是在中间角度方向发生改变。可以将 X 和 Y 方向都纳入考虑，计算这个角度。该向量的方向为 $\tan^{-1}\dfrac{15}{10}=56.31°$。因此，该像素改变方向是在 56.31°。

计算完所有图像的角度后，下一步是创建此类角度的直方图。为了让直方图较小，我们并不使用所有的角度，而仅使用预定义角度的集合。通常使用的角度为水平(0°)、垂直(90°)和对角(45°和 135°)。每个角度所贡献的值等于根据公式 1-3 计算得出的梯度大小。例如，如果当前的像素对 Z 单元条做出了贡献，那么它就为 Z 单元条添加值 18.03。

3. 对直方图单元条的贡献

我们先前计算的角度为 56.31°，这不是之前所选中的其中一个角度。解决方法是分配此角度到最近的直方图单元条。56.31°位于单元条 45°和 90°之间。因为比起 90°，56.31°更接近 45°，所以这个角度被分配给单元条 45°。一种更好的做法是将该像素的贡献值拆分给两个角度，即 45°和 90°。

角度 45°和 90°之间的距离是 45°。角度 56.31°和 45°之间的距离为 $|56.31°-45°|=11.31$。这意味着角度 56.31°距 45°的百分比等于 $\dfrac{11.32}{45°}\%\approx 25\%$。换句话说，56.31°是 75%临近 45°。类似地，角度 56.31°和 95°之间的距离为 $|56.31°-90°|=33.69$。这意味着角度 56.31°距 90°的百分比等于 $\dfrac{33.69}{45°}\%\approx 75\%$。

根据公式 1-3，计算该角度添加到单元条的值。

$$\text{contribution}_{\text{value}}=\frac{\text{abs}(\text{pixel}_{\text{angle}}-\text{bin}_{\text{angle}})}{\text{bin}_{\text{spacing}}}(\text{pixel}_{\text{gradientMagnitude}}) \qquad (\text{式 1-3})$$

其中 $\text{pixel}_{\text{angle}}$ 是当前像素的方向，$\text{pixel}_{\text{gradientMagnitude}}$ 是当前像素的梯度大小，$\text{bin}_{\text{angle}}$ 是直方图单元条值，$\text{bin}_{\text{spacing}}$ 是每两个单元条之间的间隔大小。

因此，角度 56.31°添加给 45°的值为其梯度大小的 75%，这等于 $\dfrac{75}{100}\times 18.03\approx 13.5$。它仅添加了其梯度大小的 25%给 90°，等于 $\dfrac{25}{100}\times 18.03\approx 4.5$。

更实际的直方图包含从 0°开始到 180°结束的 9 个角度。每对角度的差值为 180/9=20。因此，所使用的角度为 0°、20°、40°、60°、80°、100°、120°、140°、160°和 180°。单元条不是这些角度，而是每个范围的中心值。对于 0°~20° 这个范围，所使用的单元条为 10°。对于 20°~40° 这个范围，单元条为 30°。最终的直方图为 10°、30°、50°、70°、90°、110°、130°、150°和 170°。如果角度为 25°，那么它添加值到其左右两边的单元条。也就是说，它添加 0.25 给

10°，添加 0.75 给 30°。

在位于第 2 行第 2 列处的像素 68 上重复上一步骤，应用水平掩模所得到的结果为 97-50=47，这是在 X 方向上的梯度变化。应用了垂直掩模后，结果为 43-23=20。根据公式 1-2 计算改变的方向，如下所示。

$$Angle = \tan^{-1}\frac{Y}{X} = \tan^{-1}\frac{20}{47} \approx 23°$$

同样，所得到的结果角度不等于任何直方图单元条。因此，该角度的贡献可以拆分给其左右两边的单元条，也就是 15° 和 45°。它添加 0.27 给 15°，0.73 给 45°。

位于第 4 行第 2 列的像素的强度值为 88，在 X 方向上的变化为 0。如果应用公式 1-2，结果将会除以 0。为避免结果除以 0，在分母上加上一个非常小的值，如 0.0000001。

4. HOG 步骤

至此，我们已经学会如何计算任何像素的梯度大小和方向。但在计算这些值前后，我们还有一些工作要完成。HOG 步骤汇总如下：

(1) 将输入图片按照长宽比 1:2 分成小片。例如，小片大小可能为 64×128、100×200，以此类推。

(2) 将小片分成小块(例如 4 个块)。

(3) 将每个块分成小单元格。块内单元格的大小是不固定的。例如，如果块的大小为 16×16，我们决定把它分成四个单元格，那每个单元格的尺寸为 8×8。注意，块可能会互相重叠，每个单元格可能多个块可用。

(4) 对于每个块内的每个单元格，计算所有像素的梯度大小和方向。

● 基于图 1-13 中的掩模计算梯度。

● 分别根据公式 1-1 和 1-2 计算梯度大小和方向。

(5) 基于梯度大小和方向构建每个单元格的直方图。如果用于构成直方图的角度数目为 9，那么每个单元格返回 9×1 的特征向量。根据先前的讨论计算直方图。

(6) 串联相同块内所有单元格的所有直方图，返回整个块的单个直方图。如果每个单元格直方图使用 9 个单元条表示，每个块有 4 个单元格，那么串联的直方图长度为 4×9=36。36×1 为向量，是每个块的结果。

(7) 归一化向量，使其对亮度变化具有健壮性。

(8) 串联小图片内所有块的归一化向量，返回最终的特征向量。

如图 1-14 所示，这是图 1-5(a)中图片的一个小片，大小为 64×128。

图 1-14　计算 HOG 的小图片

创建直方图前,根据垂直和水平掩模计算垂直和水平梯度。梯度如图 1-15 所示。

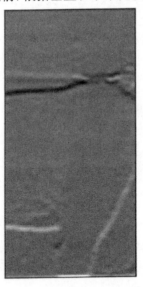
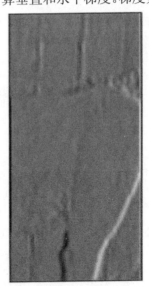

(a) (垂直梯度)　　　　　　　　　　　(b) (水平梯度)

图 1-15　64×128 小图片的垂直和水平梯度

代码清单 1-6 给出用于计算此类梯度的 Python 代码。

代码清单 1-6　计算梯度

```
import skimage.io, skimage.color
```

```python
import numpy
import matplotlib


def calculate_gradient(img, template):
    ts = template.size #Number of elements in the template (3).
    #New padded array to hold the resultant gradient image.
    new_img = numpy.zeros((img.shape[0]+ts-1,
                           img.shape[1]+ts-1))
    new_img[numpy.uint16((ts-1)/2.0):img.shape[0]+numpy.uint16((ts
    -1)/2.0),
            numpy.uint16((ts-1)/2.0):img.shape[1]+
            numpy.uint16((ts-1)/2.0)] = img
    result = numpy.zeros((new_img.shape))
for r in numpy.uint16(numpy.arange((ts-1)/2.0,
img.shape[0]+(ts-1)/2.0)):
    for c in numpy.uint16(numpy.arange((ts-1)/2.0,
                          img.shape[1]+(ts-1)/2.0)):
    curr_region = new_img[r-numpy.uint16((ts-1)/2.0):r+numpy.
    uint16((ts-1)/2.0)+1,
                          c-numpy.uint16((ts-1)/2.0):c+numpy.
                          uint16((ts-1)/2.0)+1]
    curr_result = curr_region * template
    score = numpy.sum(curr_result)
    result[r, c] = score
#Result of the same size as the original image after removing the
padding.
result_img = result[numpy.uint16((ts-1)/2):result.shape[0]-numpy.
uint16((ts-1)/2),numpy.uint16((ts-1)/2):result.shape[1]-numpy.
uint16((ts-1)/2)]
return result_img
```

基于 calculate_gradient(img，template)函数(这个函数接收灰度图像和掩模作为输入)并基于掩模过滤图像，然后返回结果。使用不同的掩模调用图像两次，返回垂直和水平梯度。

之后，根据代码清单 1-7 中的 gradient_magnitude()函数，使用垂直和水平梯度计算梯度大小。

代码清单 1-7　梯度大小

```python
def gradient_magnitude(horizontal_gradient, vertical_gradient):
```

```
horizontal_gradient_square = numpy.power(horizontal_gradient, 2)
vertical_gradient_square = numpy.power(vertical_gradient, 2)
sum_squares = horizontal_gradient_square + vertical_gradient_square
grad_magnitude = numpy.sqrt(sum_squares)
return grad_magnitude
```

该函数就是应用先前计算水平和垂直梯度的公式 1-1。小图片的梯度大小如图 1-16 所示。

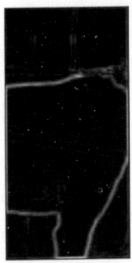

图 1-16　基于先前为 64×128 小图片计算的垂直和水平梯度的梯度大小

下面使用代码清单 1-8 中的 gradient_direction()函数计算梯度方向。

代码清单 1-8　梯度方向

```
def gradient_direction(horizontal_gradient, vertical_gradient):
    grad_direction = numpy.arctan(vertical_gradient/(horizontal_
    gradient+0.00000001))
    grad_direction = numpy.rad2deg(grad_direction)
    # Some angles are outside the 0-180 range. Next line makes all results
    fall within the 0-180 range.
    grad_direction = grad_direction % 180
    return grad_direction
```

注意，有一个小值(0.00000001)被加到分母中，这避免了除以 0 的错误。如果忽略这一点，一些输出结果将为 NaN(非数字)。

图 1-17 显示了被划分成 16×8 个单元格后的小图片。每个单元格都有 8×8 个像素，并且每个块具有 4 个单元格(即每个块具有 16×16 个像素)。

图 1-17 图像被划分为 16×8 个单元格

　　基于先前所计算的梯度大小和方向，我们可以返回小图片中的第一个 8×8 单元格(左上角的单元格)的结果，如图 1-18 所示。

44.41	88.69	91.57	89.74	84.94	84.98	88.62	91.62
0.26	15.95	165.96	63.43	1.97	178.15	173.66	15.26
0.77	29.74	159.44	116.57	2.05	0.0	0.0	168.69
1.02	45.0	161.57	153.43	0.0	0.0	0.0	146.31
0.75	38.66	160.02	135.0	4.4	1.97	172.87	153.43
0.5	36.87	165.96	135.0	4.57	2.05	171.87	53.13
0.25	14.04	0.0	0.0	0.0	0.0	0.0	33.69
179.25	135.0	10.3	26.57	2.29	5.91	35.54	158.96

(a) 梯度方向

207.19	219.06	219.08	219.	226.88	239.92	249.07	248.1
222.0	7.28	8.25	2.24	29.02	31.02	9.06	11.4
223.02	8.06	8.54	2.24	28.02	30.0	9.0	10.2
225.04	7.07	9.49	2.24	27.0	30.0	9.0	7.21
228.02	6.4	11.7	4.24	26.08	29.02	8.06	2.24
230.01	5.0	12.37	4.24	25.08	28.0	7.07	5.0
231.0	4.12	12.0	3.0	24.0	27.0	6.0	10.82
230.02	5.66	11.18	2.24	25.02	29.15	8.6	13.93

(b) 梯度大小

图 1-18 左上角 8×8 单元格的梯度大小和方向

　　基于先前讨论的简单示例，我们创建直方图。直方图有 9 个单元条，覆盖了从 0 到 180 的角度范围。仅使用有限的单元条表示这个范围会使每个单元条覆盖多个角度。如果仅使用 9 个单元条，那每个单元条会覆盖 20 个角度。第一个单元条覆盖的角度从 0(包括 0)到 20(不包括 20)。第二个单元条从 20(包括 20)到 40(不包括 40)，直到最后一个单元条，覆盖的范围从 160(包括 160)到 180(包括 180)。

　　每个区间单元条所赋予的数字等于每个区间的中心值。也就是说，第一个单元条为 10，第二个为 20，以此类推，直到最后一个单元条为 170。我们可以说，单元条从 10 开始到 170，每步为 20。对于图 1-18(a)所示的每个角度，可以找到其落点处的左右两个单元条。从左上元素(值为 44.41)开始，它位于单元条 30 和 50 之间。根据公式 1-3，计算出其为两个单元条所贡献的值。单元条 30 的贡献值计算如下：

$$\text{contribution}_{\text{value}} = \frac{\text{abs}(44.41-30)}{20}(207.19) = 0.72 \times 207.19 \approx 149.28$$

关于单元条 50，其贡献值计算如下：

$$\text{contribution}_{\text{value}} = \frac{\text{abs}(44.41-50)}{20}(207.19) = 0.28 \times 207.19 \approx 57.91$$

对于当前单元中的所有 8×8 个像素继续此过程。左上单元的直方图如图 1-19(a) 所示。假设每个块包含 2×2 个单元格，图 1-17 中用亮色标记的左上方块中剩余的 3 个单元格的 9 单元条直方图如图 1-19 所示。如果计算给定块的所有直方图，则其特征向量为这 4 个 9 单元条直方图串联的结果。特征向量的长度为 9×4 = 36。

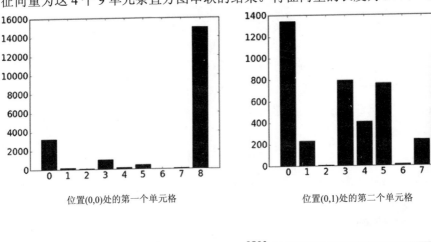

位置(0,0)处的第一个单元格　　　　位置(0,1)处的第二个单元格

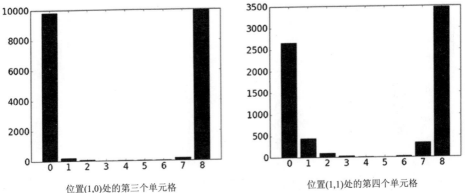

位置(1,0)处的第三个单元格　　　　位置(1,1)处的第四个单元格

图 1-19　当前小图片左上块内部的 4 个单元格的 9 单元条直方图

在计算第一个块的特征向量后，选择具有 4 个单元格的下一块，使用亮色标记，

如图 1-20 所示。

同样，计算此块内 4 个单元格的 9 单元条直方图，如图 1-21 所示，其结果将会被串联，返回 36×1 的特征向量。

图 1-20　小图片内的第二个块使用亮色突出显示

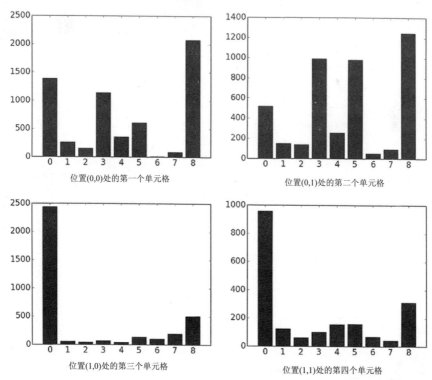

位置(0,0)处的第一个单元格

位置(0,1)处的第二个单元格

位置(1,0)处的第三个单元格

位置(1,1)处的第四个单元格

图 1-21　图 1-20 中当前小图片使用亮色标记的第二个块内 4 个单元格的 9 单元条直方图

　　使用代码清单 1-9 中的 HOG_cell_histogram()函数计算每个单元格的直方图。这个函数接收给定单元格的方向和大小，返回其直方图。

代码清单 1-9　单元格直方图

```python
def HOG_cell_histogram(cell_direction, cell_magnitude):
    HOG_cell_hist = numpy.zeros(shape=(hist_bins.size))
    cell_size = cell_direction.shape[0]

    for row_idx in range(cell_size):
        for col_idx in range(cell_size):
            curr_direction = cell_direction[row_idx, col_idx]
            curr_magnitude = cell_magnitude[row_idx, col_idx]

            diff = numpy.abs(curr_direction - hist_bins)

            if curr_direction < hist_bins[0]:
                first_bin_idx = 0
                second_bin_idx = hist_bins.size-1
            elif curr_direction > hist_bins[-1]:
                first_bin_idx = hist_bins.size-1
                second_bin_idx = 0
            else:
                first_bin_idx = numpy.where(diff == numpy.min(diff))[0][0]
                temp = hist_bins[[(first_bin_idx-1)%hist_bins.size, (first_
                bin_idx+1)%hist_bins.size]]
                temp2 = numpy.abs(curr_direction - temp)
                res = numpy.where(temp2 == numpy.min(temp2))[0][0]
                if res == 0 and first_bin_idx != 0:
                    second_bin_idx = first_bin_idx-1
                else:
                    second_bin_idx = first_bin_idx+1

            first_bin_value = hist_bins[first_bin_idx]
            second_bin_value = hist_bins[second_bin_idx]
            HOG_cell_hist[first_bin_idx] = HOG_cell_hist[first_bin_idx] +
            (numpy.abs(curr_direction - first_bin_value)/(180.0/hist_bins.
            size)) * curr_magnitude
            HOG_cell_hist[second_bin_idx] = HOG_cell_hist[second_bin_idx] +
```

```
                (numpy.abs(curr_direction - second_bin_value)/(180.0/hist_bins.
                size)) * curr_magnitude
        return HOG_cell_hist
```

代码清单 1-10 给出了用于读取小图片并返回第一块中左上角单元格直方图的完整代码。注意，代码使用灰度图像。如果输入图片为灰度图，那么它仅有两个维度。如果输入图像为彩色图像，将有第三个维度表示通道。在这里，仅使用一个灰度通道。NumPy 数组的维度数目使用 ndim 属性返回。

代码清单 1-10 计算左上角单元格直方图的完整实现

```
import skimage.io, skimage.color
import numpy
import matplotlib.pyplot


def calculate_gradient(img, template):
    ts = template.size #Number of elements in the template (3).
    #New padded array to hold the resultant gradient image.
    new_img = numpy.zeros((img.shape[0]+ts-1,
                            img.shape[1]+ts-1))
    new_img[numpy.uint16((ts-1)/2.0):img.shape[0]+numpy.uint16((ts
            -1)/2.0),
            numpy.uint16((ts-1)/2.0):img.shape[1]+numpy.uint16((ts
            -1)/2.0)]
            = img
    result = numpy.zeros((new_img.shape))

    for r in numpy.uint16(numpy.arange((ts-1)/2.0,
    img.shape[0]+(ts-1)/2.0)):
        for c in numpy.uint16(numpy.arange((ts-1)/2.0,
                        img.shape[1]+(ts-1)/2.0)):
            curr_region=new_img[ r-numpy.uint16((ts-1)/2.0):r+numpy.
                            uint16((ts-1)/2.0)+1,
                            c-numpy.uint16((ts-1)/2.0):c+numpy.
                            uint16((ts-1)/2.0)+1]
            curr_result = curr_region * template
            score = numpy.sum(curr_result)
            result[r, c] = score
    #Result of the same size as the original image after removing the
    padding.
    result_img=result[numpy.uint16((ts-1)/2.0):result.shape[0]-numpy.
            uint16((ts-1)/2.0), numpy.uint16((ts-1)/2.0):result.
            shape[1]-numpy.uint16((ts-1)/2.0)]
    return result_img
```

```python
def gradient_magnitude(horizontal_gradient, vertical_gradient):
    horizontal_gradient_square = numpy.power(horizontal_gradient, 2)
    vertical_gradient_square = numpy.power(vertical_gradient, 2)
    sum_squares = horizontal_gradient_square + vertical_gradient_square
    grad_magnitude = numpy.sqrt(sum_squares)
    return grad_magnitude

def gradient_direction(horizontal_gradient, vertical_gradient):
    grad_direction = numpy.arctan(vertical_gradient/(horizontal_
gradient+0.00000001))
    grad_direction = numpy.rad2deg(grad_direction)
    grad_direction = grad_direction%180
    return grad_direction

def HOG_cell_histogram(cell_direction, cell_magnitude):
    HOG_cell_hist = numpy.zeros(shape=(hist_bins.size))
    cell_size = cell_direction.shape[0]

    for row_idx in range(cell_size):
        for col_idx in range(cell_size):
            curr_direction = cell_direction[row_idx, col_idx]
            curr_magnitude = cell_magnitude[row_idx, col_idx]

            diff = numpy.abs(curr_direction - hist_bins)

            if curr_direction < hist_bins[0]:
                first_bin_idx = 0
                second_bin_idx = hist_bins.size-1
            elif curr_direction > hist_bins[-1]:
                first_bin_idx = hist_bins.size-1
                second_bin_idx = 0
            else:
                first_bin_idx = numpy.where(diff == numpy.min(diff))[0][0]
                temp = hist_bins[[(first_bin_idx-1)%hist_bins.size, (first_
bin_idx+1)%hist_bins.size]]
                temp2 = numpy.abs(curr_direction - temp)
                res = numpy.where(temp2 == numpy.min(temp2))[0][0]
                if res == 0 and first_bin_idx != 0:
                    second_bin_idx = first_bin_idx-1
                else:
                    second_bin_idx = first_bin_idx+1

            first_bin_value = hist_bins[first_bin_idx]
            second_bin_value = hist_bins[second_bin_idx]
            HOG_cell_hist[first_bin_idx] = HOG_cell_hist[first_bin_idx] +
```

```
        (numpy.abs(curr_direction - first_bin_value)/(180.0/hist_bins.
        size)) * curr_magnitude
        HOG_cell_hist[second_bin_idx] = HOG_cell_hist[second_bin_idx] +
        (numpy.abs(curr_direction - second_bin_value)/(180.0/hist_bins.
        size)) * curr_magnitude
    return HOG_cell_hist

img = skimage.io.imread("im_patch.jpg")
if img.ndim >2:
    img = img[:, :, 0]


horizontal_mask = numpy.array([-1, 0, 1])
vertical_mask = numpy.array([[-1],
                             [0],
                             [1]])


horizontal_gradient = calculate_gradient(img, horizontal_mask)
vertical_gradient = calculate_gradient(img, vertical_mask)

grad_magnitude = gradient_magnitude(horizontal_gradient, vertical_gradient)
grad_direction = gradient_direction(horizontal_gradient, vertical_gradient)

grad_direction = grad_direction % 180
hist_bins = numpy.array([10,30,50,70,90,110,130,150,170])

cell_direction = grad_direction[:8, :8]
cell_magnitude = grad_magnitude[:8, :8]
HOG_cell_hist = HOG_cell_histogram(cell_direction, cell_magnitude)

matplotlib.pyplot.bar(left=numpy.arange(9), height=HOG_cell_hist,
align="center", width=0.8)
matplotlib.pyplot.show()
```

计算了块的特征向量后，下一步是归一化向量。特征归一化的动机是特征向量依赖于图像强度等级，因此最好使其对亮度变化具有健壮性。将向量中的每个元素除以根据公式 1-4 计算得出的向量长度进行归一化。

$$\text{vector}_{\text{length}} = \sqrt{X_1 + X_2 + \cdots + X_i} \tag{式 1-4}$$

其中 X_i 表示索引为 i 的向量元素。这是第一个块归一化向量的结果。继续这个过程，直到返回所有块的所有 36×1 的特征向量。然后，串联所处理的整个小图片的向量。

基于前面的讨论，在计算之前，HOG 需要指定以下参数。

- 取向的数目
- 每个单元格的像素数
- 每块单元格数

skimage.feature 模块中已经使用 Python 实现了 HOG，我们可以很容易地根据 skimage.feature.hog()函数使用它。先前的三个参数具有默认值，可改变这些参数来实现目标。如果将 normalise 参数设置为 True，那么可以返回归一化的 HOG。

```
skimage.feature.hog(image, orientations=9, pixels_per_cell=(8, 8),
cells_per_block=(3, 3), visualise=False, transform_sqrt=False, feature_
vector=True, normalise=None)
```

1.2.4　LBP

LBP 表示局部二值模式，是另一种二阶纹理描述子。提取 LBP 特征的步骤如下所示：

(1) 将图像划分成块(例如 16×16 个块)。

(2) 对于每个块，在每个像素上对中一个 3×3 的窗口。

根据公式 1-5，将所选择的中心像素 $P_{central}$ 与其周围相邻的 8 个像素 $P_{neighbor}$ 一一比较。从 8 次比较中，我们将得到 8 个二进制数字。

$$P_{neighbor} = \begin{cases} 1, P_{neighbor} > P_{central} \\ 0, 其他情形 \end{cases} \qquad (式 1-5)$$

(3) 将 8 位的二进制代码转换为整数。整数范围从 0 到 2^8-1 (=255)。

(4) 使用计算得到的整数替换 $P_{central}$ 值。

(5) 计算得到同一块内所有元素的新值后，计算直方图。

(6) 在计算了所有块的直方图后，将它们串联起来。

假设我们现在计算的块如图 1-12 所示，基于此开始计算基本的 LBP。

计算第 3 行第 4 列的像素，将中心像素与邻近的 8 个像素进行一一比较。图 1-22 显示了比较结果。

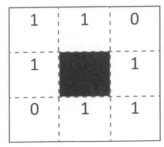

图 1-22　中心像素与邻近 8 个像素相比较的结果

接下来是返回二进制代码。我们可从 3×3 矩阵中的任何位置开始，但是必须在整个图像中保持一致。例如，从左上方位置开始顺时针移动，代码为 11011101。我们可以顺时针或逆时针移动，但必须一致。

之后，把二进制代码中每个二进制数与其位置对应的权重相乘得到的积加起来，将二进制代码转换为十进制。结果为 128 + 64 + 16 + 8 + 4 + 1 = 221。

在计算了块中每个像素的二进制代码后，返回其十进制数，创建直方图。对所有图像块重复此过程，将所有块的直方图串联起来(与在 HOG 情况下一样)。

这是 LBP 的基本实现，但是此类的特征描述子具有多种变化，可使其对亮度变化、缩放和旋转具有健壮性。

通过 Python 语言，我们可以使用接收 3 个参数的 skimage.feature.local_binary_pattern()函数轻松地实现它。

- 输入图像。
- 圆圈中相邻点的数目(P)。这个参数有助于实现旋转不变性。
- 圆圈的半径(R)。这个参数有助于实现缩放不变形。

此处是将 LBP 应用于图 1-2(a)中灰度图像的示例。

```
import skimage.feature
import skimage.io
import matplotlib.pyplot

im = skimage.io.imread("69.jpg", as_grey=True)
lbp = skimage.feature.local_binary_pattern(image=im, P=9, R=3)
matplotlib.pyplot.imshow(lbp, cmap="gray")
matplotlib.pyplot.xticks([])
matplotlib.pyplot.yticks([])
```

图 1-23 给出了输出图像。

图 1-23 在灰度图像上应用 LBP 的输出

1.3 特征选择和缩减

假设与某一领域专家讨论后，推断出特征 X、Y 和 Z 是合适的特征。虽然初始选择了这些特征，但是也存在其中的一些特征可能于事无补的概率。我们可以基于一些实验确定某个特征是好还是差。在基于这三个特征训练模型后，识别率还是比较低，因而必须改变特征向量中的一些内容。为找到原因，我们可以针对单个特征训练模型，进行一些实验。我们发现特征 Z 与目标之间的相关性较低，因此决定不使用这个特征。从特征向量中完全消除某个特征而留住其他特征的做法被称为特征选择。选择技术将特征分为好和差。一般完全消除差的特征，而只使用好的特征。

事实上，每个特征内部有一些元素可能不适合分析中的应用类型。假设在特征向量内使用特征 X，这个特征是具有 10 个元素的集合。其中一个或多个元素可能对任务没有帮助。例如，一些特征是冗余的。也就是说，一些特征可能彼此优化相关，因此仅使用一个特征就足以描述数据，没必要使用多个特征进行相同的工作。由于有相关特征，因此也可能不存在唯一的最优特征子集。这是因为有多个完美相关的特征，所以某个特征可以替代其他特征，构建出新的特征子集。

另一种类型的特征为无关特征。一些特征与所需求的预测不相关，我们视其为噪声。此类特征不会增强(反而会降低)识别率。因此，我们最好检测出这些特征，将它们移除，使它们不会影响学习过程。仅移除元素子集而保留其他元素的做法被称为特征缩减。

缩减特征子集长度和尽可能移除不良特征背后的另一个动机是，特征向量长度越长，在训练和测试模型中消耗的时间就越多。

为了将特征分类为相关或不相关，我们需要一些度量来显示每个特征与输出类别的相关性，或者说显示单个特征预测所需输出的好坏程度。特征相关性是特征区分不同类别的能力。在选定度量后，我们使用这些度量创建好的特征子集，消除不良特征。我们将特征消除方法分为监督方法和无监督方法。监督方法包括过滤器方法和包装器方法，无监督方法包括嵌入式方法。

1.3.1 过滤器方法

过滤器方法添加了额外的预处理步骤，基于为每个特征计算得到的不同标准，应用排序技术对特征进行排序，测量特征的相关性。这些标准包括标准偏差(STD)、能量、熵、相关性和互信息(MI)。基于某个阈值，选中高排名的特征以训练模型。比起其他选择方法，过滤器方法快速且不耗时。它们计算简单、可扩展、能避免过拟合，与学习模型无关。

对于训练不同的模型，只需要完成选择一次，然后训练模型就可以使用所选中的特征。但比起其他特征选择的方法，过滤器方法有一些关键缺点，会严重影响它们的性能。过滤器/排序方法不能建模特征的关联性。它独立于同一子集内的其他特征/变量选择每个变量/特征。根据选择的标准，当某个特征排名较高时，就可以选中这个特征。用于排名的标准不考虑不同特征之间的关系。虽然多个特征自身能显著增加学习率，但是当它们与其他特征结合时，并不能保证情况还是如此，因此忽略特征的关联性可能会破坏整个选中的子集。虽然有时有用的变量本身与其他变量结合在一起时依然有用，但不一定总是这样。

如果两个特征 f_1 和 f_2 的效用分别为 x_1 和 x_2，这并不意味着将其组合在一起时，其效用为 $x_1 + x_2$。另外，由于可能存在两个或多个特征完全满足标准，但是每个特征都是执行相同任务的所有其他特征的完美反映，因此忽略特征的关联性容易产生冗余特征和相关特征。因而，无须使用多个相同的特征，仅一个特征足以。相关性是另一种形式的冗余，此时特征不是完全相同，却有关联，通常可能完成相同的工作(可以表示为两条平行线)。由于完全相关的变量没有增加任何额外信息，因此它们是真正的冗余。冗余和相关特征的使用导致长长的特征向量，使得进行特征选择来缩减特性向量的长度的益处没有达到。由于特征选择与性能的解耦合，过滤器方法不依赖于学习算法的性能，因此它不与学习模型交互。相反，仅考虑特征和类别标签之间的单一标准，没有信息指示特征与学习算法一起工作的好坏程度。优良的特征选择子应该考虑学习算法和训练数据集之间如何交互。最终，计算用于确定是否选择某个特征的阈值并不是一件容易的任务。所有这些原因导致需要选用其他特征选择方法来克服这些问题。

1.3.2　包装器方法

包装器方法是第二种方法，它解决了过滤器方法中的一些问题。包装器方法通过创建最大化性能的所选特征子集，尽可能与学习模型交互。该方法创建了所有可能的特征子集，以找到最好的子集。包装器方法之所以称为包装器，是因为它将学习算法包裹在内。它使用感应或学习算法作为黑盒子，使用所选子集训练算法，测试所选特征子集工作的好坏程度，然后使用最大化其性能的子集。当谈到包装器方法时，涉及多个点，包括选择特征子集的长度、创建特征子集空间、搜索特征子集空间、评估学习算法的性能、停止搜索的标准和确定使用哪个学习算法。特征缩减/选择算法的目标是根据最初长度为 N 的完整特征向量创建最大化性能的长度为 L 的特征的所有可能组合，其中 $L<N$。对于长度为 30 的普通特征向量，存在大量的组合来创建长度 $L=10$ 的子集。正因为此，我们应用搜索策略，使用评估函数惩罚不良子集，搜索出最佳子集。这种情况下，目标函数为模型的性能。因此，关注点就从学习问题转变为搜索问题。对于这个问题，由于穷尽搜索使用所有的子集访问训练学习模型，这是计算密集型的，因此不适用。我们使用进化算法(EA)避免探索所有子集，这可被归类为两种类型：顺序选择算法(确定型)和启发式搜索算法(随机型)。

可以进一步将确定型搜索算法分为两类。事实上，这两类相当类似，即前向选择和后向选择。在前向选择中，算法从表示空特征集的根开始，然后一方面逐个添加特征，另一方面为每种变化训练模型。在后向选择中，搜索的根为完整的特征集，算法一方面为每种变化训练学习模型,另一方面逐个移除特征。此类算法的示例包括顺序特征选择(SFS)、顺序后向选择(SBS)、顺序前向浮点选择(SFFS)、自适应SFFS(ASFFS)、波束搜索。为防止穷尽搜索,其中加入了停止标准,以避免探索所有可能的组合。对于前向选择,标准可为最大的特征向量长度;对于后向选择,标准可为最小的特征向量长度。这也可以是最大化性能,因此在达到所选定的性能后搜索停止。

第二类搜索算法(随机算法)被告知搜索使用启发式评估函数,生成启发值,说明每个子集距离最大性能有多远。此类算法的示例包括遗传算法(GA)、粒子群优化(PSO)、模拟退火(SA)和随机爬山法。我们将在第 4 章中详细讨论 GA。

必须回答的一个问题是 L(特征数)的最优值是什么?包装器方法有不同的方式回答这个问题。一种方式是选择固定数目的特征创建特征向量。通过使用组合,我们能够得到从 N 个特征中选择 L 个特征的所有可能性。但遗憾的是,选定的固定值 L 可能不是最优的,我们不能保证 L 个选中的特征是能够给出学习模型最佳性能的那些特征。因此,另一种方式是将选定特征的数目作为变量并动态变化。我们可在顺序选择算法中通过尝试不同的特征数目,选定能够最大化性能的最佳特征数目来做到这一点。使得特征数目动态变化的缺点是,由于创建不同长度的特征组合训练模型,因此增加了计算时间。为缩短时间,我们可以添加标准,使得在达到目标性能后或选定特征数目达到最大长度后,提早停止学习。

包装器方法与过滤器方法相比存在许多优点。包装器方法与学习模型交互,它使用学习算法性能作为指标,选择最佳特征子集。这种方法也建模了特征的关联性(特征并不是单独或互相独立进行选择),它监控了组合特征如何影响性能。最后,这对于冗余特征和相关特征具有健壮性。但包装器方法也有大量缺点。由于单个模型要被训练多次,因此比较耗时。有些模型甚至可能要耗费多个小时才能训练一次。其结果是,对于此类模型,包装器方法不是一种选择。此外,由于选择依赖于学习模型,包装器方法会受到过拟合的影响,因此对于不同的模型,它不能一般化选中的特征。

1.3.3 嵌入式方法

使用过滤器方法和包装器方法进行特征选择有各自的优缺点。嵌入式方法尝试结合过滤器方法和包装器方法的优点。由于此类方法避免了重新训练学习算法,因此不会耗时。它还通过与学习模型交互最大化性能。该方法选择特征的依据仅因为其与输出类标签 m 相关。由于这种方法在训练步骤中嵌入特征选择,因此我们称之为嵌入式方法。

嵌入式方法的分类如下:修剪、内置、正则化(处罚)。修剪方法从使用完整的特征集训练模型开始,然后为单个特征计算相关系数。根据所使用的模型,使用此类系数对特征的重要性进行排名。系数值高反映出强的相关性。嵌入式特征选择的内置方法计算每个特征的信息增益,与在决策树学习(ID3)中一样。

在机器学习(ML)中，一些模型可得到良好训练，对训练数据中的任何样本做出正确预测，但遗憾的是，它们不能对训练样本之外的其他样本做出正确预测。我们称这个问题为过拟合。正则化是用来避免这个问题的技术。该技术调整或选择最佳的模型复杂性来拟合训练数据，同时能够预测未见过的样本。没有正则化，模型可能非常简单而欠拟合(对训练和测试样本都不能做出正确的预测)，或者非常复杂而过拟合(对训练样本可以做出正确预测，但对测试样本做出错误预测)。欠拟合和过拟合都会使模型太弱，不能一般化到任何样本。因此，正则化是一般化模型来预测任何样本(无论是训练样本还是测试样本)的一种方式。

1.3.4　正则化

为找到最好的模型，机器学习的常用方法是定义损失函数或成本函数，描述模型拟合数据的好坏程度。目标是找到最小化损失函数的模型。通常情况下，在任何学习模型中，目标函数只有一个标准，即最大化性能。正则化方法为目标函数添加了另一个标准来控制复杂度等级，如公式 1-6 所示。

$$L = \min\ \text{error}(Y_{\text{predict}},\ Y_{\text{correct}}) + \lambda\ \text{penalty}(W_i) \qquad \text{(式 1-6)}$$

其中 Y_{predict} 是所预测的类别标签，Y_{correct} 是正确的类别标签，error()计算预测误差，W_i 是特征元素 X_i 的权重，λ 是控制模型复杂度的正则化参数。我们使用这个参数控制目标函数和处罚之间的权衡。根据公式 1-7 定义处罚。

$$\text{penalty}(w) = \sum_{i=1} |W_i| \qquad \text{(式 1-7)}$$

通过改变 λ 值，模型的复杂度改变了。这是通过设置权重接近于 0 来处罚某些特征。系数的量级是决定模型复杂度的显著因子。特征选择可以通过选择具有高权重的特征间接完成。权重越高，预测正确类别的特征就越相关。这是正则化方法称为处罚的原因。

正则化参数 λ 的目标是尽量减少损失 L，使它保持最小值。对于 λ 接近∞的大值而言，系数必须非常小，接近于 0，使总值尽可能小。这使得大多数系数为 0，因此可以移除它们。对于 $0 < \lambda < \infty$ 的值，有一些系数等于 0，这也会被移除，但是它们中的多数不为 0。λ 的最佳值是多少？对于 λ，没有固定值，它的值可以高效地使用交叉验证(CV)计算得到。

嵌入式方法结合了过滤器方法和包装器方法的优点，成为特征选择的最新研究趋势。由于这种方法使用训练模型性能作为度量，因此它与学习模型交互，又因为它不需要重新训练模型，所以不费时，同时它也对特征依赖进行建模，避免了冗余和相关的特征。选择特征同时进行训练，这样就不需要将数据拆分成训练集和验证集，因此在数据使用方面是非常有效的。不过，虽然对于用于选择特征的学习模型而言，使用嵌入式方法选择特征表现得很好，但是所选择的特征也许会依赖于此类模型，不能在不同的模型上表现良好，与使用过滤器方法所生成的结果不一样。

第 2 章

人工神经网络

机器学习(ML)的问题可以分为三类：监督学习、无监督学习和强化学习。在监督学习中，人类专家在受限的环境中进行一些实验并告知他们的结果。监督学习算法探索的是从实验中收集的数据，将输入映射到输出。例如，在受限的环境中，机器人从小房间的一边移到另一边，然而在房间中有一些障碍会让机器人摔倒。监督者提供关于如何到达对面墙壁而不会摔倒的指导。我们使用示例的形式提供知识给机器人，帮助它学习如何通过障碍。机器人使用知识增加通过障碍而不摔倒的概率。这种情况下，机器人的知识完全取决于人类。

在强化学习中，人类为机器人提供评价其性能的指标。机器人必须最大化这些指标以达到目标。机器人不知道何时移动到右边。基于指标，机器人尝试不同的移动位置，计算对应的指标。如果机器人在某个地点摔倒，则会在下一步避免这个位置。使用这种方式，机器人可以找到路径到达目标而不摔倒。

相比于监督与半监督学习，无监督学习不提供实验结果，也不提供指标。没有人类给机器人提供任何指导。这是非常具有挑战性的。

人工神经网络(ANN)是可以求解所有这些问题的一种算法。本书仅介绍使用 ANN 进行监督学习。ANN 是仿生的机器学习模型，模拟人类大脑的运作。这是谈到深度学习时要讲的最重要的主题之一。理解由神经元构成的多层的简单 ANN 的运行可让我们比较容易理解复杂模型如何运作。

在本章中，我们会讨论学习 CNN 如何运作的前提要求。我们从探索初级的 ANN 开始。首先需要了解，这是一个线性模型的集合，你会发现它不是一个奇怪的概念；事实上，我们已经知道这些内容。本章将讨论一些与 ANN 相关的概念，例如学习率、向后传播和过拟合。本章有助于读者理解为什么 ANN 中需要学习率和学习率是否有助于训练。使用非常简单的 Python 代码编写单层感知器将改变学习率，这样我们就可以得到一种概念，注意到改变学习率如何影响结果。本章也讨论了向后传播算法在更新 ANN 权重时如何发挥作用。本章还解释了过拟合，这是模型对未见过的样本不能很好预测的其中一个理由。我们讲述了基于回归的正则化技术，使用几个简单步骤就让读者明白如何避免过拟合。ANN 有一张特殊的图，使得相对容易解释其结果。本章绘出了数学表示及其图，探讨了让初学者备感困惑的其中一点，也就是如何确定最佳的神经元数目和隐藏层数目。最终,我们给出了用 Python 编写的使用 ANN 进行分类的示例。

2.1 人工神经网络简介

监督学习问题分为两大类:分类和回归。回归输出的是连续数字,而分类输出的是分类标签。这些问题的每一种类型都可以使用线性或非线性模型。分类问题也可以分成二元分类问题或多元分类问题。所有这些问题类型都可以使用神经网络来解决。也就是说,我们可以制作神经网络,产生连续或离散的输出。这可以用在二元或多元问题上,建模线性或非线性函数。ANN 是一般的函数逼近子(例如它可以模拟任何线性和非线性函数的运行)。ANN 是参数模型,具有从问题中学习的参数集,如权重和偏移。它也有一些超参数,可以让工程师进行调整,如学习率和隐藏层的数目。

人工神经网络实际组合了多个线性模型来解决复杂问题。下一节将讨论 ANN 的基本构建块实际上是线性模型。

2.1.1 线性模型是人工神经网络的基础

对于初学者而言,最简单的模型类型要从线性模型开始。线性模型是大家所熟悉的,这使得我们接下来比较容易进行解释。我们可以从简单的回归问题开始,在这个问题中,我们寻求创建表 2-1 中所示样本的线性模型。拟合此类数据的最佳线性模型是什么?下面对该内容进行介绍。

表 2-1 简单的回归问题

输入(X)	输出(Y)
2	6

"线性模型"旨在使用一条直线将每个输入映射到其对应的输出。我们从最简单的线性模型开始,如公式 2-1 所示。这个模型将公式中的输入和输出等同在一起,而无需任何其他参数。

在完成这一点后,我们创建第一个模型。有人可能想知道,构建任意模型的训练部分在哪里?答案是这个模型是无参数模型。"无参数"意味着该模型没有参数,无法从数据中学习。因此,不需要训练来完成工作。在本章后面的小节中,我们会添加一些参数。

$$Y=X \tag{式 2-1}$$

在通常的机器学习流程中,当构建模型后,我们必须测试模型。在传统的问题中,样本比较多,可以将数据划分为训练集和测试集。在训练完模型后,基于训练数据开始测试。如果模型在训练数据上工作良好,那么我们可以跳到模型未见过的测试数据上测试它。这样做的原因是，如果模型在训练数据上不能表现良好，那么它很有可能在未见过的数据上表现得比较糟糕。但是，由于我们的示例只有一个样本且无须训练，因此我们无须关心这样的工作。但是不需要训练阶段并不意味着没有测试阶段。我们基于此样本测试模型。

测试阶段是为了检查模型在未见过的样本(不是在训练中所使用的样本)上预测输出的精确度。由于输入一直等于输出，因此基于示例 $X=2$，当应用于模型时，这也会返回 2。线性模型以及预测输出和期望输出的位置如图 2-1 所示。

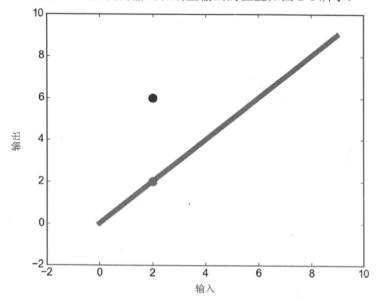

图 2-1　无参数线性模型的预测输出和期望输出

我们简单地对期望输出和预测输出取差值，如公式 2-2 所示。差值为 2-6=-4。

$$\text{error} = \text{predicted} - \text{desired} \qquad\qquad (\text{式 2-2})$$

error 的存在意味着我们必须改变模型中的一些内容，以减小误差。回顾公式 2-1 中的模型，我们可以看到并没有可以改变的参数。公式仅有我们无法改变的输入和输出。因此，我们可以添加一个参数 a 到此公式中，这有助于将输入映射到输出。公式 2-3 显示了修改后的模型公式。

$$Y = aX \qquad\qquad (\text{式 2-3})$$

假设 a 的初始值为 1.5，那么公式 2-3 给出了我们所需的公式。这样的一个线性模型如图 2-2 所示。

$$Y = 1.5X \qquad\qquad (\text{式 2-3}')$$

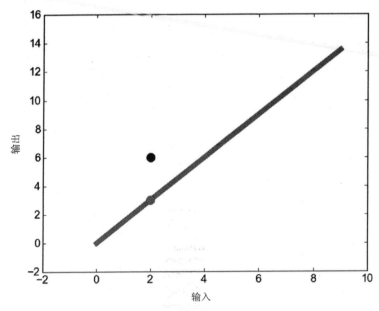

图 2-2 参数线性模型

注意，在添加参数后，由于至少有一个参数需要从数据中学习，因此现在模型为参数模型。在构建新模型后，我们可以预测样本的输出。输出结果为 $Y_{predicted}=1.5(2)=3$。然后，我们可以测量误差。根据公式 2-2，误差为 3-6=-3。与先前的无参数模型和误差相比，具有参数 $a=1.5$ 的新模型看起来增强了结果。但是，在预测中依然存在我们需要减小的误差。

我们可以想象，公式 2-1 中的第一个模型实际上可由公式 2-3 表示，此时参数 a 一直设置为 1。将 $a=1$ 时所生成的误差(-4)与 $a=1.5$ 时所生成的误差(-3)比较，人们可能会想-3 怎么会比-4 小。答案在于，误差中的负号仅说明预测输出低于所期望的输出。差的量为误差的绝对值。也就是说，-4 的误差意味着期望输出和预测输出之间的差为 4，由于误差为负，因此期望输出小于预测输出。注意，改变公式 2-2 中预测输出和期望输出的位置将改变误差的符号。让我们回到问题上。

当 $a=1.5$ 时，结果比 $a=1.0$ 时好，这意味着增加参数的值将会减小误差。因此，我们知道了改进的方向。让我们试试使用 $a=2.0$。预测输出将会是 $Y_{predicted}=2.0(2)=4$。这种情况下，误差等于 4-6=-2。比起之前，误差更小了。

基于先前的结果，可以推导出参数与误差之间的关系。如果使用 $a=1$，误差为 -4。添加 0.5 到参数($a=1.5$)，误差减小 1.0 为-3。再加上 0.5 到参数($a=2.0$)，误差再减小 1.0 为-2。因此，如果添加 0.5 到参数，误差将减小 1.0。我们可以将参数加上 1.0 以完全消除误差，因此参数将为 $a=3.0$。此种情况下，预测输出 $Y_{predicted}=3.0(2)=6$。误差将为 6-6=0。现在误差为 0，当 $a=3.0$ 时，我们得到了最佳结果。

让我们对表 2-1 中的样本作一点改变，将输出栏中的输出改为 6.5 而不是 6，并且增添新样本。基于公式 2-3，其中 $a=3.0$，第一个样本的预测输出为

$Y_{predicted}=(3.0)2=6.0$，第二个样本的预测输出为 $Y_{predicted}=(3.0)3=9.0$。因此，总误差等于$(6.0-6.5)+(9.0-9.5)=-1.0$(见表 2-2)。如何减小这种类型的误差呢？

表 2-2　双样本的回归问题

输入(X)	输出(Y)
2	6.5
3	9.5

我们所遵循的程序是改变参数的值，直到将误差减为 0。表 2-3 显示了两个不同参数值的总体误差。看起来大于或小于 3.0 的参数都不能消除误差。对应于 a=2.5、a=3.0 和 a=3.5 的模型及其期望输出如图 2-3 所示。

表 2-3　双样本的回归问题

参数	输出(Y)	预测值	误差值	总体误差
3.5	6.5	7.0	7.0-6.5=1.0	2.0
	9.5	10.5	10.5-9.5=1.0	
2.5	6.5	5.0	5.0-6.5=-1.5	-4.0
	9.5	7.5	7.5-9.5=-2.5	

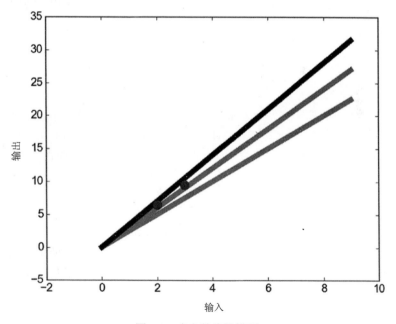

图 2-3　多参数线性模型

真相是，没有任何参数值使得示例中的误差等于 0。我们希望得到一个值，当它乘以 2 时，等于 6.5；当它乘以 3 时，等于 9.5。我们不可能找到这样一个值。满足第一个样本的参数值是 a=3.25，满足第二个样本的参数值是 a=3.17。因此，当前形式的模型不可能达到误差值 0。由于这个原因，偏移在解决此种情况时起到了重要作用。

我们添加偏移 b 到公式 2-3 中，如公式 2-4 所示。偏移能够修复此问题。

$$Y=aX+b \qquad (式\ 2\text{-}4)$$

但是现在问题的复杂性增加了。我们要努力找出两个参数(a、b)的值。基于先前的结果，当 a=3.0 时，两个样本的预测输出分别为 6.0 和 9.0。预测值比正确输出少了 0.5。因而，b=0.5 这个值就是我们所寻找的。因此，如果 a=3.0 且 b=0.5，则误差为 0。这就是偏移比较重要的原因。

偏移允许我们自由地将线性模型沿着 y 轴移动，比起仅沿着 x 轴移动，增加了正确拟合数据的可能性。注意，在我们的示例中，由于参数较少，因此这非常有用。当模型具有较多参数时，可以省略偏移。

扩展表 2-2 中的示例，添加新的输入 Z 到问题中，新的数据如表 2-4 所示。由于有两个输入和一个输出，因此不能使用先前公式 2-4 中的模型，必须添加新的输入及其相关的参数。公式 2-5 表示了新模型。

表 2-4　双输入单输出的回归问题

输入(X)	输入(Z)	输出(Y)
2	1.1	6.5
3	0.8	9.5

$$Y=aX+cZ+b \qquad (式\ 2\text{-}5)$$

现在，必须找到两个参数 a 和 c 以及偏移 b 的最佳值。我们在此问题上应用与先前相同的程序，找到这些变量的最佳值。

通过创建简单的线性模型，我们明白了人工神经网络的构建块如何工作。ANN 由多个此类线性模型组成，它们连接在一起来拟合问题。接下来将解释如何将线性模型连接在一起来设计网络。下一小节讨论如何绘制先前所创建模型的 ANN。

2.1.2　绘制人工神经网络

将多个线性模型连接起来就可构成人工神经网络。随着每个模型中所需参数数目的增加，完整的网络公式变得过于复杂。因此，我们很难将问题表示为公式，但是一个相对简单的方式是将网络可视化为图形。网络图形理解和设计起来比较简单。此处，我们将学习如何从线性模型开始构建网络模型。

ANN 是生物神经网络的人工表示。可以说，人工神经网络的构建块是人工神经元。此前在本章中，我们也说过，人工神经网络的基本块是线性模型。因此，我们可以推断出神经元实际上是一个线性模型。与线性模型一样，神经元接收输入，进行某种类型的处理(如相乘与相加)，最终返回输出。图 2-4 显示了公式 2-4 中线性模型和人工神经元之间的映射。注意，线性模型中的所有变量也存在于 ANN 图中。我们称这种类型的 ANN 为单层感知器。

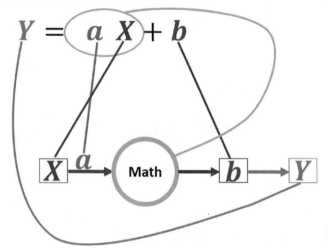

图 2-4　从单输入的线性模型到 ANN 图的映射

我们可以从图的核心开始，该核心是一个带有文本 Math 的圆，这个圆表示神经网络的神经元。神经元为计算单元，它所进行的计算类型为将每个输入与对应的参数相乘，加和所有结果，然后返回表示乘积和(SOP)的输出。出于这个原因，输入 X 与此神经元连接。

由于每个参数必须与其输入相关联以计算 SOP，因此输入 X 的参数 a 写在连接到神经元的箭头上方。使每个参数临近其输入有助于找到与每个输入相关联的参数，这是输入及其参数的表示方法。由于当前示例仅有一个输入，基于当前示例，这个想法可能还不是很清晰，但在此之后，这种想法将会变得越来越清晰。让我们转向偏移问题。

在神经元后使用一个新块将偏移 b 添加到 SOP。在添加 b 到 SOP 后，生成输出 Y。到现在为止，一切正常，但是我们仍然可以让图形变得更简单。

在先前的讨论中，我们处理偏移和输入的方式不同。每个参数都乘以其输入，但偏移没有参数可以相乘。我们可以假设偏移有一个一直等于+1 的输入。由于可消除添加到神经元后的偏移块，如图 2-5 所示，因此过程得到简化。神经元将每个参数与其相关联的输入相乘并以同样的方式处理偏移。我们将其视为具有输入+1 的参数。为使偏移与常规的参数不同，可将其垂直添加到图中，而其他参数则水平添加到图中。

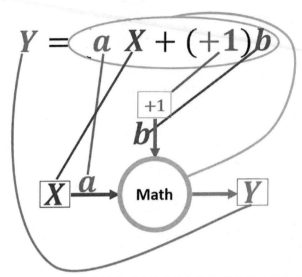

图 2-5　从单输入的线性模型映射到具有偏移(偏移的处理方式与
常规的参数一样，将其与输入+1 相关联)的 ANN 图

　　基于先前的示例，我们知道如何从神经网络的角度绘制线性方程。现在，我们可使用公式 2-5，这个公式有两个输入。唯一的变化是添加了新输入 Z 及其相关联的参数 c 到图中，类似于我们之前对输入 X 及其参数 a 的处理。新图如图 2-6 所示。对于每个新输入重复此过程。

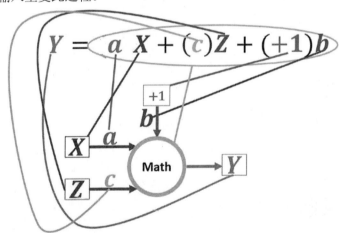

图 2-6　将具有两个输入的线性模型映射到 ANN 图

　　总之，ANN 中的神经元接收一组输入，将每个输入与其相关联的参数相乘，将相乘的结果相加，最终返回输出。在 ANN 中，神经元被配置为三种类型的层：输入层、隐藏层和输出层。这样的配置在生物神经网络中不存在，但它有助于我们组织网络。图 2-7 显示了具有这三个层的完全连接的一般 ANN 的架构。根据这三

层组织网络。网络只有一个输入层和一个输出层，但是可以有多个隐藏层。注意，每一层内的神经元根据层名命名。也就是说，输入层内的神经元被称为输入神经元，隐藏层内的神经元被称为隐藏神经元。

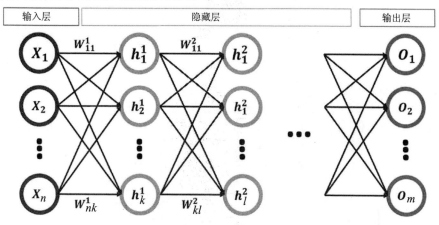

图 2-7　常见的完全连接的人工网络架构

为简单起见，将符号 X 赋给所有输入，符号 O 赋予所有输出，下标定义输入或输出的索引。网络具有 n 个输入，其中 X_1 为第 1 个输入，X_5 为第 5 个输入，以此类推，直到 X_n。网络还有 m 个输出，其中 O_1 为第 1 个输出，O_5 为第 5 个输出，以此类推，直到 O_m。

隐藏层中的神经元所赋予的符号具有两个索引，分别反映了其所在层索引以及其在所在层中的位置。例如，第 1 个隐藏层具有 k 个神经元，其中 h_1^1 为第 1 个隐藏层中的第 1 个隐藏神经元，h_5^2 为第 2 个隐藏层中的第 5 个神经元，以此类推，直到 h_p^r，即第 r 个隐藏层中的第 p 个神经元。

每两层之间有许多参数，这些参数的数目等于两层内的神经元数目相乘。例如，如果输入层具有 n 个神经元，第 1 个隐藏层具有 k 个神经元，将它们连接在一起所需的参数数目等于 $n\times k$，其中参数 W_{nk}^1 指的是输入层中第 n 个神经元与第 1 个隐藏层中第 k 个神经元之间的参数。由于每个参数都反映其相关联输入的重要程度，因此这个参数也可以称为权重。参数值越大，其相关联的输入就越重要。

至此，读者对 ANN 有了一个基本的了解，但是我们还要进一步了解它。下一节中将谈到一些关于 ANN 的重要概念，这对成功构建 ANN 至关重要。

2.2　调整学习率来训练 ANN

对于 ANN 初学者来说，其中一个较难理解的内容为学习率。我曾经被多次问到学习率对训练 ANN 的影响。我们为什么使用学习率？对于学习率，最佳值是多少？在本节中，我们尝试使用示例显示学习率在训练 ANN 时如何发挥作用，让此内容更容易理解。让我们从解释所用的示例开始。

2.2.1 过滤器示例

我们使用一个非常简单的示例，化繁为简，仅关注目标，也就是学习率。示例由公式 2-6 表示。

$$Y = \text{activation}(X) = \begin{cases} 250, & X \geqslant 250 \\ X, & X < 250 \end{cases} \qquad \text{(式 2-6)}$$

如果输入为 250 或更小，那么输出等于输入。如果输入大于 250，≥那么输入将被裁剪，输出依然为 250。这看起来是个过滤器，仅通过小于 250 的输入，裁剪大于 250 的输入到 250，如图 2-8 所示。

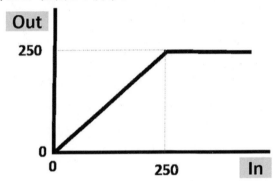

图 2-8　过滤器激活函数的示例

具有 6 个样本的数据如表 2-5 所示。

表 2-5　训练网络过滤输出来观察学习率如何影响训练过程的数据

输入(X)	输出(Y)
60	60
40	40
400	250
300	250
−50	−50
−10	−10

1. ANN 架构

所使用的 ANN 架构如图 2-9 所示。这只有输入层和输出层。输入层只有单个神经元对应单个输入。输出层仅有单个神经元生成输出。输出层神经元负责将输入映射到正确的输出。同时，也存在值为 b 且输入为+1 的偏移被应用到输出层神经元。

输出的权重为 W。

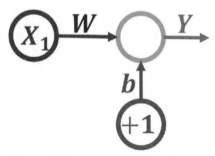

图 2-9 过滤器示例所使用的 ANN 架构

2. 激活函数

根据先前讨论的网络，我们只能逼近线性函数，如图 2-1 所示。但是该问题使用了非线性函数，如图 2-8 所示。我们如何使用 ANN 表示这种类型的网络？本示例的解决方案是使用函数，如 ANN 中的激活函数。

ANN 可以逼近线性函数和非线性函数。ANN 集成非线性到其计算中的一种方式是通过激活函数。ANN 图内激活函数的位置位于计算 SOP 之后。这种情况下，神经元的输出为激活函数的输出，而不是 SOP。这就是为什么在公式 2-6 中网络输出被设置为等于激活函数输出。

3. Python 实现

代码清单 2-1 给出了实现整个网络的 Python 代码。在讨论了各个部分并让其尽可能简单后，我们聚焦于改变学习率如何影响网络训练。

代码清单 2-1 调整学习率以成功训练 ANN

```
1 import numpy
2
3 def activation_function(inpt):
4     if(inpt > 250):
5         return 250 # clip the result to 250
6     else:
7         return inpt # just return the input
8
9 def prediction_error(desired, expected):
10    return numpy.abs(numpy.mean(desired-expected)) # absolute error
11
12 def update_weights(weights, predicted, idx):
13    weights = weights + 0.00001*(desired_output[idx] -
       predicted)*inputs[idx] # updating weights
```

```
14      return weights # new updated weights
15
16  weights = numpy.array([0.05, .1]) #bias & weight of input
17  inputs = numpy.array([60, 40, 100, 300, -50, 310]) # training inputs
18  desired_output = numpy.array([60, 40, 150, 250, -50, 250]) # training
    outputs
19
20  def training_loop(inpt, weights):
21      error = 1
22      idx = 0 # start by the first training sample
23      iteration = 0 #loop iteration variable
24      while(iteration < 2000 or error >= 0.01): #while(error >= 0.1):
25          predicted = activation_function(weights[0]*1+weights[1]*
            inputs[idx])
26          error = prediction_error(desired_output[idx], predicted)
27          weights = update_weights(weights, predicted, idx)
28          idx = idx + 1 # go to the next sample
29          idx = idx % inputs.shape[0] # restricts the index to the range
            of our samples
30          iteration = iteration + 1 # next iteration
31      return error, weights
32
33  error, new_weights = training_loop(inputs, weights)
34  print('--------------Final Results----------------')
35  print('Learned Weights : ', new_weights)
36  new_inputs = numpy.array([10, 240, 550, -160])
37  new_outputs = numpy.array([10, 240, 250, -160])
38  for i in range(new_inputs.shape[0]):
39      print('Sample ', i+1, '. Expected = ', new_outputs[i], ' ,
        Predicted = ', activation_function(new_weights[0]*1+new_
        weights[1]*new_inputs[i]))
```

第 17、18 行负责生成两个数组(inputs 和 desired_output)，保存示例的训练输入和输出数据。第 16 行创建了网络参数的数组，即输入参数和偏移。偏移值随机初始化为 0.05，输入随机初始化为 0.1。使用第 3~7 行的 activation_function(inpt)方法实现激活函数。这个函数接收单个参数，也就是输入，返回单个值，也就是网络的预测输出。

因为在预测中存在误差，所以需要测量它以了解我们距离正确预测有多远。出于这个原因，在第 9~10 行中实现了一个称为 prediction_error(desired, expected)的方法，它接收两个输入：期望输出和预测输出。这个方法仅计算每个期望输出与预测输出之间的绝对差值。毫无疑问，任何误差的最佳值为 0。这就是最佳值。

如果有预测误差，那么会发生什么？这种情况下，我们必须改变网络。但是我们究竟要改变什么？必须改变的是网络参数。对于更新网络参数而言，第 13、14 行定义了一个称为 update_weights(weights, predicted, idx)的方法，这个方法接收 3 个输入：旧权重、预测输出和做出错误预测的输入索引。我们使用公式 2-7 更新权重。

$$W(n+1) = W(n) + \eta \big[d(n) - Y(n) \big] X(n) \qquad (式 2-7)$$

其中

- η——学习率
- d——期望输出
- Y——预测输出
- X——输入
- $W(n)$——当前权重
- $W(n+1)$——更新权重

公式使用当前步骤 n 的权重生成下一步骤($n+1$)的权重。这个公式有助于我们理解学习率如何影响学习过程。

最后，我们需要将所有这些串联起来，使网络能够学习。使用第 20~31 行定义的 training_loop(inpt, weights)方法完成这个任务。这会进入训练循环。我们使用这个循环将输入映射到其输出，并且最小化可能的预测误差。这个循环进行了三种操作：

- 输出预测
- 误差计算
- 更新权重

既然已经了解了示例及其 Python 代码，现在让我们研究学习率如何发挥作用，获得最佳结果。

2.2.2　学习率

在先前讨论的示例的代码清单 2-1 中，第 13 行有权重更新方程，在这个方程中使用了学习率。让我们从此方程中移除学习率，它将如下所示：

```
weights = weights + (desired_output[idx] - predicted)*inputs[idx]
```

让我们来查看删除学习率的效果。在训练循环的第一次迭代中,网络具有偏移和权重的初始值,分别为 0.05 和 0.1。输入为 60,期望输出为 60。第 25 行的期望输出(即激活函数的结果)为 activation_function(0.05(+1)+0.1(+60))。预测输出为 6.05。在第 26 行,通过计算期望输出与预测输出之间的差值计算预测误差。误差为 abs(60-6.05)=53.95。然后,在第 27 行,根据先前的公式更新权重。新权重为[0.05,0.1]+(53.95)*60=[0.05,0.1]+3237=[3237.05,3237.1]。看起来新权重与先前的权重非常不同。每个权重都增加了 3237,这太大了。我们继续进行下一次预测。

在下一次迭代中,网络拥有这些数据(b=3237.05、W=3237.1、输入=40 和期望输出=40)。期望输出为 activation_function((3237.05 + 3237.1(40))=250。预测误差为 abs(40-250)=210。误差非常大,这比先前的误差 53.95 还大。因此,我们必须再次更新权重。根据先前的公式,新权重为[3237.05,3237.1]+(-210)*40=[3237.05,3237.1]+ -8400=[-5162.95,-5162.9]。表 2-6 总结了前三次迭代的结果。

表 2-6 训练过滤器网络的前三次迭代的结果

预测	误差	更新值	新权重
6.05	53.95	3237.0	[3237.05, 3237.1]
250	210	-8400	[-5162.95, -5162.9]
-521452.95	521552.95	52155295.0	[52150132.04999999, 52150132.09999999]
-2555356472.95	2555356422.95	-127767821147.0	[-1.27715671e+11, -1.27715671e+11]

随着更多迭代的进行,结果变得更糟。权重的大小迅速发生变化,有时甚至改变符号,从非常大的正值变成非常大的负值。我们如何阻止权重发生这些巨大且剧烈的变化?如何缩小权重更新的值呢?

如果查看表 2-6 中权重变化的值,会发现这些值非常大。这意味着,网络以高速度改变权重。我们只需要让它变慢。如果能够缩小这个值,那么一切都会好起来。但是如何做呢?回到代码,看起来是更新公式生成了如此大的值,特别是下列这部分代码:

```
(desired_output[idx] - predicted)*inputs[idx]
```

可将这部分乘以一个较小值(如 0.1)以缩小它。因此,在第一次迭代中,我们不会生成 3237.0 作为更新值,而缩小为 323.7。我们甚至将乘数值缩小为 0.001。如果使用 0.001,更新值仅为 3.327。

现在,我们能理解这一点了。这个值就是学习率。选择小的学习率值可使权重更新较小,避免剧烈变化。随着值变大,改变速度更快,这会造成不好的结果。

但是,对于学习率而言,什么是最佳值?

对于学习率，没有特定的值为最佳值。学习率是超参数。超参数的值由实验确定，我们可以尝试不同的值，然后使用给出最佳结果的值。

2.2.3 测试网络

对于我们的问题而言，使用值 0.00001 可以正常工作。在使用此学习率训练网络后，我们可以进行测试。表 2-7 显示了 4 个新测试样本的预测结果。使用此学习率后，看起来结果要好得多。

表 2-7 测试样本的预测结果

输入	期望输出	预测输出
10	10	10.87
240	240	239.13
550	250	250
−160	−160	−157.85

现在，我们能够理解学习率决定了我们移动步子的大小。步子越大，改变越剧烈。我们可能临近最佳解，仅需要小小地改变我们的参数就可以到达，但是省略或使用错误的学习率值会让我们远离这个解。

2.3 使用向后传播优化权重

在上一节中，我们使用学习率更新 ANN 的权重。在本节中，我们将使用向后传播算法完成这个工作，推断出比起仅使用学习率使用向后传播算法的优势。我们使用两个示例以数值的方式解释算法。

由于向后传播算法意味着在训练后才在网络上应用算法，因此本节不会直接深入向后传播算法的细节，而是从训练一个非常简单的网络开始。因而，我们在应用算法前应该先训练网络，这样才能理解向后传播算法的优点以及如何使用该算法。读者应对 ANN 如何工作、偏导数和多元链规则有一个基本的理解。

2.3.1 无隐藏层神经网络的向后传播

我们从一个简单示例开始，图 2-10 显示了其网络结构，我们使用这个结构解释向后传播算法如何工作。它有两个输入，使用符号 X_1 和 X_2 表示。输出层仅有单个神经元，没有隐藏层。每个输入具有对应的权重，W_1 和 W_2 分别是 X_1 和 X_2 的权重。输出层神经元有一个偏移——值 b 和固定输入值(+1)。

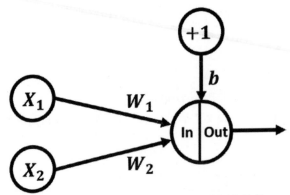

图 2-10　进行训练并应用向后传播的网络结构

输出层神经元使用由公式 2-8 所定义的 S 型激活函数。

$$f(s) = \frac{1}{1+e^{-s}} \tag{式 2-8}$$

其中 s 为每个输入及其对应权重的 SOP。在此示例中，s 是激活函数的输入，由公式 2-9 定义。

$$s = X_1 * W_1 + X_2 * W_2 + b \tag{式 2-9}$$

表 2-8 显示了单个输入及其对应期望输出，它们用作训练数据。本示例的基本目标不是训练网络，而是理解如何使用向后传播更新权重。现在，把精力集中在向后传播算法上，我们将分析单个数据记录。

表 2-8　第一个向后传播示例的训练数据

X_1	X_2	期望输出
0.1	0.3	0.03

假设权重和偏移的初始值如表 2-9 所示。

表 2-9　网络的初始参数

W_1	W_2	b
0.5	0.2	1.83

为简单起见，所有输入、权重和偏移的值都被添加到网络图中，如图 2-11 所示。

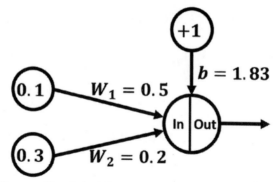

图 2-11　第一个向后传播示例的网络(添加了输入和参数)

现在，我们可以训练网络，验证基于当前的权重和偏移是否会返回所期望的输出。激活函数的输入为每个输入及其权重之间的 SOP。然后，我们将偏移添加到总和中，如下所示：

$$s = X_1 * W_1 + X_2 * W_2 + b$$
$$s = 0.1 * 0.5 + 0.3 * 0.2 + 1.83$$
$$s = 1.94$$

将先前计算的 SOP 应用到所使用的函数(S 型函数)中来计算激活函数的输出，如下所示：

$$f(s) = \frac{1}{1 + e^{-s}}$$
$$f(s) = \frac{1}{1 + e^{-1.94}}$$
$$f(s) = \frac{1}{1 + 0.143703949}$$
$$f(s) = \frac{1}{1.143703949}$$
$$f(s) \approx 0.874352143$$

激活函数的输出反映当前输入的预测输出。显然，期望输出与预测输出之间有差距。但是，这些差值的源头是什么？如何改变预测输出，使其更接近期望结果？我们稍后回答这些问题。但目前至少可以基于误差函数来了解神经网络的误差。

误差函数告诉我们预测输出接近期望输出的程度。最优的误差值为 0，这意味着一点都没有误差，期望结果与预测结果完全相同。其中一个误差函数为平方误差函数，如公式 2-10 所示。

$$E = \frac{1}{2}(\text{desired} - \text{predicted})^2 \qquad (\text{式 2-10})$$

注意，将 1/2 添加到公式中是为了后面简化导数。我们可以测量网络误差，如下所示。

$$E = \frac{1}{2}(0.03 - 0.874352143)^2$$

$$E = \frac{1}{2}(-0.844352143)^2$$

$$E = \frac{1}{2}(0.712930542)$$

$$E = 0.356465271$$

结果确保了大误差(≈0.357)的存在。这就是误差所告诉我们的内容。它只是给我们一种指示，说明预测结果距离期望结果有多远。现在，我们已知道如何测量误差，我们需要找到一种方式最小化误差。我们所拥有的唯一可操作的参数为权重。我们可以尝试不同的权重，然后测试我们的网络。

2.3.2 权重更新公式

根据公式 2-7 可以更新权重，其中的参数如下所示。

- n：训练步骤(0,1,2, …)。

- $W(n)$：当前训练步骤中的权重。

$$W(n) = [b(n), W_1(n), W_2(n), W_3(n), \cdots, W_m(n)]$$

- η：网络学习率。
- $d(n)$：期望输出。
- $Y(n)$：预测输出。
- $X(n)$：网络做出错误预测的当前输入。

对于我们的网络而言，这些参数具有如下值。

- n：0。
- $W(n)$：[1.83,0.5,0.2]。
- η：超参数。例如，我们可以选择 0.01。
- $d(n)$：[0.03]。
- $Y(n)$：[0.874352143]。
- $X(n)$：[+1,0.1,0.3]。第一个值(+1)用于偏移。

基于先前的公式，我们可以更新神经网络的权重。

$$W(n+1) = W(n) + \eta[d(n) - Y(n)]X(n)$$
$$= [1.83, 0.5, 0.2] + 0.01[0.03 - 0.874352143][+1, 0.1, 0.3]$$
$$= [1.83, 0.5, 0.2] + 0.01[-0844352143][+1, 0.1, 0.3]$$
$$= [1.83, 0.5, 0.2] + -0.00844352143[+1, 0.1, 0.3]$$
$$= [1.83, 0.5, 0.2] + [-0.008443521, -0.000844352, -0.002533056]$$
$$= [1.821556479, 0.499155648, 0.197466943]$$

表 2-10 给出了新权重。

表 2-10　更新第一个向后传播示例网络的权重

W_{1new}	W_{2new}	b_{new}
0.197466943	0.499155648	1.821556479

基于新权重重新计算预测输出，并继续更新权重计算预测输出，直到手头上的问题达到可接受的误差值。

此处成功更新了权重，而没有使用向后传播算法。我们依然需要此算法吗？答案是肯定的，稍后将解释原因。

2.3.3　为什么向后传播算法很重要

假设在最佳情况下权重更新公式生成了最佳权重；关于这个函数实际做了什么，我们还是不清楚。这就像一个黑盒子，我们不知道黑盒内部的运作。我们所知的就是应该应用这个公式，以防出现分类误差。函数将会生成新权重，以用于下一次训练步骤。但是为什么新权重能够做出更好的预测？每个权重对预测误差有什么影响？增加或减小一个或多个权重如何影响预测误差？

这需要对最好的权重是如何计算得出的有一个较好的理解。为做到这一点，我们应该使用向后传播算法。这有助于我们理解每个权重如何影响神经网络的总体误差，告诉我们如何最小化误差，使得误差值非常接近于 0。

2.3.4　前向传递与后向传递

在训练神经网络时，有两种传递，即前向和后向，如图 2-12 所示。第一种传递总是前向传递，在这种传递中，在输入层应用输入，移动到输出层，计算输入和权重之间的 SOP，应用激活函数生成输出，最后计算预测误差，得到当前网络的准确程度。

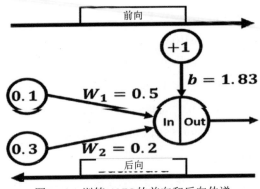

图 2-12 训练 ANN 的前向和后向传递

但是，如果存在预测误差，那会发生什么？我们应该修改网络，减小误差。这需要通过后向传递完成。在前向传递中，我们从输入开始，直到计算出预测误差。但是在后向传递中，我们从误差开始，直到达到输入。这种传递的目标是学习每个权重如何影响总体误差。了解权重和误差之间的关系允许我们修改网络权重，减小误差。例如，在后向传递中，我们可以得到有用的信息，如将当前 W_1 的值增加 1.0 将增加 0.07 的预测误差。这有助于我们理解如何选择 W_1 的新值，最小化误差(不应该增加 W_1)。

1. 偏导数

在后向传递中使用的一个重要操作为计算导数。在开始计算后向传递中的导数前，我们先用一个简单的示例让事情变得容易一些。

对于多变量函数(如 $Y = X^2Z + H$)而言，如果变量 X 发生变化，那会对输出 Y 有什么影响？我们使用偏导数回答这个问题，如下所示。

$$\frac{\partial Y}{\partial X} = \frac{\partial}{\partial X}(X^2Z + H)$$

$$\frac{\partial Y}{\partial X} = 2XZ + 0$$

$$\frac{\partial Y}{\partial X} = 2XZ$$

注意，除了 X，其他都视为常数。这就是为什么在计算偏导数后 H 被 0 所取代。此处，∂X 意味着变量 X 的一个微小变化，∂Y 意味着 Y 的一个微小变化。Y 的变化是 X 变化的结果。如果在 X 上做出一个小变化，对 Y 有什么影响？这个微小的变化可以增加或减小一个微小的值(如 0.01)。通过替换不同的 X 值，我们可以找到 Y 如何根据 X 的变化而变化。

我们遵循相同的过程，学习神经网络预测误差如何随着网络权重的改变而改变。因此，我们的目标是计算 $\frac{\partial E}{\partial W_1}$ 和 $\frac{\partial E}{\partial W_2}$，因为有两个权重($W_1$ 和 W_2)。让我们来计算它们。

2. 预测误差如何随着权重的改变而改变

观察公式 $Y = X^2Z + H$，由于它将 Y 和 X 联系起来，因此看起来计算偏微分 $\dfrac{\partial Y}{\partial X}$ 非常直接。但是，在预测误差和权重之间不存在直接的公式。这就是我们使用多元链式法则找到 Y 相对于 X 的偏导数的原因。

3. 预测误差到权重的链

让我们尝试找到将预测误差与权重联系起来的链。基于公式 2-10 计算预测误差。

但是，这个公式并没有任何权重。我们可以顺着先前公式中的每个输入的计算，直到达到权重。期望输出为常数，因此没有机会通过期望输出达到权重。基于 S 型函数计算预测输出，如公式 2-8 所示。

同样，计算预测输出的公式没有任何权重，但是依然存在变量 s(SOP)，根据公式 2-11，它依赖权重进行计算。

$$s = X_1 * W_1 + X_2 * W_2 + b \qquad\qquad (式2\text{-}11)$$

图 2-13 展示了到达权重所遵循的计算链。

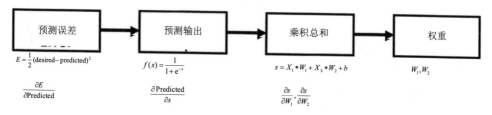

图 2-13　从预测误差开始到达权重的计算链

因此，为理解预测误差如何随着权重的改变而改变，我们应该进行一些中间操作，包括找到预测误差如何随着预测输出的改变而改变。然后，需要找到预测输出与 SOP 之间的关系。最终，可以找到 SOP 如何随着权重的改变而改变。一共存在 4 个中间偏导数，如下所示：

$$\frac{\partial E}{\partial \text{Predicted}}, \frac{\partial \text{Predicted}}{\partial s}, \frac{\partial s}{\partial W_1}, \frac{\partial s}{\partial W_2}$$

最终，这个链告诉我们，通过将所有偏导数相乘可以达到目标，即预测误差如何随着每个权重的改变而改变，如下所示。

$$\frac{\partial E}{\partial W_1} = \frac{\partial E}{\partial \text{Predicted}} * \frac{\partial \text{Predicted}}{\partial s} * \frac{\partial s}{\partial W_1}$$

$$\frac{\partial E}{\partial W_2} = \frac{\partial E}{\partial \text{Predicted}} * \frac{\partial \text{Predicted}}{\partial s} * \frac{\partial s}{\partial W_2}$$

重要提示：

目前，没有公式直接将预测误差与网络权重联系起来，但是我们可以创建一个公式将它们联系起来，直接对其应用偏导数，如公式 2-12 所示。

$$E = \frac{1}{2}\left(\text{desired} - \frac{1}{1 + e^{-(X_1 * W_1 + X_2 * W_2 + b)}}\right)^2 \qquad \text{（式 2-12）}$$

这个公式看似比较复杂，我们可以使用多元链式法则进行简化。

4. 计算链式偏导数

让我们计算先前所创建链的每个部分的偏导数。

误差-预测输出偏导数：

$$\frac{\partial E}{\partial \text{Predicted}} = \frac{\partial}{\partial \text{Predicted}}\left(\frac{1}{2}(\text{desired} - \text{predicted})^2\right)$$

$$= 2 * \frac{1}{2}(\text{desired} - \text{predicted})^{2-1} * (0 - 1)$$

$$= (\text{desired} - \text{predicted}) * (-1)$$

$$= \text{predicted} - \text{desired}$$

通过值替换

$$\frac{\partial E}{\partial \text{Predicted}} = \text{predicted} - \text{desired} = 0.874352143 - 0.03$$

$$\frac{\partial E}{\partial \text{Predicted}} = 0.844352143$$

预测输出-SOP 偏导数：

$$\frac{\partial \text{Predicted}}{\partial s} = \frac{\partial}{\partial s}\left(\frac{1}{1 + e^{-s}}\right)$$

记住，我们可以使用商法则找到 S 型函数的导数，如下所示：

$$\frac{\partial \text{Predicted}}{\partial s} = \frac{1}{1 + e^{-s}}\left(1 - \frac{1}{1 + e^{-s}}\right)$$

通过值替换

$$\frac{\partial \text{Predicted}}{\partial s} = \frac{1}{1+e^{-s}}\left(1 - \frac{1}{1+e^{-s}}\right) = \frac{1}{1+e^{-1.94}}\left(1 - \frac{1}{1+e^{-1.94}}\right)$$

$$= \frac{1}{1+0.143703949}\left(1 - \frac{1}{1+0.143703949}\right)$$

$$= \frac{1}{1.143703949}\left(1 - \frac{1}{1.143703949}\right)$$

$$= 0.874352143(1 - 0.874352143)$$

$$= 0.874352143(0.125647857)$$

$$\frac{\partial \text{Predicted}}{\partial s} \approx 0.109860473$$

SOP-W_1 偏导数：

$$\frac{\partial s}{\partial W_1} = \frac{\partial}{\partial W_1}(X_1 * W_1 + X_2 * W_2 + b)$$

$$= 1 * X_1 * (W_1)^{(1-1)} + 0 + 0$$

$$= X_1 * (W_1)^{(0)}$$

$$= X_1(1)$$

$$\frac{\partial s}{\partial W_1} = X_1$$

通过值替换

$$\frac{\partial s}{\partial W_1} = X_1 = 0.1$$

SOP-W_2 偏导数：

$$\frac{\partial s}{\partial W_2} = \frac{\partial}{\partial W_2}(X_1 * W_1 + X_2 * W_2 + b)$$

$$= 0 + 1 * X_2 * (W_2)^{(1-1)} + 0$$

$$= X_2 * (W_2)^{(0)}$$

$$= X_2(1)$$

$$\frac{\partial s}{\partial W_2} = X_2$$

通过值替换

$$\frac{\partial s}{\partial W_2} = X_2 = 0.3$$

计算每个部分的导数后，我们将所有的部分相乘，得到所期望的预测误差和每个权重之间的关系。

预测误差-W_1 偏导数：

$$\frac{\partial E}{\partial W_1} = 0.844352143 * 0.109860473 * 0.1$$

$$\frac{\partial E}{\partial W_1} \approx 0.009276093$$

预测误差-W_2 偏导数：

$$\frac{\partial E}{\partial W_2} = 0.844352143 * 0.109860473 * 0.3$$

$$\frac{\partial E}{\partial W_2} \approx 0.027828278$$

最终，有两个值反映了预测误差如何随着权重(W_1 为 0.009276093 和 W_2 为 0.027828278)的改变而改变。但是，这意味着什么呢？结果需要解释。

5. 向后传播结果的解释

从所得到的最后两个导数中我们可以得到两个有用的结论。

- 导数符号
- 导数大小(DM)

如果导数为正，这意味着增加权重将会增加误差，同样减小权重将会减小误差。如果导数为负，这意味着增加权重将会减小误差，相应地，减小权重将会增加误差。

但是，误差将会增加或减小多少？DM 可以告诉我们这个数值。对于正导数而言，如果将权重增加 p，误差将会增加 DM*p。对于负导数而言，如果将权重增加 p，误差将会减小 DM*p。

因为 $\frac{\partial E}{\partial W_1}$ 导数的结果为正，这意味着如果将 W_1 增加 1，那么总误差将会增加 0.009276093。同样，由于 $\frac{\partial E}{\partial W_2}$ 导数的结果为正，这意味着如果将 W_2 增加 1，那么总误差将会增加 0.027828278。

6. 更新权重

在成功计算误差相对于每个单独权重的导数后，可以更新权重，提高预测的准确度。基于导数更新每个权重，如下所示：

$$W_{1new} = W_1 - \eta * \frac{\partial E}{\partial W_1}$$

$$= 0.5 - 0.01 * 0.009276093$$

$$W_{1new} = 0.49990723907$$

对于第二个权重

$$W_{2new} = W_2 - \eta * \frac{\partial E}{\partial W_2}$$

$$= 0.2 - 0.01 * 0.027828278$$

$$W_{2new} \approx 0.1997217172$$

注意，由于符号为正，权重是减去导数，而不是加上导数。

继续预测和更新权重的过程，直到所生成的期望输出具有可接受的误差。

2.3.5　具有隐藏层的神经网络的向后传播

为了让读者的思路更加清晰，可以为神经网络添加具有两个神经元的隐藏层，然后应用向后传播算法。新的网络如图 2-14 所示。

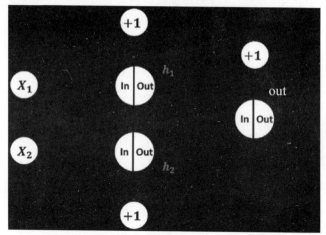

图 2-14　第二个向后传播示例的网络体系结构

在此示例中，将应用先前所使用的输入、输出、激活函数和学习率。表 2-11 所示为完整的网络权重。

表 2-11　完整的网络权重

W_1	W_2	W_3	W_4	W_5	W_6	b_1	b_2	b_3
0.5	0.1	0.62	0.2	−0.2	0.3	0.4	−0.1	1.83

图 2-15 显示了添加所有输入和权重的先前网络。

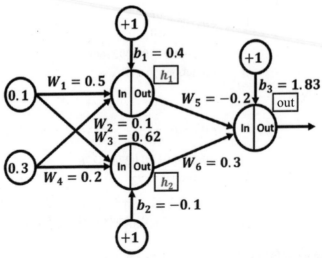

图 2-15　添加输入值和参数值的第二个向后传播示例的网络体系结构

　　首先，我们应该进行前向传递，得到预测输出。如果在预测中出现误差，那么我们应该进行后向传递，根据向后传播算法更新权重。让我们计算隐藏层中第一个神经元(h_1)的输入：

$$h_{1in} = X_1 * W_1 + X_2 * W_2 + b_1$$

$$= 0.1*0.5 + 0.3*0.1 + 0.4$$

$$h_{1in} = 0.48$$

隐藏层中第二个神经元的输入(h_2)：

$$h_{2in} = X_1 * W_3 + X_2 * W_4 + b_2$$

$$= 0.1*0.62 + 0.3*0.2 - 0.1$$

$$= 0.022$$

隐藏层中第一个神经元的输出：

$$h_{1out} = \frac{1}{1+e^{-h_{1in}}}$$

$$= \frac{1}{1+e^{-0.48}}$$

$$= \frac{1}{1+0.619}$$

$$= \frac{1}{1.619}$$

$$h_{1out} \approx 0.618$$

隐藏层中第二个神经元的输出：

$$h_{2\,\text{out}} = \frac{1}{1+e^{-h_{2\,\text{in}}}}$$

$$= \frac{1}{1+e^{-0.022}}$$

$$= \frac{1}{1+0.978}$$

$$= \frac{1}{1.978}$$

$$h_{2\,\text{out}} \approx 0.506$$

下一步是计算输出神经元的输入：

$$\text{out}_{\text{in}} = h_{1\,\text{out}} * W_5 + h_{2\,\text{out}} * W_6 + b_3$$

$$= 0.618 * -0.2 + 0.506 * 0.3 + 1.83$$

$$\text{out}_{\text{in}} \approx 1.858$$

输出神经元的输出：

$$\text{out}_{\text{out}} = \frac{1}{1+e^{-\text{out}_{\text{in}}}}$$

$$= \frac{1}{1+e^{-1.858}}$$

$$= \frac{1}{1+0.156}$$

$$= \frac{1}{1.156}$$

$$\text{out}_{\text{out}} \approx 0.865$$

因此，基于当前权重，神经网络的预测输出为 0.865。根据以下公式，我们可以计算预测误差。

$$E = \frac{1}{2}\left(\text{desired} - \text{out}_{\text{out}}\right)^2$$

$$= \frac{1}{2}\left(0.03 - 0.865\right)^2$$

$$= \frac{1}{2}\left(-0.835\right)^2$$

$$= \frac{1}{2}\left(0.697\right)$$

$$E \approx 0.349$$

误差看起来非常高，因此我们应该使用向后传播算法，更新网络权重。

1. 偏导数

我们的目标是明白总误差 E 如何随着每个权重(共 6 个)的变化而变化($W_1 \sim W_6$)。

$$\frac{\partial E}{\partial W_1}, \frac{\partial E}{\partial W_2}, \frac{\partial E}{\partial W_3}, \frac{\partial E}{\partial W_4}, \frac{\partial E}{\partial W_5}, \frac{\partial E}{\partial W_6}$$

让我们从计算输出对隐藏层-输出层权重(W_5 和 W_6)的偏导数开始。

E-W_5 偏导数

从 W_5 开始，我们沿着以下链：

$$\frac{\partial E}{\partial W_5} = \frac{\partial E}{\partial \text{out}_{\text{out}}} * \frac{\partial \text{out}_{\text{out}}}{\partial \text{out}_{\text{in}}} * \frac{\partial \text{out}_{\text{in}}}{\partial W_5}$$

首先可以计算每个单独的部分，然后将它们组合起来，获得期望的导数。

对于第一个导数 $\dfrac{\partial E}{\partial \text{out}_{\text{out}}}$

$$\frac{\partial E}{\partial \text{out}_{\text{out}}} = \frac{\partial}{\partial \text{out}_{\text{out}}}\left(\frac{1}{2}\left(\text{desired} - \text{out}_{\text{out}}\right)^2\right)$$

$$= 2 * \frac{1}{2}\left(\text{desired} - \text{out}_{\text{out}}\right)^{2-1} * (0-1)$$

$$= \text{desired} - \text{out}_{\text{out}} * (-1)$$

$$= \text{out}_{\text{out}} - \text{desired}$$

使用值替换这些变量的值。

$$= \text{out}_{\text{out}} - \text{desired} = 0.865 - 0.03$$

$$\frac{\partial E}{\partial \text{out}_{\text{out}}} = 0.835$$

对于第二个导数 $\dfrac{\partial \text{out}_{\text{out}}}{\partial \text{out}_{\text{in}}}$

$$\frac{\partial \text{out}_{\text{out}}}{\partial \text{out}_{\text{in}}} = \frac{\partial}{\partial \text{out}_{\text{in}}}\left(\frac{1}{1+\text{e}^{-\text{out}_{\text{in}}}}\right)$$

$$= \left(\frac{1}{1+\text{e}^{-\text{out}_{\text{in}}}}\right)\left(1-\frac{1}{1+\text{e}^{-\text{out}_{\text{in}}}}\right)$$

$$= \left(\frac{1}{1+\text{e}^{-1.858}}\right)\left(1-\frac{1}{1+\text{e}^{-1.858}}\right)$$

$$= \left(\frac{1}{1.56}\right)\left(1-\frac{1}{1.56}\right)$$

$$= (0.865)(1-0.865) = (0.865)(0.135)$$

$$\frac{\partial \text{out}_{\text{out}}}{\partial \text{out}_{\text{in}}} \approx 0.117$$

对于最后一个导数 $\dfrac{\partial \text{out}_{\text{in}}}{\partial W_5}$

$$\frac{\partial \text{out}_{\text{in}}}{\partial W_5} = \frac{\partial}{\partial W_5}(h_{1\text{out}} * W_5 + h_{2\text{out}} * W_6 + b_3)$$

$$= 1 * (h_{1\text{out}} * (W_5)^{1-1} + 0 + 0)$$

$$= h_{1\text{out}}$$

$$\frac{\partial \text{out}_{\text{in}}}{\partial W_5} = 0.618$$

在计算了所有三个所需的导数后，可以计算目标导数，如下所示。

$$\frac{\partial E}{\partial W_5} = \frac{\partial E}{\partial \text{out}_{\text{out}}} * \frac{\partial \text{out}_{\text{out}}}{\partial \text{out}_{\text{in}}} * \frac{\partial \text{out}_{\text{in}}}{\partial W_5}$$

$$\frac{\partial E}{\partial W_5} = 0.835 * 0.23 * 0.618$$

$$\frac{\partial E}{\partial W_5} \approx 0.119$$

$E\text{-}W_6$ 偏导数

为计算 $\dfrac{\partial E}{\partial W_6}$，将使用以下链。

$$\frac{\partial E}{\partial W_6} = \frac{\partial E}{\partial \text{out}_{\text{out}}} * \frac{\partial \text{out}_{\text{out}}}{\partial \text{out}_{\text{in}}} * \frac{\partial \text{out}_{\text{in}}}{\partial W_6}$$

重复相同的计算，仅在最后一个导数 $\dfrac{\partial \text{out}_{\text{in}}}{\partial W_6}$ 中作一点小的变化。计算如下：

$$\frac{\partial \text{out}_{\text{in}}}{\partial W_6} = \frac{\partial}{\partial W_6}(h_{1\text{out}} * W_5 + h_{2\text{out}} * W_6 + b_3)$$

$$= 0 + 1 * h_{2\text{out}} * (W_6)^{1-1} + 0$$

$$= h_{2\text{out}}$$

$$\frac{\partial \text{out}_{\text{in}}}{\partial W_6} = 0.506$$

最后，计算导数 $\dfrac{\partial E}{\partial W_6}$。

$$\frac{\partial E}{\partial W_6} = \frac{\partial E}{\partial \text{out}_{\text{out}}} * \frac{\partial \text{out}_{\text{out}}}{\partial \text{out}_{\text{in}}} * \frac{\partial \text{out}_{\text{in}}}{\partial W_6}$$

$$= 0.835 * 0.23 * 0.506$$

$$\frac{\partial E}{\partial W_6} \approx 0.097$$

下面计算误差相对于 $W_1 \sim W_4$ 的导数。

E-W_1 偏导数

从 W_1 开始，我们沿着以下链：

$$\frac{\partial E}{\partial W_1} = \frac{\partial E}{\partial \text{out}_{\text{out}}} * \frac{\partial \text{out}_{\text{out}}}{\partial \text{out}_{\text{in}}} * \frac{\partial \text{out}_{\text{in}}}{\partial h_{1\text{out}}} * \frac{\partial h_{1\text{out}}}{\partial h_{1\text{in}}} * \frac{\partial h_{1\text{in}}}{\partial W_1}$$

遵循先前的程序，计算每个导数，最后将它们组合在一起。先前已经计算出前

两个导数 $\dfrac{\partial E}{\partial \text{out}_{\text{out}}}$ 和 $\dfrac{\partial \text{out}_{\text{out}}}{\partial \text{out}_{\text{in}}}$，它们的结果如下：

$$\frac{\partial E}{\partial \text{out}_{\text{out}}} = 0.835$$

$$\frac{\partial \text{out}_{\text{out}}}{\partial \text{out}_{\text{in}}} = 0.23$$

对于下一个导数 $\dfrac{\partial \text{out}_{\text{in}}}{\partial h_{1\text{out}}}$

$$\frac{\partial out_{in}}{\partial h_{1out}} = \frac{\partial}{\partial h_{1out}}(h_{1out} * W_5 + h_{2out} * W_6 + b_3)$$

$$= (h_{1out})^{1-1} * W_5 + 0 + 0$$

$$= W_5$$

$$\frac{\partial out_{in}}{\partial h_{1out}} = -0.2$$

对于 $\dfrac{\partial h_{1out}}{\partial h_{1in}}$

$$\frac{\partial h_{1out}}{\partial h_{1in}} = \frac{\partial}{\partial h_{1in}}\left(\frac{1}{1+e^{-h_{1in}}}\right)$$

$$= \left(\frac{1}{1+e^{-h_{1in}}}\right)\left(1-\frac{1}{1+e^{-h_{1in}}}\right)$$

$$= \left(\frac{1}{1+e^{-0.48}}\right)\left(1-\frac{1}{1+e^{-0.48}}\right)$$

$$= \left(\frac{1}{1.619}\right)\left(1-\frac{1}{1.619}\right)$$

$$= (0.618)(1-0.618) = 0.618 * 0.382$$

$$\frac{\partial h_{2out}}{\partial h_{2in}} \approx 0.236$$

对于 $\dfrac{\partial h_{1in}}{\partial W_1}$

$$\frac{\partial h_{1in}}{\partial W_1} = \frac{\partial}{\partial W_1}(X_1 * W_1 + X_2 * W_2 + b_1)$$

$$= X_1 * (W_1)^{1-1} + 0 + 0$$

$$= X_1$$

$$\frac{\partial h_{1in}}{\partial W_1} = 0.1$$

最后，计算目标导数。

$$\frac{\partial E}{\partial W_1} = 0.835 * 0.23 * -0.2 * 0.236 * 0.1$$

$$\frac{\partial E}{\partial W_1} \approx -0.001$$

E-W_2 偏导数

类似于计算 $\dfrac{\partial E}{\partial W_1}$ 的方法，我们可以计算 $\dfrac{\partial E}{\partial W_2}$。唯一的改变是在最后一个导数 $\dfrac{\partial h_{1\text{in}}}{\partial W_2}$ 中。

$$\frac{\partial E}{\partial W_2} = \frac{\partial E}{\partial \text{out}_{\text{out}}} * \frac{\partial \text{out}_{\text{out}}}{\partial \text{out}_{\text{in}}} * \frac{\partial \text{out}_{\text{in}}}{\partial h_{1\text{out}}} * \frac{\partial h_{1\text{out}}}{\partial h_{1\text{in}}} * \frac{\partial h_{1\text{in}}}{\partial W_2}$$

$$\frac{\partial h_{1\text{in}}}{\partial W_2} = \frac{\partial}{\partial W_2}(X_1 * W_1 + X_2 * W_2 + b_1)$$

$$= 0 + X_2 * (W_2)^{1-1} + 0$$

$$= X_2$$

$$\frac{\partial h_{1\text{in}}}{\partial W_2} = 0.3$$

然后

$$\frac{\partial E}{\partial W_2} = 0.835 * 0.23 * -0.2 * 0.236 * 0.3$$

$$\frac{\partial E}{\partial W_2} \approx -0.003$$

最后两个权重(W_3 和 W_4)的计算与 W_1 和 W_2 类似。

E-W_3 偏导数

从 W_3 开始，我们应该遵循以下链：

$$\frac{\partial E}{\partial W_3} = \frac{\partial E}{\partial \text{out}_{\text{out}}} * \frac{\partial \text{out}_{\text{out}}}{\partial \text{out}_{\text{in}}} * \frac{\partial \text{out}_{\text{in}}}{\partial h_{2\text{out}}} * \frac{\partial h_{2\text{out}}}{\partial h_{2\text{in}}} * \frac{\partial h_{2\text{in}}}{\partial W_3}$$

待计算的缺失导数为 $\dfrac{\partial \text{out}_{\text{in}}}{\partial h_{2\text{out}}}$、$\dfrac{\partial h_{2\text{out}}}{\partial h_{2\text{in}}}$ 和 $\dfrac{\partial h_{2\text{in}}}{\partial W_3}$。

$$\frac{\partial \text{out}_{\text{in}}}{\partial h_{2\text{out}}} = \frac{\partial}{\partial h_{2\text{out}}}(h_{1\text{out}} * W_5 + h_{2\text{out}} * W_6 + b_3)$$

$$= 0 + (h_{2\text{out}})^{1-1} * W_6 + 0$$

$$= W_6$$

$$\frac{\partial \text{out}_{\text{in}}}{\partial h_{2\text{out}}} = 0.3$$

对于 $\dfrac{\partial h_{2\text{out}}}{\partial h_{2\text{in}}}$

$$\frac{\partial h_{2\text{out}}}{\partial h_{2\text{in}}} = \frac{\partial}{\partial h_{2\text{in}}}\left(\frac{1}{1+e^{-h_{2\text{in}}}}\right)$$

$$= \left(\frac{1}{1+e^{-h_{2\text{in}}}}\right)\left(1-\frac{1}{1+e^{-h_{2\text{in}}}}\right)$$

$$= \left(\frac{1}{1+e^{-0.022}}\right)\left(1-\frac{1}{1+e^{-0.022}}\right)$$

$$= \left(\frac{1}{1.978}\right)\left(1-\frac{1}{1.978}\right)$$

$$= (0.506)(1-0.506)$$

$$\frac{\partial h_{2\text{out}}}{\partial h_{2\text{in}}} \approx 0.25$$

对于 $\dfrac{\partial h_{2\text{in}}}{\partial W_3}$

$$\frac{\partial h_{2\text{in}}}{\partial W_3} = \frac{\partial}{\partial W_3}(X_1 * W_3 + X_2 * W_4 + b_2)$$

$$= X_1 * W_3 + X_2 * W_4 + b_2$$

$$= (X_1)^{1-1} * X_1 + 0 + 0$$

$$= X_1$$

$$= 0.1$$

最后，我们可以计算所期望的导数，如下所示。

$$\frac{\partial E}{\partial W_3} = \frac{\partial E}{\partial \text{out}_\text{out}} * \frac{\partial \text{out}_\text{out}}{\partial \text{out}_\text{in}} * \frac{\partial \text{out}_\text{in}}{\partial h_{2\text{out}}} * \frac{\partial h_{2\text{out}}}{\partial h_{2\text{in}}} * \frac{\partial h_{2\text{in}}}{\partial W_3}$$

$$\frac{\partial E}{\partial W_3} = 0.835 * 0.23 * 0.3 * 0.25 * 0.1$$

$$\frac{\partial E}{\partial W_3} \approx 0.00014$$

E-W_4 偏导数

现在，类似地，可以计算 $\dfrac{\partial E}{\partial W_4}$。

$$\frac{\partial E}{\partial W_4} = \frac{\partial E}{\partial \text{out}_\text{out}} * \frac{\partial \text{out}_\text{out}}{\partial \text{out}_\text{in}} * \frac{\partial \text{out}_\text{in}}{\partial h_{2\text{out}}} * \frac{\partial h_{2\text{out}}}{\partial h_{2\text{in}}} * \frac{\partial h_{2\text{in}}}{\partial W_4}$$

我们应该计算缺失导数 $\dfrac{\partial h_{2\text{in}}}{\partial W_4}$。

$$\frac{\partial h_{2\text{in}}}{\partial W_4} = \frac{\partial}{\partial W_4}(X_1 * W_3 + X_2 * W_4 + b_2)$$

$$= X_1 * W_3 + X_2 * W_4 + b_2$$

$$= 0 + (X_2)^{1-1} * W_4 + 0$$

$$= W_4$$

$$= 0.2$$

然后计算 $\dfrac{\partial E}{\partial W_4}$。

$$\frac{\partial E}{\partial W_4} = \frac{\partial E}{\partial \text{out}_{\text{out}}} * \frac{\partial \text{out}_{\text{out}}}{\partial \text{out}_{\text{in}}} * \frac{\partial \text{out}_{\text{in}}}{\partial h_{2\text{out}}} * \frac{\partial h_{2\text{out}}}{\partial h_{2\text{in}}} * \frac{\partial h_{2\text{in}}}{\partial W_4}$$

$$\frac{\partial E}{\partial W_4} = 0.835 * 0.23 * 0.3 * 0.25 * 0.2$$

$$\frac{\partial E}{\partial W_4} \approx 0.003$$

2. 更新权重

至此，我们根据网络中的每个权重成功计算出了整体误差的导数。接下来，我们要根据导数更新权重，重新训练网络。更新权重计算如下：

$$W_{1\text{new}} = W_1 - \eta * \frac{\partial E}{W_1} = 0.5 - 0.01 * -0.001 = 0.50001$$

$$W_{2\text{new}} = W_2 - \eta * \frac{\partial E}{W_2} = 0.1 - 0.01 * -0.003 = 0.00003$$

$$W_{3\text{new}} = W_3 - \eta * \frac{\partial E}{W_3} = 0.62 - 0.01 * -0.00014 \approx 0.6199$$

$$W_{4\text{new}} = W_4 - \eta * \frac{\partial E}{W_4} = 0.2 - 0.01 * -0.003 = 0.19997$$

$$W_{5\text{new}} = W_5 - \eta * \frac{\partial E}{W_5} = 0.2 - 0.01 * -0.618 = -0.20618$$

$$W_{6\text{new}} = W_6 - \eta * \frac{\partial E}{W_6} = 0.3 - 0.01 * -0.097 = 0.29903$$

2.4　过拟合

你是否曾经创建了一个机器学习模型，它在训练样本上表现完美，但是对于未见过的样本，却给出了非常糟糕的预测？你是否思考过这为何发生？原因就是过拟合。具有过拟合问题的模型在训练样本上预测准确，但是对验证数据却给出了糟糕的预测。这是因为模型适应了训练数据中的每一片信息，收集了只能在训练数据上找到的一些属性。下面试着去理解这个问题。

机器学习的重点是使用训练数据训练算法，创建对未见过的数据(测试数据)能够做出正确预测的模型。例如，为创建分类器，人类专家从收集训练机器学习算法所需的数据开始。人类负责找到最佳类型的特征，也就是能够区分不同类别的那些特征，这样就可以表示每个类别。使用这些特征训练机器学习算法。假设我们要构建机器学习模型，对图 2-16 中的图像(根据是否包含猫)进行分类。

图 2-16　用来训练模型的猫照片

必须回答的第一个问题是"要使用的最佳特征是什么"。在机器学习中，这是关键问题。使用的特征越好，受训的机器学习模型所做出的预测就越准确，反之亦然。让我们试着可视化这些图像，提取代表猫的一些特征。一些代表性的特征可能是存在两个黑眼珠瞳孔、两只耳朵呈对角线方向。假设从先前的训练图像中提取了这些特征，创建了已受训的机器学习模型。由于所使用的特征存在于大部分猫中，因此这个模型在各种猫图片上都可以工作。我们可以使用一些未见过的数据(如图 2-17 所示)测试模型。假设测试数据的分类准确性为 $x\%$。

图 2-17　猫的测试图像

有人可能想增加分类的准确性。由于使用的判别特征越多，准确性就越高，因此考虑的第一件事是使用更多的特征，而不只是先前使用的两个特征。通过再次检测训练数据，我们可以找到更多特征，如总体的图像颜色。在训练样本中所有猫为白色，在训练数据中眼睛的颜色为黄色。特征向量将有以下这 4 种特征：

- 黑眼睛瞳孔
- 斜耳朵
- 白猫
- 黄虹膜

我们使用它们来重新训练机器学习模型。

创建训练模型后，下一步就是测试它。使用新特征向量后的预测结果为分类正确性下降到低于 $x\%$。为什么？正确性下降的原因在于，使用的一些特征在训练数据中已经存在，但是并不是所有猫图像都一样。在所有的猫图像中，这些不是一般特征。在测试数据中，一些猫具有黄色或黑色的毛，而不是训练中所使用的白毛。

这种情况下，所使用的特征对于训练样本而言表现良好，但是对于测试样本表现非常糟糕，我们可以将此描述为过拟合，即使用训练数据独有但不存在于测试数据中的特征训练模型。

前面讨论的目标是通过使用高层次示例让读者易于理解过拟合的思想。为了解详细信息，我们倾向于使用简单的示例。这就是接下来的讨论会基于回归示例的原因。

2.4.1　基于回归示例理解正则化

假设我们要创建回归模型，拟合如图 2-18 所示的数据。我们可以使用多项式回归。

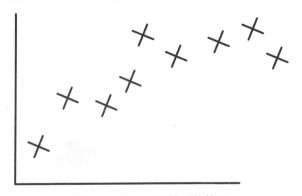

图 2-18　拟合回归模型的数据

我们从最简单的模型(具有一阶多项式的线性模型)开始，如公式 2-13 所示。

$$y_1 = f_1(x) = \Theta_1 x + \Theta_0 \tag{式 2-13}$$

其中 Θ_0 和 Θ_1 是模型参数，x 是所使用的唯一特征。先前模型的曲线如图 2-19 所示。

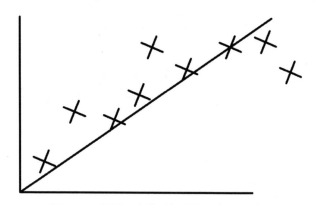

图 2-19　使用一阶模型拟合数据的初始模型

基于损失函数(如公式 2-14 所示)，我们可以得出结论，模型不能很好地拟合数据。

$$L = \frac{\sum_{i=0}^{N} |f_1(x_i) - d_i|}{N}$$ （式 2-14）

其中 $f_i(x_i)$ 是预期样本 i 的输出，d_i 是同一样本的期望输出。

这个模型过于简单，许多预测不准确。出于这个原因，我们应该创建一个相对复杂的模型，更好地拟合数据。我们可以将公式从一阶增加到二阶，如公式 2-15 所示。

$$y_2 = f_1(x) = \Theta_2 x^2 + \Theta_1 x + \Theta_0$$ （式 2-15）

在相同特征 x 的幂增加到 $2(x^2)$ 后，我们创建了新特征。我们不仅要抓住数据的属性，也要抓住一些非线性特征。这个新模型的图如图 2-20 所示。

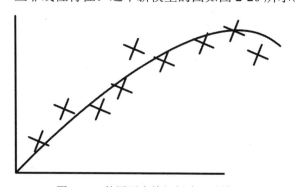

图 2-20　使用更多特征创建二阶模型

该图显示了使用二阶多项式拟合数据比一阶多项式更好。但是二次方程不能很好地拟合一些数据样本。因此，我们使用公式 2-16 创建相对复杂的三阶模型。图形参见图 2-21。

$$y_3 = f_3(x) = \Theta_3 x^3 + \Theta_2 x^2 + \Theta_1 x + \Theta_0 \qquad\text{(式 2-16)}$$

图 2-21　三阶模型

可以注意到的是，在添加一些新特征捕捉到三阶的数据属性后，模型可以更好地拟合数据。为了比以前更好地拟合数据，我们可以增加方程的阶数到四阶，如公式 2-17 所示。图形参见图 2-22。

$$y_4 = f_4(x) = \Theta_4 x^4 + \Theta_3 x^3 + \Theta_2 x^2 + \Theta_1 x + \Theta_0 \qquad\text{(式 2-17)}$$

图 2-22　四阶模型

看起来多项式方程的阶数越高，就能越好地拟合数据。但是，需要回答一些重要的问题。如果通过添加新的特征增加多项式方程的阶数可以增强结果，为什么不使用非常高的阶数(如 100 阶)？对于一个问题，能够使用的最佳阶数是什么？

2.4.2　模型容量/复杂性

术语“模型容量/复杂性”指的是模型可容纳的变化阶数。容量越高，模型就能够应付越多的变化。比起 y_4，第一个模型 y_1 的容量较小。这个情况下，增加多项式的阶数可增加容量。

可以肯定的是，多项式方程阶数越高，拟合数据的能力就越好。但是请记住，增加多项式阶数会增加模型的复杂度。使用容量高于所需的模型可能会导致过拟合。虽然模型变得非常复杂可以非常好地拟合训练数据，但遗憾的是，对于未见过的数据，预测性能就比较弱。机器学习的目标是创建不仅对训练数据健壮也对未见过的数据样本健壮的模型。

四阶模型非常复杂。它能较好地拟合见过的数据，而不能较好拟合未见过的数据。在本书的情况下，y_4 中新使用的特征(名为 x^4)能够捕捉到比模型所需的更多的细节。由于新特征使得模型变得太过复杂，我们应该避免它。

在这个示例中，我们实际上知道移除哪些特征。因此，我们可以移除它们，返回到先前的三阶模型($\Theta_3 x^3 + \Theta_2 x^2 + \Theta_1 x + \Theta_0$)。但在实际的工作中，我们不知道移除哪些特征。此外，假设新特征不太糟糕，我们不想完全移除它，仅希望对它进行一些惩罚。那么应该怎么做？

回顾损失函数，唯一的目标是最小化/惩罚预测误差。我们可以设定新的目标，尽可能最小化/惩罚新特征 x^4 的效果。在修改了损失函数惩罚 x^4 后，新损失函数如公式 2-18 所示。

$$L_{\text{new}} = \frac{\left[\sum_{i=0}^{N} \left| f_4(x_i) - d_i \right| + \Theta_4 x^4 \right]}{N} \tag{式 2-18}$$

现在，我们的目标是最小化损失函数。我们仅对最小化 $\Theta_4 x^4$ 这一项感兴趣。显而易见的是，由于能够改变的唯一参数是 Θ_4，因此要最小化 $\Theta_4 x^4$，我们应尽量减小该参数。万一这个特征很糟糕，我们要完全移除这个特征，那么可以将这个值设为 0，如公式 2-19 所示。

$$L_{\text{new}} = \frac{\left[\sum_{i=0}^{N} \left| f_4(x_i) - d_i \right| + 0 * x^4 \right]}{N} \tag{式 2-19}$$

移除了这个特征后，我们回到三阶多项式方程(y_3)。y_3 不能像 y_4 一样完美地拟合见过的数据，但是总体上说，比起 y_4，在未见过的数据上，它将给出更好的性能。

万一 x^4 是相对较好的特征，我们仅希望惩罚它，而不是完全移除它，那么可以将这个值设为接近于 0(如 0.1)，如公式 2-20 所示。这样做就限制了 x^4 的效果。新模型不会像以前的模型那样复杂。

$$L_{\text{new}} = \frac{\left[\sum_{i=0}^{N} \left| f_4(x_i) - d_i \right| + 0.1 * x^4 \right]}{N} \tag{式 2-20}$$

回到 y_2，它看起来比 y_3 简单。它可以很好地工作在见过和未见过的数据样本上。因此，我们应该移除 y_3 中的新特征(也就是 x^3)，或者如果它工作得相对良好，就只惩罚它。我们可以修改损失函数做到这一点，如公式 2-21 所示。

$$L_{new} = \frac{\left[\sum_{i=0}^{N} |f_4(x_i) - d_i| + 0.1 * x^4 + \Theta_3 x^3 \right]}{N}$$

（式 2-21）

$$L_{new} = \frac{\left[\sum_{i=0}^{N} |f_4(x_i) - d_i| + 0.1 * x^4 + 0.04 * x^3 \right]}{N}$$

2.4.3　L1 正则化

注意，由于数据图可用，因此我们实际上知道 y_2 是拟合数据的最佳模型。这是非常简单的任务，我们可以手算求解。但是如果随着样本数目和数据复杂性的增加，此类信息不可用，我们将不能够很容易地得到这样的结论。必须有一些自动的东西告诉我们哪一阶能够拟合数据，以及应该惩罚哪些特征以在未见过的数据上获得最佳的预测。这就是正则化。

正则化有助于我们选择拟合数据的模型复杂度。这对自动化惩罚那些使得模型太过复杂的特征大有益处。记住，如果特征不太糟糕，那么正则化就有用，在相对意义上来说，有助于我们获得好的预测；我们仅需要惩罚而不是完全地移除它们。正则化惩罚了所有使用的特征，而不是所选择的子集。先前，我们仅惩罚了两个特征(x^4 和 x^3)，并不是所有特征。但是正则化不是这种情况。

通过使用正则化，在损失函数中添加新项来惩罚特征，因此损失函数如公式 2-22 所示。

$$L_{new`} = \frac{\left[\sum_{i=0}^{N} |f_4(x_i) - d_i| + \sum_{j=1}^{N} \lambda \Theta_j \right]}{N}$$

（式 2-22）

在将 λ 移到总和外边后，这可以写成公式 2-23。

$$L_{new} = \frac{\left[\sum_{i=0}^{N} |f_4(x_i) - d_i| + \lambda \sum_{j=1}^{N} \Theta_j \right]}{N}$$

（式 2-23）

我们使用新加的项 $\lambda \sum_{j=1}^{N} \Theta_j$ 惩罚特征，控制模型的复杂度。在添加正则化项之前，我们的目标是最小化预测误差。现在，我们的目标是最小化误差，并且要尽量小心，避免让模型变得过分复杂和避免过拟合。

有一个称为 lambda(λ)的正则化参数控制如何惩罚特征。这是没有固定值的超参数。基于手头的任务，这个参数值是可以变化的。当值增加时，对特征施以更高的惩罚。模型会变得比较简单。当这个值降低时，对特征施以较低的惩罚，因此模型的复杂度增加。0 值意味着完全不移除特征(不对特征施以惩罚)。

当 λ 为 0 时，那么 Θ_j 的值将不会被惩罚，如下一个公式所示。这是由于设置 λ 为 0 意味着移除正则项，仅留下误差项。因此，我们的目标返回到仅最小化误差，使其接近于 0。当误差最小化为目标时，模型过拟合。

$$L_{new} = \frac{\left[\sum_{i=0}^{N}\left|f_4(x_i) - d_i\right| + 0 * \sum_{j=1}^{N}\Theta_j\right]}{N}$$

$$L_{new} = \frac{\left[\sum_{i=0}^{N}\left|f_4(x_i) - d_i\right| + 0\right]}{N}$$

$$L_{new} = \frac{\sum_{i=0}^{N}\left|f_4(x_i) - d_i\right|}{N}$$

但是，当惩罚参数 λ 的值非常高时，对参数 Θ_j 必定存在一个非常高的惩罚，以保持损失的最小值。因此，参数 Θ_j 为 0，模型(y_4)的 Θ_i 将得到裁剪，如下所示。

$$y_4 = f_4(x) = \Theta_4 x^4 + \Theta_3 x^3 + \Theta_2 x^2 + \Theta_1 x + \Theta_0$$

$$y_4 = 0 * x^4 + 0 * x^3 + 0 * x^2 + 0 * x + \Theta_0$$

$$y_4 = \Theta_0$$

注意，正则项的索引 j 从 1 开始，而不是从 0 开始。事实上，我们使用正则项惩罚特征(x_i)。由于 Θ_0 没有相关联的特征，因此没有理由惩罚它。这种情况下，模型将变成 $y_4 = \Theta_0$，如图 2-23 所示。

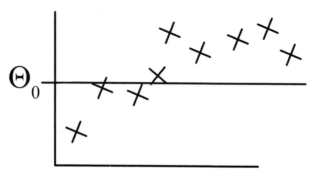

图 2-23　在惩罚所有特征后平行于 x 轴的模型

2.5　设计 ANN

　　人工神经网络的初学者可能会问一些问题，包括如下内容：使用的隐藏层的正确数目是多少？在每层隐藏层中隐藏神经元的数目为多少？使用隐藏层/神经元的目的是什么？增加隐藏层/神经元的数目会一直给出较好的结果吗？我想说，我们能回答这些问题。要申明的是，如果所解决的问题非常复杂，那么回答此类问题也会非常复杂。到本节结束时，你可能至少有一些如何回答这些问题的想法并能够基于简单示例测试自己。让我们开始吧。

　　人工神经网络受到了生物神经网络的启发。为简单起见，在计算机科学中，它使用一系列的层表示。这些层被分为三类：输入层、隐藏层和输出层。

　　知道输入层和输出层的数目及其神经元的数目是最容易的部分。每个网络都有一个输入层和一个输出层。输入层中神经元的数目等于所处理数据中输入变量的数目。输出层中神经元的数目等于与每个输入相关联的输出数目。但是，挑战在于要知道隐藏层的数目及其神经元数目。

　　此处是学习分类问题中隐藏层数目以及每个隐藏层中神经元数目的一些指引：

- 基于数据画出预期决策边界以进行分类。
- 将决策边界表示为一组线。注意，这些线的组合必须服从于决策边界。
- 选中线的数目表示第一个隐藏层中隐藏神经元的数目。
- 将先前层所创建的线连接起来，添加新的隐藏层。注意，每次需要对在先前隐藏层中的线创建连接时就添加新隐藏层。
- 每个新隐藏层中隐藏神经元的数目等于所做的连接的数目。

　　为了让事情更清晰，我们在一些示例上应用先前的指引。

2.5.1　示例 1：无隐藏层的 ANN

　　让我们从只有两个类的简单分类问题示例开始，如图 2-24 所示。每个样本具有两个输入，以及一个表示类标签的输出。这与 XOR 问题非常类似。

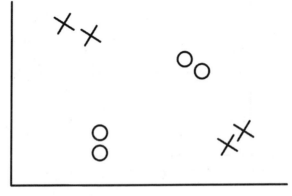

图 2-24　二元分类问题

要回答的第一个问题是是否需要隐藏层。为了对此进行确定，遵循的一个规则为：在人工神经网络中，当且仅当数据为非线性分离时，才需要隐藏层。

图 2-25 看起来必须非线性分离类。单条线是不起作用的。因此，为获得最佳的决策边界，我们必须使用隐藏层。这种情况下，我们可以依然不使用隐藏层，但是这将影响分离的准确性。因此，最好使用隐藏层。

因为需要隐藏层，所以这要求我们回答两个重要的问题。

- 所需的隐藏层数目是多少？
- 每个隐藏层的隐藏神经元数目是多少？

按照先前的程序，第一步是绘制决策边界，将数据分成两类。有多条边界可以对数据正确地进行划分，如图 2-25 所示。我们用来进行下一步讨论的边界如图 2-25(a)所示。

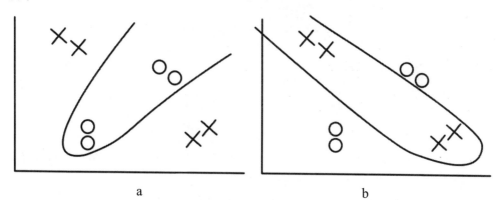

a   b

图 2-25　非线性分类问题不能使用一条线来解决

遵循指引，下一步是使用一组线表示决策边界。

使用一组线表示决策边界的想法来自一个事实，即使用单层感知器作为构建块来构建任何人工神经网络。单层感知器是使用由公式 2-24 创建的一条线将类分开的线性分类器。

$$y = w_1 x_1 + w_2 x_2 + \cdots + w_i x_i + b \qquad \text{（式 2-24）}$$

其中，x_i 是第 i 个输入，w_i 是其权重，b 是偏移，y 是输出。由于每个所添加的隐藏神经元会增加权重的数目，因此我们推荐使用能够完成任务的最低数目的隐藏神经元。使用比所需多的隐藏神经元将会增加复杂度。

回到示例，假设使用多个感知器网络构建人工神经网络，那就等同于网络使用多条线构建。

在此示例中，一组线替换了决策边界。线从边界曲线改变方向的点开始。在这个点上放置了两条线，每一条线在不同的方向。

由于仅存在一个点处边界曲线改变了方向，如图 2-26 的灰色圆圈所示，因此仅需要两条线。换句话说，存在两个单层感知器网络。每个感知器生成一条线。

仅需要两条线表示决策边界告诉我们，第一个隐藏层有两个隐藏神经元。

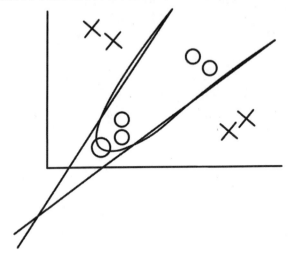

图 2-26 需要两条线对问题进行分类

到现在为止，我们得到了具有两个隐藏神经元的单个隐藏层。每个隐藏神经元都可被视为使用一条线表示的线性分类器，如图 2-26 所示。存在两个输出，每个分类器一个输出(即隐藏神经元)。但是，我们要构建具有一个输出(表示类标签)而不是两个分类器的单个分类器。因此，两个隐藏神经元的输出会合并成单个输出。换句话说，由另一个神经元连接起两条线。结果如图 2-27 所示。

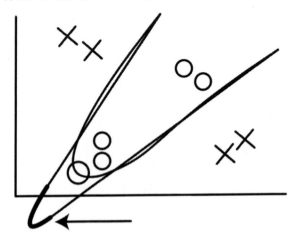

图 2-27 使用一个隐藏神经元彼此连接的两条线

　　幸运的是，我们并不需要添加具有单个神经元的另一个隐藏层完成这项工作。输出层神经元可以进行这个任务。这个神经元将先前生成的两条线合并起来，这样网络就仅存在一个输出。

　　在学习了隐藏层及其神经元的数目后，现在网络架构就完成了，如图 2-28 所示。

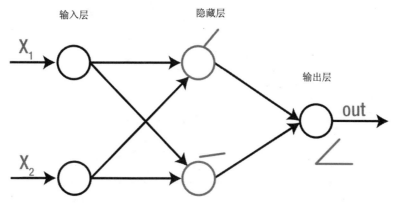

图 2-28　连接两条直线(一个隐藏层神经元创建一条直线)成一条曲线的分类问题的网络结构

2.5.2　示例 2：具有单个隐藏层的 ANN

　　另一个分类问题如图 2-29 所示。这与先前的示例类似，在先前示例中，有两个类，其中每个样本具有两个输入和一个输出。不同点在于决策边界。比起先前的示例，此示例的边界更加复杂。

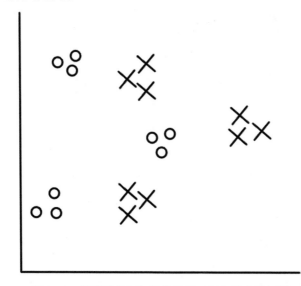

图 2-29　找到最佳网络架构的相对复杂的分类问题

　　根据指引，第一步是画出决策边界。讨论中所使用的决策边界如图 2-30(a)所示。

下一步是将决策边界划分成一组线；每条线都建模成 ANN 中的一个感知器。在画线之前，边界改变方向所在的点应在图 2-30(b)中标记出来。

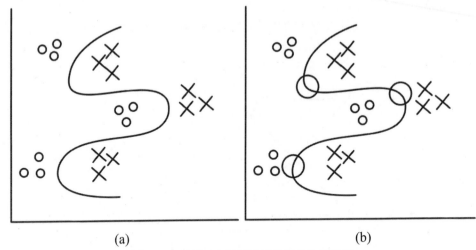

(a)　　　　　　　　　　　　　　　　(b)

图 2-30　对第二个示例进行分类的决策边界

问题在于需要多少条线。顶部和底部的每个点都有两条线与其相关联，这样总共要 4 条线。中间的点有两条线与其他点共享。所创建的线如图 2-31 所示。

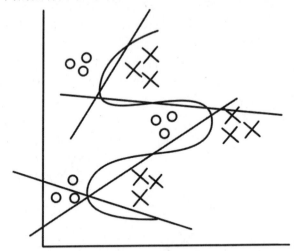

图 2-31　创建第二个示例的决策边界所需的线

由于第一个隐藏层具有等于线数目的隐藏层神经元，因此第一个隐藏层有 4 个神经元。换句话说，有 4 个分类器，每个分类器都是由单个层神经元创建。当前，网络生成了 4 个输出，每个分类器产生一个输出。下一步是将所有这些分类器连接在一起构成网络，生成单个输出。换句话说，由另一个隐藏层将这些线连接起来，仅生成一条曲线。

　　由模型设计人员选择网络的布局。一个可行的网络结构是构建具有两个隐藏神经元的第二个隐藏层。第一个隐藏神经元连接前两条线，最后一个隐藏神经元连接最后两条线。第二个隐藏层的结果如图 2-32 所示。

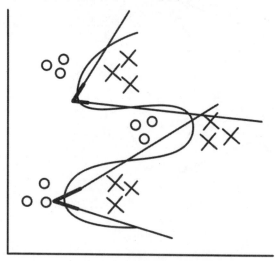

图 2-32　连接多条线创建一条决策边界

　　到现在为止，存在两条分隔曲线。因此，网络存在两个输出。下一步是将这些曲线连接起来，使得整个网络仅有一个输出。在此案例中，可以使用输出层神经元进行最终的连接，而不是添加新的隐藏层。最终结果如图 2-33 所示。

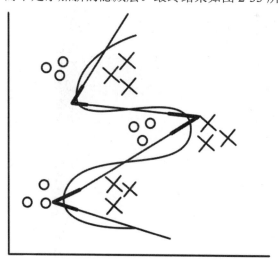

图 2-33　使用输出层连接隐藏层的输出

　　现在网络设计完成了，整个网络架构如图 2-34 所示。

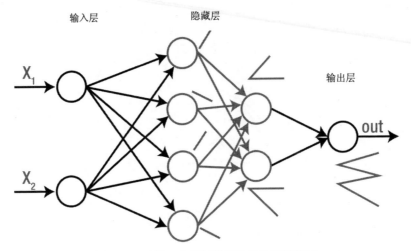

图 2-34　对第二个示例进行分类的网络架构

第 3 章

■ ■ ■ ■

使用具有工程化特征的人工神经网络进行识别

机器学习成功应用的三大支柱为数据、特征和模型。它们需要互相配合。最相关的特征是能够区分所使用数据中存在的不同情况。代表性特征对于构建正确的机器学习应用至关重要。它们应该足够准确，能够在不同条件下发挥作用，如缩放变化和旋转变化。此类的特征应该与所选中的机器学习模型完美配合。由于较多的特征会增加模型的复杂性，因此读者不应该使用比所需多的特征，应该使用特征选择和缩减技术找到最小特征集来构建精确模型。

本章将探讨第 2 章中介绍的特征分类，为 Fruits 360 数据集找到一组合适的手工工程化特征集。应用特征缩减最小化特征向量长度，仅使用最相关的特征。实现人工神经网络，将图像特征映射为输出标签。在本章结束前，我们会认识到为复杂问题(即使同一个类别中的样本也具有多种变化)手动寻找特征的复杂程度。

3.1 Fruits 360 数据集特征挖掘

我们要找到 Fruits 360 数据集的合适特征集，训练人工神经网络，得到较高的分类性能。这是一个高质量的图像数据集，数据收集自 60 种水果，包括苹果、番石榴、鳄梨、香蕉、樱桃、枣、猕猴桃、桃等。平均而言，每种水果具有大约 491 张训练图片和 162 张测试图片，因此总共有 28 736 张训练图片和 9673 张测试图片。每张图片的尺寸为 100×100 像素。所有图片都具有相同尺寸的数据集省去了重新调整图片的预处理步骤。

3.1.1 特征挖掘

为简单起见，最初仅选择 4 个水果类别: 布瑞本苹果、迈尔柠檬、芒果和树莓。基于第 2 章介绍的特征类别(颜色、纹理和边缘)，我们需要找到最适合的特征集来区分这些类别。

　　基于我们对这 4 种水果的认识,我们知道它们具有不同的颜色。苹果是红色的,柠檬是橙色的,芒果是绿色的,树莓是洋红色的。因此,颜色类别是我们想到的第一种特征。

　　我们从将各个像素作为 ANN 的输入开始。每个图像的尺寸为 100×100 像素。由于图像是彩色的,因此基于 RGB 颜色空间(红、绿、蓝)存在三种通道。因而,ANN 的输入节点总数目为 100×100×3 = 30 000。基于这些输入创建 ANN。

　　此外,这些输入让 ANN 变得巨大,具有大量的参数。网络具有 30 000 个输入和 4 个输出。假设存在具有 10 000 个神经元的单个隐藏层,那么网络中参数的总数目为 30 000×10 000+10 000×4,其数目多于 3 亿个。优化这样的网络非常复杂。我们应找到一种方式减少输入特征的数目,以缩减参数的数目。

　　一种方法是使用单个通道,而不是使用所有的三个 RGB 通道。选中的通道应该能够捕捉到所使用的类别内的颜色改变。图 3-1 显示了每张图片的 3 个通道以及它们的直方图。比起观察图片,直方图有助于我们更容易可视化强度值。

　　代码清单 3-1 是用于读取图片以及创建和可视化其直方图的 Python 代码。

代码清单 3-1　RGB 通道直方图

```python
import numpy
import skimage.io
import matplotlib.pyplot


raspberry = skimage.io.imread(fname="raspberry.jpg", as_grey=False)
apple = skimage.io.imread(fname="apple.jpg", as_grey=False)
mango = skimage.io.imread(fname="mango.jpg", as_grey=False)
lemon = skimage.io.imread(fname="lemon.jpg", as_grey=False)


fruits_data = [apple, raspberry, mango, lemon]
fruits = ["apple", "raspberry", "mango", "lemon"]
idx = 0
for fruit_data in fruits_data:
    fruit = fruits[idx]
    for ch_num in range(3):
        hist = numpy.histogram(a=fruit_data[:, :, ch_num], bins=256)
        matplotlib.pyplot.bar(left=numpy.arange(256), height=hist[0])
        matplotlib.pyplot.savefig(fruit+"-histogram-channel-"+
        str(ch_num)+".jpg", bbox_inches="tight")
        matplotlib.pyplot.close("all")
    idx = idx + 1
```

图 3-1   所使用的 Fruits 360 数据集的 4 个水果类别的单个样本数据的红、绿和蓝通道及其直方图

　　看起来找到要使用的最佳通道是困难的。根据任意通道的直方图，在整个图像中有一些区域重叠。这种情况下，区分不同图像的唯一度量是强度值。例如，根据蓝色通道直方图，布瑞本苹果和迈尔柠檬对于所有的单元条都有值，但是这些值是不同的。比起柠檬，苹果最右边的值较小。根据亮度的变化，强度值会变化，我们可能会遇到一种情况，即苹果和柠檬的直方图的值彼此接近。我们应该在不同的类别之间加上边。这样，即使变化非常小，在做出决定时也不会模糊。

　　我们可以受益于一个事实，即所使用的四种水果具有不同的颜色。将亮度通道从颜色通道中解耦出来的颜色空间是个不错的选择。图 3-2 显示了先前使用的 4 个样本的 HSV 颜色空间中的色调通道以及它们的直方图。

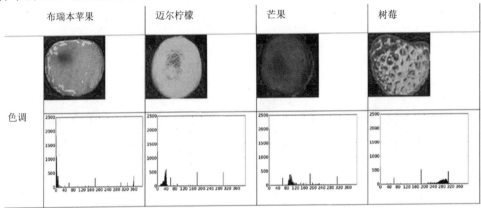

图 3-2　HSV 颜色空间的色调通道及其直方图

代码清单 3-2 是返回所有样本的色调通道直方图的 Python 代码。

代码清单 3-2　色调通道直方图

```
import numpy
import skimage.io, skimage.color
import matplotlib.pyplot


raspberry = skimage.io.imread(fname="raspberry.jpg", as_grey=False)
apple = skimage.io.imread(fname="apple.jpg", as_grey=False)
mango = skimage.io.imread(fname="mango.jpg", as_grey=False)
lemon = skimage.io.imread(fname="lemon.jpg", as_grey=False)


apple_hsv = skimage.color.rgb2hsv(rgb=apple)
mango_hsv = skimage.color.rgb2hsv(rgb=mango)
raspberry_hsv = skimage.color.rgb2hsv(rgb=raspberry)
lemon_hsv = skimage.color.rgb2hsv(rgb=lemon)
fruits = ["apple", "raspberry", "mango", "lemon"]
```

```
hsv_fruits_data = [apple_hsv, raspberry_hsv, mango_hsv, lemon_hsv]
idx = 0
for hsv_fruit_data in hsv_fruits_data:
    fruit = fruits[idx]
    hist = numpy.histogram(a=hsv_fruit_data[:, :, 0], bins=360)
    matplotlib.pyplot.bar(left=numpy.arange(360), height=hist[0])
    matplotlib.pyplot.savefig(fruit+"-hue-histogram.jpg", bbox_
    inches="tight")
    matplotlib.pyplot.close("all")
    idx = idx + 1
```

如果使用色调通道的 360 单元条直方图，会发现每种不同类型的水果在直方图内都有其特定的单元条。比起使用任意的 RGB 通道，不同的水果类别之间较少重叠。例如，苹果的直方图中最高的单元条范围从 0 到 10，而芒果的最高单元条的范围从 90 到 110。不同水果类别之间的边界使得在分类时减少了模糊性，从而增加了预测正确性。

基于先前对选中的 4 种水果进行分类的简单实验，色调通道直方图可以正确地分类数据。这种情况下，特征的数目仅是 360 而不是 30 000。这非常有助于减少 ANN 参数的数目。

比起先前的特征向量，具有 360 个元素的特征向量比较小，但是我们也可以将其最小化。不过，特征向量中的一些元素不具有足够的代表性能将不同的类别区分开来。它们可能会降低分类模型的正确性。因此，最好将它们移除，保持最佳特征集。

事情还未结束。如果我们添加更多的类别，那么色调通道直方图能够正确进行分类吗？在使用额外的两种水果(草莓和柑橘)后，情况会变得如何？

基于我们对这两种水果的认识，可知草莓是红色的，类似于苹果，而柑橘是橘色的，类似于迈尔柠檬。图 3-3 显示了这些水果类别中所选中样本的色调通道及它们的直方图。

草莓和苹果的直方图类似，它们共享了相同的从 1 到 10 的直方图。此外，柑橘和柠檬的直方图也是类似的。如何在共享相同颜色的不同水果类别之间进行区分？答案是寻找另一种类型的特征。

颜色类似的水果很有可能具有不同的纹理。通过使用纹理描述子(如 GLCM 或 LBP)，我们可以捕捉到这些区别。重复先前的过程，直到选中能够最大化分类正确率的最佳特征集。

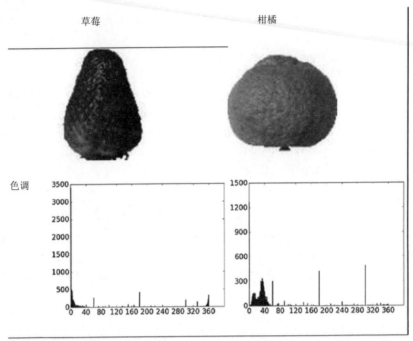

图 3-3 两种新水果类别的样本与先前所使用的样本共享了一些相似之处

LBP 产生了尺寸等同于输入图片尺寸的矩阵。为避免增加特征向量的长度，基于 LBP 矩阵创建 10 单元条直方图，如图 3-4 所示。看起来单元条的值有所不同。

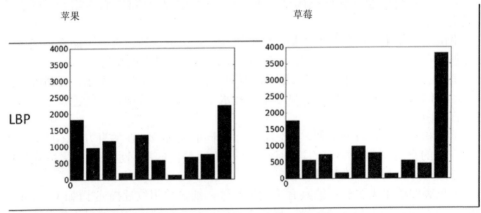

图 3-4 苹果和草莓的 LBP 直方图

代码清单 3-3 列出了生成 LBP 直方图的 Python 代码。

代码清单 3-3 LBP 直方图

```
import numpy
import skimage.io, skimage.color, skimage.feature
```

```
import matplotlib.pyplot

apple = skimage.io.imread(fname="apple.jpg", as_grey=True)
strawberry = skimage.io.imread(fname="strawberry.jpg", as_grey=True)

fig, ax = matplotlib.pyplot.subplots(nrows=1, ncols=2)
apple_lbp = skimage.feature.local_binary_pattern(image=apple, P=7, R=1)
hist1 = numpy.histogram(a=apple_lbp, bins=10)
ax[0].bar(left=numpy.arange(10), height=hist1[0])

strawberry_lbp = skimage.feature.local_binary_pattern(image=strawberry,
P=7, R=1)
hist = numpy.histogram(a=strawberry_lbp, bins=10)
ax[1].bar(left=numpy.arange(10), height=hist[0])
```

数据科学家必须寻找最佳类型的区分特征。由于当重叠的类别数目增加时，复杂度也随之增加，因此这不是很容易实现。即使使用简单的高质量 Fruits 360 数据集，区分不同的水果类别也存在挑战。如果使用 ImageNet 此类的数据集，其中类别有上千种，在相同的类别内部样本也有所差别，因此手工找到最佳特征是一个复杂的任务。对于存在大量数据的情况，我们优选自动化方法。

3.1.2 特征缩减

本小节将讨论基于前 4 种水果由色调通道直方图组成的特征向量。如果观察图 3-2 中的直方图，会发现存在很多几乎是 0 值的单元条。这意味着，任何类别都不使用这些单元条。我们最好移除此类元素，这有助于缩减特征向量的长度。

根据第 2 章所介绍的特征缩减技术，当难以确定移除哪个元素时，使用包装器方法和嵌入式方法。例如，有些元素可能在一些类别上表现良好，但却在另一些类别上表现得很糟糕。因此，我们必须移除它们。包装器和嵌入式方法依赖于使用多个特征集训练的模型，这样就可以知道哪些元素有助于增加分类的正确性。在我们的案例中，我们不必使用它们。原因在于，一些元素在所有类别上都表现得很糟糕，因此很明显是我们应该移除的元素，此时过滤器方法是个好选择。

反过来，STD 对于过滤元素是个好选择。好元素指那些具有高 STD 值的元素。高 STD 值意味着元素对于不同的类别而言具有区分性。具有低 STD 值的元素在所有不同的类别中几乎具有同样的值。这意味着我们无法区分不同的类别。

根据公式 3-1，对于给定元素计算 STD。

$$\text{STD} = \sqrt{\frac{X - \hat{X}}{n-1}}$$

（式 3-1）

其中 X 是给定样本的元素值，$\hat{X}$ 是数据集中所有样本元素的平均值，n 是样本的数目。

在决定要删除哪个元素之前，我们必须从数据集的所有样本中提取出特征向量。代码清单 3-4 从所使用的 4 种水果的各个样品中提取出特征向量。

代码清单 3-4 从所有样品中提取出特征向量

```python
import numpy
import skimage.io, skimage.color, skimage.feature
import os
import pickle

fruits = ["apple", "raspberry", "mango", "lemon"]
#492+490+490+490=1,962
dataset_features = numpy.zeros(shape=(1962, 360))
outputs = numpy.zeros(shape=(1962))

idx = 0
class_label = 0
for fruit_dir in fruits:
    curr_dir = os.path.join(os.path.sep,'train', fruit_dir)
    all_imgs = os.listdir(os.getcwd()+curr_dir)
    for img_file in all_imgs:
        fruit_data = skimage.io.imread(fname=os.getcwd()+curr_
        dir+img_file,
        as_grey=False)
        fruit_data_hsv = skimage.color.rgb2hsv(rgb=fruit_data)
        hist = numpy.histogram(a=fruit_data_hsv[:, :, 0], bins=360)
        dataset_features[idx, :] = hist[0]
        outputs[idx] = class_label
        idx = idx + 1
    class_label = class_label + 1

with open("dataset_features.pkl", "wb") as f:
    pickle.dump("dataset_features.pkl", f)

with open("outputs.pkl", "wb") as f:
    pickle.dump(outputs, f)
```

名为 dataset_features 的数组中存放了所有特征。它所赋予的大小为 1962×360，其中 360 是直方图单元条的数目，1962 指的是样本的数目(其中苹果 492 个，其他 3 种水果各 490 个)。我们将类别标签保存为 outputs 数组，其中赋给苹果的标签为 0，树莓的标签为 1，芒果的标签为 2，柠檬的标签为 3。在代码结束时，我们保存了特征和输出标签，以便后面重新使用它们。

此代码假定存在四个根据每种水果命名的文件夹。代码循环访问这些文件夹，读取所有图片，计算直方图，将其返回给 dataset_features 变量。在此之后，我们准备计算 STD。根据以下代码，计算所有特征的 STD。

```
features_STDs = numpy.std(a=dataset_features, axis=0)
```

这返回一个长为 360 的向量，其中给定位置上的一个元素指的是该位置上特征向量元素的 STD。360 个 STD 的分布如图 3-5 所示。

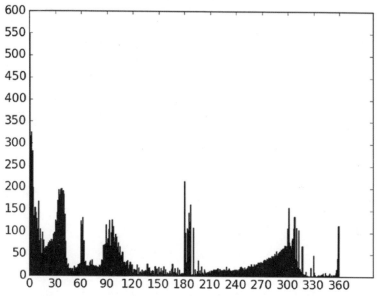

图 3-5 跨越所有样本的特征向量的所有元素的 STD 分布

基于此分布，STD 的最小值、最大值和平均值分别为 0.53、549.13 和 44.22。由于具有小 STD 值的特征不能够区分不同的类别，因此应该移除它们。我们必须选择阈值，将特征划分为不良(低于阈值)和优良(高于阈值)的特征。

3.1.3 使用 ANN 进行过滤

选择阈值的一种方式是试错法，尝试不同的阈值。通过使用由每个阈值返回的缩减的特征向量，训练分类模型并注意正确率。要使用能够最大化正确率的缩减特征向量。

　　代码清单 3-5 是使用 scikit-learn 库以及根据阈值生成的特征集创建和训练 ANN 的 Python 代码。

代码清单 3-5　使用 scikit-learn 构建 ANN 并基于根据 STD 阈值筛选的特征进行训练

```python
import sklearn.neural_network
import numpy
import pickle

with open("dataset_features.pkl", "rb") as f:
    dataset_features = pickle.load(f)

with open("outputs.pkl", "rb") as f:
    outputs = pickle.load(f)

threshold = 50
features_STDs = numpy.std(a=dataset_features, axis=0)
dataset_features2 = dataset_features[:, features_STDs>threshold]
ANN = sklearn.neural_network.MLPClassifier(hidden_layer_sizes=[150, 60],
                                           activation="relu",
                                           solver="sgd",
                                           learning_rate="adaptive",
                                           max_iter=300,
                                           shuffle=True)
ANN.fit(X=dataset_features2, y=outputs)
predictions = ANN.predict(X=dataset_features2)
num_flase_predictions = numpy.where(predictions != outputs)[0]
```

　　加载特征和输出计算它们的 STD，并基于预定义的阈值过滤特征。使用两层隐藏层创建多层感知器的分类器，其中第一个隐藏层具有 150 个神经元，第二个隐藏层具有 60 个神经元。要指定分类器的一些属性：将激活函数设定为整流线性单元 (ReLU) 函数；学习算法设定为随机梯度下降 (GD)；由学习者自动选择学习率；使用最大迭代次数 300 训练网络；最后将网络设置为 True，以便在每次迭代时选择不同的训练样本。

基于阈值 50，剩余特征的分布如图 3-6 所示。移除所有的低质量元素，使用最佳元素集。这减少了用来训练网络的数据量，因此加快了训练。这也能防止不良特征元素降低正确率。当在特征向量中使用所有元素时，有 490 次错误预测。在阈值处理后，如果使用基于 STD 阈值 50 的特征元素，则错误预测的数目下降到 0。

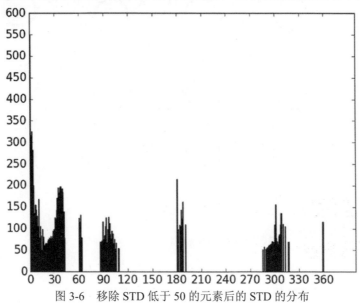

图 3-6 移除 STD 低于 50 的元素后的 STD 的分布

分类误差的减小不是唯一的好处，事实上人工神经网络的参数也减少了。在仅使用 STD 大于 50 的特征元素后，剩余元素的数目仅为 120。根据代码清单 3-5 中的人工神经网络结构，输入层和第一个隐藏层中的参数数目为 102×150=15 300，而当使用完整的长度为 360 的特征向量时，参数数目为 54 000。这减少了 38 700 个参数。

3.2 ANN 实现

本节使用 Python 实现 ANN。我们创建 ANN，接收网络结构中每一层(输入层、隐藏层和输出层)的神经元数目，然后多次迭代 ANN 来训练网络。为熟悉实现的步骤，图 3-7 可视化了 ANN 的结构。输入层有 102 个输入，两个隐藏层分别具有 150 个神经元和 60 个神经元，输出层具有 4 个输出(每个水果类别 1 个输出)。

任意层中的输入向量和将其与下一层相连的权重矩阵相乘(矩阵乘法)，生成输出向量。同样，输出向量和将其与下一层相连的权重矩阵相乘。持续这个过程，直到到达输出层。有关矩阵乘法的总结如图 3-8 所示。

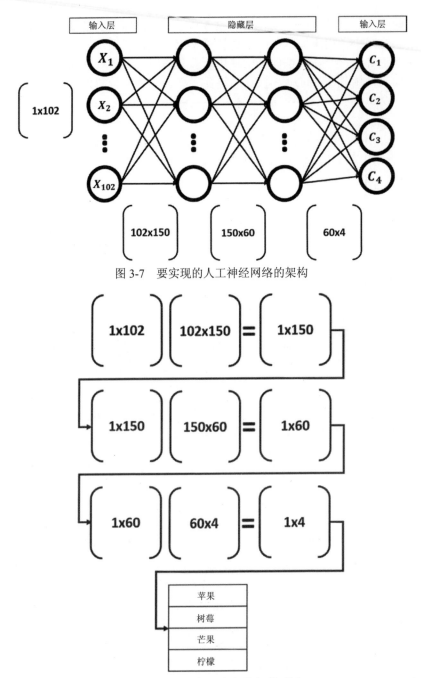

图 3-7　要实现的人工神经网络的架构

图 3-8　输入和权重之间的矩阵乘法

大小为 1×102 的输入向量将与大小为 102×150 的第一个隐藏层的权重矩阵相乘。这就是矩阵乘法。因此，输出大小为 1×150。然后，该输出作为第二个隐藏层的输入，将它与大小为 150×60 的权重矩阵相乘，得到的矩阵大小为 1×60。最终，输出与第二个隐藏层和输出层之间的权重矩阵(大小为 60×4)相乘，所得到的矩阵大小为 1×4。结果向量中的每个元素指的是一个输出类别。根据最高分的类别标记输入样本。

代码清单 3-6 是实现此类乘法的 Python 代码。

代码清单 3-6 ANN 矩阵乘法

```python
import numpy
import pickle

def sigmoid(inpt):
    return 1.0/(1+numpy.exp(-1*inpt))

f = open("dataset_features.pkl", "rb")
data_inputs2 = pickle.load(f)
f.close()

features_STDs = numpy.std(a=data_inputs2, axis=0)
data_inputs = data_inputs2[:, features_STDs>50]

f = open("outputs.pkl", "rb")
data_outputs = pickle.load(f)
f.close()

HL1_neurons = 150
input_HL1_weights = numpy.random.uniform(low=-0.1, high=0.1,
                                         size=(data_inputs.shape[1],
                                         HL1_neurons))
HL2_neurons = 60
HL1_HL2_weights = numpy.random.uniform(low=-0.1, high=0.1,
                                size=(HL1_neurons, HL2_neurons))
output_neurons = 4
HL2_output_weights = numpy.random.uniform(low=-0.1, high=0.1,
                                          size=(HL2_neurons,
                                          output_neurons))

H1_outputs = numpy.matmul(a=data_inputs[0, :], b=input_HL1_weights)
H1_outputs = sigmoid(H1_outputs)
```

```
H2_outputs = numpy.matmul(a=H1_outputs, b=HL1_HL2_weights)
H2_outputs = sigmoid(H2_outputs)
out_outputs = numpy.matmul(a=H2_outputs, b=HL2_output_weights)

predicted_label = numpy.where(out_outputs == numpy.max(out_outputs))[0][0]
print("Predicted class : ", predicted_label)
```

在读取先前保存的特征和它们的输出标签并且使用等于 50 的 STD 阈值过滤特征后，定义了多个层的权重矩阵。我们使用从-0.1 到 0.1 的随机值给权重矩阵赋值。例如，变量 input_HL1_weights 保存了输入层和第一个隐藏层之间的权重矩阵。根据特征元素的数目和隐藏层中神经元的数目定义此矩阵的大小。

在创建权重矩阵后，下一步就是应用矩阵乘法。例如，变量 H1_outputs 保存了给定样本的特征向量与输入层和第一个隐藏层之间的权重矩阵相乘所得到的输出。

通常，我们在每个隐藏层的输出上应用激活函数，创建输入和输出之间的非线性关系。例如，在矩阵相乘的输出上应用 S 型激活函数(如公式 3-2 所示)。

$$\text{sigmoid}(x) = \frac{1}{1+e^{(-x)}} \qquad (\text{式 } 3\text{-}2)$$

输出层生成输出后，就发生了预测。我们将预测类别标签保存到 predicted_label 变量中。

为每个输入样本重复这些步骤。代码清单 3-7 显示了处理所有样本的完整代码。

代码清单 3-7　ANN 的完整代码

```
import numpy
import pickle

def sigmoid(inpt):
    return 1.0/(1+numpy.exp(-1*inpt))

def relu(inpt):
    result = inpt
    result[inpt<0] = 0
    return result

def update_weights(weights, learning_rate):
    new_weights = weights - learning_rate*weights
    return new_weights

def train_network(num_iterations, weights, data_inputs, data_outputs,
learning_rate, activation="relu"):
```

```python
    for iteration in range(num_iterations):
        print("Itreation ", iteration)
        for sample_idx in range(data_inputs.shape[0]):
            r1 = data_inputs[sample_idx, :]
            for idx in range(len(weights)-1):
                curr_weights = weights[idx]
                r1 = numpy.matmul(a=r1, b=curr_weights)
                if activation == "relu":
                    r1 = relu(r1)
                elif activation == "sigmoid":
                    r1 = sigmoid(r1)
            curr_weights = weights[-1]
            r1 = numpy.matmul(a=r1, b=curr_weights)
            predicted_label = numpy.where(r1 == numpy.max(r1))[0][0]
            desired_label = data_outputs[sample_idx]
            if predicted_label != desired_label:
                weights = update_weights(weights,
                                        learning_rate=0.001)
    return weights

def predict_outputs(weights, data_inputs, activation="relu"):
    predictions = numpy.zeros(shape=(data_inputs.shape[0]))
    for sample_idx in range(data_inputs.shape[0]):
        r1 = data_inputs[sample_idx, :]
        for curr_weights in weights:
            r1 = numpy.matmul(a=r1, b=curr_weights)
            if activation == "relu":
                r1 = relu(r1)
            elif activation == "sigmoid":
                r1 = sigmoid(r1)
        predicted_label = numpy.where(r1 == numpy.max(r1))[0][0]
        predictions[sample_idx] = predicted_label
    return predictions
f = open("dataset_features.pkl", "rb")
data_inputs2 = pickle.load(f)
f.close()
features_STDs = numpy.std(a=data_inputs2, axis=0)
data_inputs = data_inputs2[:, features_STDs>50]
```

```python
f = open("outputs.pkl", "rb")
data_outputs = pickle.load(f)
f.close()

HL1_neurons = 150
input_HL1_weights = numpy.random.uniform(low=-0.1, high=0.1,
                                         size=(data_inputs.shape[1],
                                         HL1_neurons))
HL2_neurons = 60
HL1_HL2_weights = numpy.random.uniform(low=-0.1, high=0.1,
                                       size=(HL1_neurons, HL2_neurons))
output_neurons = 4
HL2_output_weights = numpy.random.uniform(low=-0.1, high=0.1,
                                          size=(HL2_neurons,
                                          output_neurons))

weights = numpy.array([input_HL1_weights,
                       HL1_HL2_weights,
                       HL2_output_weights])

weights = train_network(num_iterations=2,
                        weights=weights,
                        data_inputs=data_inputs,
                        data_outputs=data_outputs,
                        learning_rate=0.01,
                        activation="relu")

predictions = predict_outputs(weights, data_inputs)
num_flase = numpy.where(predictions != data_outputs)[0]
print("num_flase ", num_flase.size)
```

weights 变量保存了整个网络的所有权重。基于每个权重矩阵的大小可以动态地指定网络结构。例如，如果 input_HL1_weights 变量的大小为 102×80，那么我们就可以推断出第一个隐藏层具有 80 个神经元。

由于 train_network 循环访问所有样本来训练网络，因此它是核心函数。对于每个样本应用代码清单 3-6 中所讨论的步骤。这个函数接收训练迭代的次数、特征、输出标签、权重、学习率和激活函数。对于激活函数，有两个选择：ReLU 或 S 型函数。ReLU 是阈值函数，只要输入大于 0，就返回相同输入；否则，它返回 0。

如果网络对于给定样本做出了错误预测，那么使用 update_weights 函数更新权重。我们不使用优化算法更新权重，只是根据学习率简单地更新权重。正确率不会超过 45%。下一章讨论使用 GA 优化技术完成这个任务，增加分类的正确率。

在经过了指定数目的训练迭代后，根据训练数据测试网络，观察网络在训练样本上能否运作良好。如果基于训练数据，正确率可接受，那么我们可以基于新的未见过的数据测试模型。

3.3 工程化特征的局限性

Fruits 360 数据集图像是在限制的环境中采集的，对于每种水果，都有许多可用的细节。这使得挖掘数据来找到最佳特征变得比较容易。遗憾的是，现实世界的应用没有这么容易。相同水果类别中的样本之间存在许多变化，例如不同的视角、透视变形、亮度变化、阻塞等。对于此类数据创建特征向量是一个复杂的任务。

图 3-9 给出了用于手写数字识别的来自 CIFAR10(加拿大高级研究所)数据集的样本。这个数据集由 70 000 个样本组成。图像是二元的，因此颜色特征类别不适用。如果观察其他特征，似乎不存在单个特征能够应用于整个数据集。因此，我们必须使用不同特征覆盖存在于数据集中的所有变化。这肯定将创建出巨大的特征向量。

图 3-9 来自 CIFAR10 数据集的样本

假设我们能够找到好的特征，那也存在其他问题。单层的 ANN 会得到 12.0% 的错误率。因此，我们可能要增加 ANN 的深度。遗憾的是，与深度 ANN 架构一起使用的大特征向量计算起来比较烦人，但这是解决复杂问题的方式。

另一种方法是避免手动特征挖掘方法。我们要寻找自动特征挖掘，搜索最大化正确率的最佳特征集。

3.4　工程化特征并未终结

工程化特征的历史并不悠久，但是可以表现得非常出色(纵然还存在一些问题)。在一些复杂的数据集上运作时，它不是一个好的选择。

每个数据科学家都会使用计算器进行数学计算。随着手机的发明和发展，带有能够进行运算(先前在计算器上完成)的不同应用程序的智能手机问世了。这里的问题是：新科技(智能手机)的出现意味着打破并不再使用先前的技术(计算器)吗？

计算器仅用作数学运算，但智能手机远不止于此。智能手机具有不存在于计算器上的许多特征。许多特征可用而不是只有有限的特征可用会是个劣势吗？在一些案例中，工具中的特征越少，其性能越好；同时，特征越多，开销越大。使用计算器进行运算相对简单，但是使用智能手机进行相同的运算却有一定的开销。

手机可能由于来电而响起铃声，这会打断你正在做的任何事情。它可能与互联网相连，因此也会因为收到电子邮件而发出蜂鸣声。这可能会打断正在进行的运算。因此，使用智能手机者应该关心所有此类的影响，才能很好地进行数学运算。比起智能手机，使用只有有限特征的计算器具有简单而可以聚焦于任务上的优势(即使这是一种旧科技)。确实，最新的并不总是最好的。根据个人的需要，旧科技和新科技各有优劣。从数据科学的角度而言，道理也是一样的。

对于不同的任务，可以使用不同类型的学习算法和特征，例如分类和回归。其中一些可能要追溯到 1950 年，而另一些是新近的算法。但是，我们不能说旧模型总是比新近的模型差。我们不能绝对地总结出深度学习模型(如 CNN)比先前的模型好。这取决于用户的需求。

许多研究者仅因为深度学习是最先进的方法而倾向于盲目使用它。一些简单的问题如果使用深度学习可能会添加较多的复杂性。例如，在仅有 100 张图像而分成 10 个类别的情况下，使用深度学习不是一个很好的选择。浅度学习在这种情况下足以应付。如果创建分类器区分先前使用的 4 种类型的水果，则并不一定要强制使用深度学习，先前的手工/工程化特征已经足够。

如果这种情况下要使用 CNN，就要增加一些开销，使任务变得复杂。存在待指定的不同参数，如层的类型、层的数目、激活函数、学习率及其他。相比较而言，使用色调通道的直方图足够获得非常高的正确率。这很像是使用梯子爬到墙的顶部。如果在爬了五级楼梯后，你到达了墙的顶部，那么就不需要登上梯子的另一级台阶。类似地，如果使用手工工程化特征就能得到最佳结果，那就不必使用自动化特征学习方法。

## 第 4 章

人工神经网络的优化

在自动化特征学习方法发明之前，我们要求数据科学家知道使用何种特征、采用何种模型、如何优化结果等。使用存在的海量数据和高速设备，深度学习可以自动推导出最佳特征。数据科学家的其中两个核心任务是模型设计和模型优化。

模型优化与模型构建一样重要(也许更重要)。可以重用先前创建的证明其正确率的深度学习模型来解决模型设计的问题。剩余的问题是模型优化。处在优化时代，运维研究(OR)科学家发挥着至关重要的作用。优化领域与人工智能密切相关。

对于机器学习任务，优化参数的选择具有挑战性。一些结果可能比较糟糕，这不是因为数据充满了噪声或是所使用的学习算法比较弱，而是因为选择了糟糕的参数值。理想情况下，优化通过观察不同的解选择出最优解，保证返回最佳解。定义解的优良度的度量越多，越难找到最佳解。本章将介绍优化，讨论一种称为 GA 的简单优化技术。基于所给的示例，我们明白了在单目标优化问题和多目标优化问题(MOOP)中如何基于支配度的概念使用优化。我们与 ANN 一同使用这个算法来生成更好的权重，帮助提高分类的正确率。

4.1　优化简介

假设数据科学家拥有一个具有多个类别的图像数据集，准备创建一个图像分类器。在数据科学家研究了数据集后，K 近邻算法(KNN)看起来是个不错的选择。为使用 KNN 算法，要使用一个重要的参数(即 K)，这指的是邻居的数目。假设选择了初始值 3。

科学家使用所选的 $K=3$ 开始 KNN 算法的学习过程。训练模型达到了 85% 的分类准确率。这个百分比可接受吗？换句话说，我们能够得到比目前所达到的正确率更好的分类正确率吗？在进行不同的实验前，我们不能说 85% 是最佳可能的正确率。但是为了进行另一项实验，我们绝对必须改变实验中的一些东西，如改变用在 KNN 算法中的 K 值。我们不能绝对地说 3 是本实验中使用的最佳值，除非我们尝试了不同的 K 值并观察了分类正确率的变化。问题在于如何找到最大化分类性能的最佳 K 值。我们称之为超参数的优化。

关于优化，我们从实验中的一些变量的某个初始值开始。由于这些不是最佳值，因此我们必须改变这些值，直到取得最佳值。有时，我们使用人工不容易求解的一些复杂函数生成这些值。但是，可能不是由于数据有噪声或所使用的学习算法比较弱，而是由于所选的参数不是很适合，使得分类器的分类正确率不高，因此进行优化非常重要。因而，OR 研究人员推荐了一些优化技术进行这类工作。

单目标优化与多目标优化

归类优化问题的一种方式是基于这是单目标优化还是多目标优化。让我们在本小节中区分二者。

假设有一位图书出版商想最大化卖书的利润。他使用公式 4-1 计算每天的利润，其中 X 代表书的数目，Y 代表利润。试问你自己，在优化一些东西时，应该改变什么才能获得更好的结果。

$$Y = -(X-2)^3 + 3 \qquad\qquad (式 4-1)$$

我们可以回溯到先前的问题。为优化先前的问题，我们要达到输出变量的最佳值。此处，我们只有一个输出变量，即 Y。

要得到输出变量 Y 的最佳值，在此问题中我们改变什么内容才能改变变量 Y？换句话说，Y 依赖的变量是什么？观察公式 4-1 可发现，Y 只依赖一个变量，即输入变量 X。通过改变 X，我们能够改变 Y，得到一个较好的值。因此，对于这个特定的问题，将先前问问题的方式改为：输入变量 X 的最佳值为多少时输出变量 Y 才能得到最佳值？

假设输入变量 X 的范围为 1～3，包括 1 和 3。哪个值可以给出最高的利润？如果没有信息引导我们走向最好的解决方案，那么我们必须尝试所有可能的解决方案(例如输入变量 X 的所有可能值)，选择最大化利润的那个值(即对应于输出变量 Y 最大值的解决方案)。表 4-1 显示了所有可能的 X 值及其对应的 Y 值。基于此，最佳解为 $Y=4$，对应于 $X=1$。

表 4-1　单变量问题的所有可能解

X	Y
1	4
2	3
3	2

让我们把这个问题变得复杂一点。假设该问题在计算利润时有另一个因素，即在线站点的访客数量。我们使用变量 Z 来表示，其值的范围为 1～2。修改公式 4-2。按照先前的步骤，我们需要尝试输入 X 和 Z 的所有组合，如表 4-2 所示。最佳解对应于 $X=2$ 和 $Z=2$。

$$Y = Z^3 - (X-2)^3 + 3 \qquad\qquad \text{(式 4-2)}$$

表 4-2 带有两个变量的问题的所有可能解

X	Z	Y
1	1	5
1	2	6
2	1	4
2	2	11
3	1	3
3	2	10

有时，输入变量的范围是无限的，因此我们不能尝试所有的值。例如，输入 X 和 Z 的范围可能是实数。如果按照先前的步骤尝试所有可能值，那么这种情况下我们会失败。必须有一些信息指导我们达到最佳解，而不是尝试所有可能的输入值。

先前的优化问题只有一个目标，即最大化利润。另一个目标可能是最小化废纸的量，如公式 4-3 所示，其中 K 表示废纸的量，范围为 2～4 吨。因此，问题变成 MOOP，如公式 4-4 所示。

$$K = (X-2)^2 + 1 \qquad\qquad \text{(式 4-3)}$$

$$\left.\begin{array}{l} \text{Max } Y \\ \text{Min } K \end{array}\right\}$$

其中

$$\begin{array}{l} Y = Z^3 - (X-2)^2 + 3 \\ K = (X-2)^2 + 1 \end{array} \qquad\qquad \text{(式 4-4)}$$

X 和 Z 的取值如下

$$1 \leqslant X \leqslant 3 \ \& \ 1 \leqslant Z \leqslant 2$$

我们的目标不仅要最大化利润，还要减少废纸的量。我们要牢记，X 所选择的值必须满足两个目标，而不是一个目标，特别是当两个目标有冲突时，即减少废纸的量有可能降低利润，因此这使得问题变得有点复杂。在这两个目标之间必须有个权衡，一个解可能对一个目标有利，却对另一个目标有损。注意，为简单起见，最大化目标被转换为最小化目标。

随着目标和变量的数目增加，复杂度也随之增加，问题变得难以手动解决。这就是我们需要用自动优化技术解决此类问题的原因。

本章将讨论 GA，这是求解单目标和多目标优化问题的简单技术。非支配排序 GA-II(NSGA-II)是基于找到满足多目标可行解的 GA 的多目标 EA(MOEA)。由于 MOOP 可能具有多个解，因此 NSGA-II 能够返回所有目标的可能可行解。然后，基于用户的喜好，过滤出最佳单一解。

综观多种多样的自然物种，我们可以注意到它们如何演化和适应环境。得益于这些已经存在的自然系统以及它们的自然演化，我们创造出进行相同工作的人工系统，这就是所谓的仿生学。例如，飞机基于鸟类的飞行、雷达来自蝙蝠、潜艇基于鱼而得以发明等。因此，一些优化算法的原则来自自然。例如，GA 的核心理念来自达尔文的自然进化理论"适者生存"。

我们可以说，优化使用 EA 得以进行。传统算法和 EA 之间的不同在于，EA 是随着时间的变化而演变，因此它是非静态的。

EA 有三个主要特点。

- 基于种群：在当前解无法生成新的较好解的过程中，EA 的目标是优化此过程。新解从当前解集中生成，我们称这个解集为种群。
- 适应导向：如果存在若干解，我们如何确定一个解比另一个解好？实际上存在由适应度函数计算得出的与每个解相关的适应度值。此类的适应度值反映了解的好坏程度。
- 变化驱动：如果根据每个个体计算出的适应度函数在当前的种群中不存在可接受解，那么我们应该做一些事情，生成较好的解。这些单个解将进行一些变化，生成新的若干个解。

现在，我们开始讨论 GA 以应用这些概念。

4.2　GA

GA 是一种基于随机的优化技术。说起"随机"，我们指的是，为使用 GA 找到解，随机改变当前解来生成新的解。GA 基于达尔文的进化理论，它是一种缓慢的、渐进的过程，通过对解进行微小的改变，直到找到更好的解。经过若干代进化解，我们期望新的解比旧的解好。

GA 使用包含多个解的种群。种群的大小为解的数目。每个解被称为个体。每个个体由染色体表示。染色体由定义个体特征或参数的一组基因表示。我们有不同的方式表示基因，如二进制或十进制。图 4-1 给出了具有 4 个个体(染色体)的种群示例，其中每个染色体都有 4 个基因，每个基因由二进制数字表示。

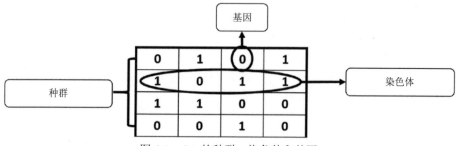

图 4-1　GA 的种群、染色体和基因

在构建了第一代(0 代)种群后，接下来是选择最佳解进行交配，生成较好的解。为选择最佳解，要使用适应度函数。适应度函数所得到的结果为适应度值，表示解的质量。适应度值越高，解的质量越高。在交配池中，选中具有最高适应度值的解。此类的解将会进行交配，生成新解。

交配池中的解被称为亲本。亲本进行交配，生成后代(孩子)。通过只交配高品质的个体，我们期望得到比其亲本品质高的后代。这阻止了不良个体生成更多的不良个体。持续选择高质量个体进行交配，通过保持好的属性和移除不良属性，我们就有较大的机会增强解的质量。最终，我们将会得到所期望的最优解或可接受的解。

如果亲本只是进行简单的交配，那么后代仅有亲本的特性，即没有加入新的属性。假设所有的亲本都受到某一局限，那么让它们一起交配，生成的后代绝对也具有相同的局限。为克服这个问题，我们对每个后代都进行了一些改变，创建出具有新属性的新个体。新后代将是下一代种群的解。

由于后代的改变是随机的，因此我们不确定新的后代是否比其亲本好。存在一种可能性，即当前代的解比其亲本差。出于这个原因，新种群将由其亲本和后代组成，一半为亲本，另一半为新的后代。如果种群的大小为 8，那么新的种群由先前的 4 个亲本和 4 个后代组成。在最差的情况下，当所有的后代都比亲本差时，由于我们保留了亲本，因此质量也不会下降。图 4-2 总结了 GA 的步骤。

要回答两个问题才能获得关于 GA 的完整思想。

- 亲本双方如何生成两个后代？
- 每个后代如何获得微小的改变？

稍后我们将回答这些问题。

对于染色体存在不同的可用表示，要根据具体问题选择合适的表示。好的表示可使搜索空间较小，从而更容易进行搜索。

可用于染色体的表示方法包括以下几种。

- 二进制：每个染色体使用一串 0 和 1 的字符串进行表示。
- 排列：对排序问题有用，如旅行者问题。
- 值：使用实际的值进行编码。

举例来说，如果我们要使用二进制编码数字 5，那么它看起来可能像图 4-1 中的第一条染色体。

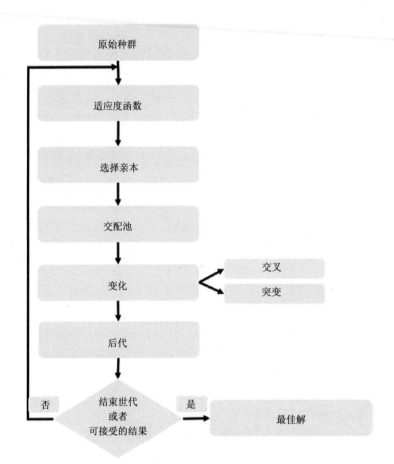

图 4-2　GA 步骤

先前染色体中的每一个部分称为基因。每个基因有两个属性。第一个是它的值，第二个是它在染色体内的位置。图 4-1 中每个染色体最右边的位置表示位置 3，最左边的位置表示位置 0。

每个染色体有两种表示方法。

- 基因型：基因组表示染色体。
- 表现型：染色体的实际物理表示。

二进制数 0101_2 为基因型表示方法和 5_{10} 为表现型表示方法。对于给定问题，二进制表示可能不是最佳的表示解的方式，特别是在表示基因的比特数目不是固定的情况下。

在使用正确的方式表示每个染色体后，接下来要计算每个个体的适应度值。

4.2.1　选择最佳亲本

假设公式 4-5 是图 4-1 中的示例所使用的适应度函数，其中 x 为染色体的十进制值。

$$f(x) = 2x - 2 \qquad \text{(式 4-5)}$$

第一个解其十进制值为 5，适应度值计算如下。

$$f(5) = 2(5) - 2 = 8$$

计算染色体适应度值的过程被称为评估。表 4-3 给出了所有解的适应度值。

表 4-3　每个解的适应度值

解的编号	十进制值	适应度值
1	5	8
2	11	20
3	12	22
4	2	2

在交配池中选出当前种群的最佳个体。在此步骤后，我们最终选中了交配池中的种群子集。但是，选择的亲本的数目是多少呢？这取决于所要求解的问题。在我们的示例中，我们可以选择一对亲本。这对亲本将会互相交配，产生两个后代。亲本和后代组合将会生成具有 4 个亲本的新种群。根据表 4-3，最佳的解是编号为 2 和 3 的解。

4.2.2　变化算子

应用变化算子到所选中的两个亲本中生成后代，所使用的算子为交叉和突变。

1. 交叉

使用交叉操作，选中来自亲本的基因生成新的孩子。这样孩子会携带来自亲本双方的属性。每个亲本所携带的基因的量不是固定的。有时，后代会分别继承两个亲本一半的基因，但有时，这些百分比会发生变化。

对于每一对亲本而言，在染色体中随机选择一个点并在这个点前后互换来自亲本的基因，这就是交叉。所得到的染色体为后代。由于我们使用单个点划分染色体，因此此算子被称为单点交叉。此外还存在其他类型的算子，例如混杂、两点和均匀。图 4-3 显示了在一对亲本之间如何应用交叉生成两个后代。

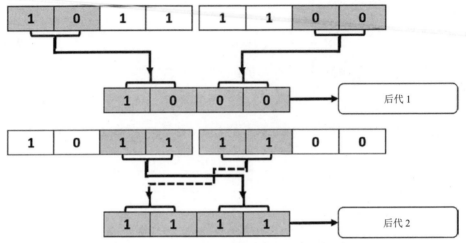

图 4-3　在一对亲本之间单点交叉生成两个后代

2. 突变

基于交叉操作，由于所有的基因都来自亲本，因此除了先前存在于亲本中的属性，没有添加新的属性到基因中。从每个染色体中选择一定比例的基因应用突变，随机改变它们的值。基于染色体的表示，突变也有所不同。如果使用的是二进制编码(即每个基因的值空间仅为 0 和 1)，那么在突变操作中，翻转参与的每个基因的比特值。其他类型的突变包括交换、反转、统一、非统一、高斯和收缩。

由于改变是随机的，因此应用突变的基因比例应该较小。因为随机的改变不能保证得到更好的结果，所以我们不应该冒失去太多现存信息的风险。对于我们的问题而言，我们可以仅随机选择一个基因，翻转它的值。如果位于位置 0 的最左侧的基因被选中进行突变，则其结果如图 4-4 所示。注意是在整个交叉的结果中应用突变。

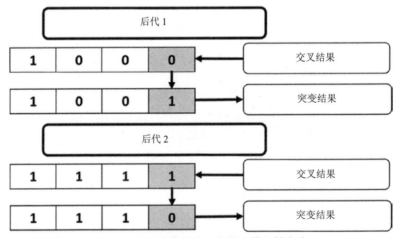

图 4-4　在整个交叉结果中的比特翻转突变

通过应用交叉和突变，新后代完全准备就绪。我们可以基于适应度值测量它们是否比亲本好。第一个后代的适应度值为 16，第二个后代的适应度值为 26。相比于亲本的适应度值(20 和 22)，第二个后代比其所有的亲本都好，GA 能够进化生成较好的解。但是第一个后代的适应度值为 16，比其所有的亲本都差。在新种群中保留亲本可确保在下一代中不会选择这样的不良解作为一个亲本。因此，我们确保了下一代中解的质量不会比前一代中的质量差。

在一些问题中，基因不使用二进制表示，因此突变有所不同。如果基因的值来自多于两个值的空间，如(1,2,3,4,5)，那么比特值翻转的突变就不再适用。一种方式是随机选择此集合中的一个值。图 4-5 给出了使用有限值(多于两个值)表示基因解的示例。对于选中进行突变的基因来说，其值会随机地变成其他值中的一个。

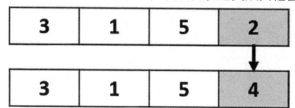

图 4-5　使用多于两个的值表示基因解的均匀突变

有时，解使用无限制的值集表示。例如，如果值的范围为-1.0～1.0，那么我们可以选择这个范围内的任何值替换旧值。

4.2.3　示例的 Python 实现

现在，我们已探讨过 GA 的概念，让我们使用 Python 实现它，优化一个简单的示例。在此示例中，我们将最大化公式 4-6(这是适应度函数)的输出。在实现中，我们使用十进制表示法、单点交叉和均匀突变。

$$Y = w_1 x_1 + w_2 x_2 + w_3 x_3 + w_4 x_4 + w_5 x_5 + w_6 x_6 \qquad \text{(式 4-6)}$$

如上所示，该公式有 6 个输入($x_1 \sim x_6$)和 6 个权重($w_1 \sim w_6$)，输入值为($x_1, x_2, x_3, x_4, x_5, x_6$)=(4, -2, 7, 5, 11, 1)。我们要寻找参数(权重)最大化此方程。最大化此方程的思想看似很简单，也就是将正输入乘以最大可能的正数，负输入乘以最大可能的负数。但是，我们要实现的思想是，如何使得 GA 自己完成这个任务。GA 本身应该知道最好将正权重匹配正输入，负权重匹配负输入。让我们从实现 GA 开始。

根据代码清单 4-1，创建一个列表保存 6 个输入。此外，创建变量保存权重值。

代码清单 4-1　待优化函数的输入

```
# Inputs of the equation.
equation_inputs = [4,-2,3.5,5,-11,-4.7]
# Number of the weights we are looking to optimize.
```

```
num_weights = 6
```

下一步是定义初始种群。基于权重的数目，种群中的每个染色体(解或个体)确定有 6 个基因，每个权重一个基因。但是，问题在于，每个种群有多少个解？这个值不存在固定值，我们可以选择与问题相适合的值。不过，我们可以将其变得通用，这样就可以在代码中改变这个值。在代码清单 4-2 中，创建一个变量保存每个种群的解数目，同时创建另一个变量保存种群的大小。最后，还创建一个变量保存实际的初始种群。

代码清单 4-2　创建初始种群

```
import numpy
sol_per_pop = 8
# Defining the population size.
pop_size = (sol_per_pop,num_weights) # The population will have sol_per_pop
chromosome where each chromosome has num_weights genes.
#Creating the initial population.
new_population = numpy.random.uniform(low=-4.0, high=4.0, size=pop_size)
```

导入 numpy 库后，我们可以使用 numpy.random.uniform 函数随机创建初始种群。根据所选择的参数，其形状为(8, 6)。也就是说，有 8 个染色体，每个染色体有 6 个基因，每个权重一个基因。表 4-4 表示在运行先前代码后种群的解。注意，这是代码随机生成的，因此在你运行代码时，它是确定会改变的。

表 4-4　初始种群

	W_1	W_2	W_3	W_4	W_5	W_6
解 1	−2.19	−2.89	2.02	−3.97	3.45	2.06
解 2	2.13	2.97	3.6	3.79	0.29	3.52
解 3	1.81	0.35	1.03	−0.33	3.53	2.54
解 4	−0.64	−2.86	2.93	−1.4	−1.2	0.31
解 5	−1.49	−1.54	1.12	−3.68	1.33	2.86
解 6	1.14	2.88	1.75	−3.46	0.96	2.99
解 7	1.97	0.51	0.53	−1.57	−2.36	2.3
解 8	3.01	−2.75	3.27	−0.72	0.75	0.01

在种群准备就绪后，接下来就是遵循图 4-2 中的 GA 步骤。基于适应度函数，我们选择当前种群内的最佳个体，作为亲本进行交配。然后，应用 GA 变化(交叉和突变)生成下一代，加上亲本和后代创建新种群，在多次迭代或多个世代中重复这些步骤。代码清单 4-3 应用了这些步骤。

代码清单 4-3　通过 GA 步骤进行迭代

```
import GA
num_generations = 10,000
num_parents_mating = 4
for generation in range(num_generations):
    # Measuring the fitness of each chromosome in the population.
    fitness = GA.cal_pop_fitness(equation_inputs, new_population)

    # Selecting the best parents in the population for mating.
    parents = GA.select_mating_pool(new_population, fitness,
                                    num_parents_mating)

    # Generating next generation using crossover.
    offspring_crossover = GA.crossover(parents,
                              offspring_size=(pop_size[0]-parents.
                              shape[0], num_weights))

    # Adding some variations to the offspring using mutation.
    offspring_mutation = GA.mutation(offspring_crossover)

    # Creating the new population based on the parents and offspring.
    new_population[0:parents.shape[0], :] = parents
    new_population[parents.shape[0]:, :] = offspring_mutation
```

名为 GA 的模块保存了代码清单 4-3 中所使用的函数的实现。第一个函数称为 GA.cal_pop_fitness，它计算种群内部每个解的适应度值。GA 模型内部根据代码清单 4-4 定义了这个函数。

代码清单 4-4　GA 适应度函数

```
def cal_pop_fitness(equation_inputs, pop):
    # Calculating the fitness value of each solution in the current
    population.
    # The fitness function calculates the SOP between each input and its
    corresponding weight.
    fitness = numpy.sum(pop*equation_inputs, axis=1)
    return fitness
```

适应度函数接收方程输入值和种群。根据公式 4-6，计算每个输入与其对应的基因(权重)的 SOP 作为适应度值。基于每个种群的解数目，存在相同数目的 SOP，如表 4-5 所示。注意，适应度值越高，解越好。

表 4-5　初始种群解的适应度值

	解 1	解 2	解 3	解 4	解 5	解 6	解 7	解 8
适应度	63.41	14.40	-42.23	18.24	-45.44	-37.0	16.0	17.07

在为所有解计算适应度值后，下一步就是根据 GA.select_mating_pool 函数，在交配池中选择它们之中的最佳个体作为亲本。这个函数接收种群、适应度值和所需的亲本数目，返回所选择的亲本。代码清单 4-5 是它在 GA 模块中的实现。

代码清单 4-5　根据适应度值选择最佳亲本

```
def select_mating_pool(pop, fitness, num_parents):
# Selecting the best individuals in the current generation as parents for
producing the offspring of the next generation.
    parents = numpy.empty((num_parents, pop.shape[1]))
    for parent_num in range(num_parents):
        max_fitness_idx = numpy.where(fitness == numpy.max(fitness))
        max_fitness_idx = max_fitness_idx[0][0]
        parents[parent_num, :] = pop[max_fitness_idx, :]
        fitness[max_fitness_idx] = -99999999999
    return parents
```

基于在变量 num_parents_ mating 中定义的所需亲本数目，创建 parents 空数组保存它们。在循环内部，函数在当前的种群中通过解进行迭代，获得具有最高适应度值解(这是将选中的最佳解)的索引。我们将索引存储在 max_fitness_idx 变量中。基于这个索引，与其对应的解将返回给 parents 数组。为避免再次选中这个解，我们将其适应度值设置为 - 99999999999，这是一个非常小的值。这个值使得解不可能再次被选中。在选择了所需亲本数后，返回亲本数组，如表 4-6 所示。注意，这 4 个亲本是当前种群内的最佳个体，它们的适应度值分别为 63.41、18.24、17.07 和 16.0。

表 4-6　从第一个种群中选中的亲本

	W_1	W_2	W_3	W_4	W_5	W_6
亲本 1	-0.64	-2.86	2.93	-1.4	-1.2	0.31
亲本 2	3.01	-2.75	3.27	-0.72	0.75	0.01
亲本 3	1.97	0.51	0.53	-1.57	-2.36	2.3
亲本 4	2.13	2.97	3.6	3.79	0.29	3.52

下一步是使用选中的亲本进行交配以产生后代。交配从基于 GA.crossover 函数

的交叉运算开始。这个函数接收亲本和后代的数目，它使用后代数目得知由亲本产生的后代的数目。GA 模块内根据代码清单 4-6 实现了这个函数。

代码清单 4-6　交叉

```
def crossover(parents, offspring_size):
    offspring = numpy.empty(offspring_size)
    # The point at which crossover takes place between two parents.
    Usually, it is at the center.
    crossover_point = numpy.uint8(offspring_size[1]/2)

    for k in range(offspring_size[0]):
        # Index of the first parent to mate.
        parent1_idx = k%parents.shape[0]
        # Index of the second parent to mate.
        parent2_idx = (k+1)%parents.shape[0]
        # The new offspring will have its first half of its genes taken
        from the first parent.
        offspring[k, 0:crossover_point] = parents[parent1_idx,
        0:crossover_point]
        # The new offspring will have its second half of its genes taken
        from the second parent.
        offspring[k, crossover_point:] = parents[parent2_idx, crossover_
        point:]
    return offspring
```

因为我们使用单点交叉，所以需要指定交叉所发生的点。选中点将解分成相等的两半。然后我们需要选择两个亲本进行交叉。这些亲本的索引被存储在 parent1_idx 和 parent2_idx 中。选择这些亲本的方式与环类似。一开始选中索引 0 和 1，生成两个后代。如果依然有剩余的后代产生，那么我们选择亲本 1 和 2 生成另外两个后代。如果我们需要更多的后代，那么选择接下来索引为 2 和 3 的两个亲本。通过索引 3，我们就到达最后一个亲本。如果我们需要生成更多的后代，那么选择具有索引 3 的亲本，然后返回到具有索引 0 的亲本，以此类推。应用交叉后的后代被存储在 offspring 变量中。表 4-7 显示了这个变量的内容。

表 4-7　交叉后的后代

	W_1	W_2	W_3	W_4	W_5	W_6
后代 1	−0.64	−2.86	2.93	−0.72	0.75	0.01
后代 2	3.01	−2.75	3.27	−1.57	−2.36	2.3
后代 3	1.97	0.51	0.53	3.79	0.29	3.52
后代 4	2.13	2.97	3.6	−1.4	−1.2	0.31

接下来使用代码清单 4-7 实现的 GA 模块中的突变函数，在交叉结果上应用第二个 GA 变化操作——突变。这个函数接收交叉后代，在应用均匀突变后返回它们。

代码清单 4-7　突变

```
def mutation(offspring_crossover):
# Mutation changes a single gene in each offspring randomly.
    for idx in range(offspring_crossover.shape[0]):
        # The random value to be added to the gene.
        random_value = numpy.random.uniform(-1.0, 1.0, 1)
        offspring_crossover[idx, 4] = offspring_crossover[idx, 4] +
        random_value
    return offspring_crossover
```

它循环访问每个后代，添加均匀生成的随机数，例如范围为-1.0～1.0。然后，通过随机选择的后代索引(如索引 4)，将这个随机数添加到基因中。注意，我们可以将索引改变成任何其他索引。将结果存储到变量 offspring_crossover 中并由函数返回这个变量，如表 4-8 所示。此时，我们已经成功地从 4 个选中的亲本中生成 4 个后代，准备创建下一代的新种群。

表 4-8　突变的结果

	W_1	W_2	W_3	W_4	W_5	W_6
后代 1	−0.64	−2.86	2.93	−0.72	1.66	0.01
后代 2	3.01	−2.75	3.27	−1.57	−1.95	2.3
后代 3	1.97	0.51	0.53	3.79	0.45	3.52
后代 4	2.13	2.97	3.6	−1.4	−1.58	0.31

注意，GA 是基于随机的优化技术，它尝试对当前解应用一些随机的改变。由于这些改变是随机的，因此我们不确定它们是否能够生成更好的解。出于这个原因，我们倾向于在新种群中保持先前的最优解。在最坏的情况下，当所有的新后代都比亲本差时，我们将继续使用这些亲本。这样我们保证了新一代将至少保留先前的好结果，而不会变得更糟。新种群将拥有从先前亲本中得到的前 4 个解。最后 4 个解

来自应用交叉和突变后创建的后代。

表 4-9 给出了第一代所有解(亲本和后代)的适应度值。先前最高的适应度值为
18.24112489，但现在的最高适应度值为 31.7328971158。这意味着随机的变化朝更
好的解方向前进了。通过更多代的生成，这些结果能够得到增强。在进行 10 000 次
迭代后，结果为高于 40 000 的值，如图 4-6 所示。

表 4-9　新种群中所有解的适应度值

	解 1	解 2	解 3	解 4	解 5	解 6	解 7	解 8
适应度	18.24	17.07	16.0	14.4	−8.46	31.73	6.1	24.09

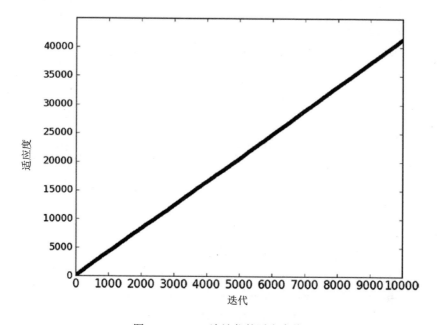

图 4-6　10 000 次迭代的适应度值

完整的实现

代码清单 4-8 中给出了实现 GA 的完整代码。

代码清单 4-8　优化具有六个参数的线性方程的完整代码

```
import numpy
import GA

#The y=target is to maximize this equation ASAP:
#    y = w1x1+w2x2+w3x3+w4x4+w5x5+6wx6
#    where (x1,x2,x3,x4,x5,x6)=(4,-2,3.5,5,-11,-4.7)
#    What are the best values for the 6 weights w1 to w6?
```

```
#    We are going to use the GA for the best possible values #after a
     number of generations.

# Inputs of the equation.
equation_inputs = [4,-2,3.5,5,-11,-4.7]

# Number of the weights we are looking to optimize.
num_weights = 6

#GA parameters:
#    Mating pool size
#    Population size

sol_per_pop = 8
num_parents_mating = 4

# Defining the population size.
pop_size = (sol_per_pop,num_weights) # The population will have
sol_per_pop chromosome where each chromosome has num_weights genes.
#Creating the initial population.
new_population = numpy.random.uniform(low=-4.0, high=4.0, size=pop_size)
print(new_population)

num_generations = 10,000
for generation in range(num_generations):
    print("Generation : ", generation)
    # Measuring the fitness of each chromosome in the population.
    fitness = GA.cal_pop_fitness(equation_inputs, new_population)

# Selecting the best parents in the population for mating.
    parents = GA.select_mating_pool(new_population, fitness,
                                    num_parents_mating)

    # Generating next generation using crossover.
    offspring_crossover = GA.crossover(parents,
                          offspring_size=(pop_size[0]-parents.
                          shape[0], num_weights))
```

```
# Adding some variations to the offspring using mutation.
offspring_mutation = GA.mutation(offspring_crossover)

# Creating the new population based on the parents and offspring.
new_population[0:parents.shape[0], :] = parents
new_population[parents.shape[0]:, :] = offspring_mutation

# The best result in the current iteration.
print("Best result : ", numpy.max(numpy.sum(new_population*equation_
inputs, axis=1)))
```

```
# Getting the best solution after iterating finishing all generations.
#At first, the fitness is calculated for each solution in the final
generation.
fitness = GA.cal_pop_fitness(equation_inputs, new_population)
# Then return the index of that solution corresponding to the best
fitness.
best_match_idx = numpy.where(fitness == numpy.max(fitness))

print("Best solution : ", new_population[best_match_idx, :])
print("Best solution fitness : ", fitness[best_match_idx])
```

代码清单 4-9 中实现了 GA 模块。

代码清单 4-9   GA 模块

```
import numpy

def cal_pop_fitness(equation_inputs, pop):
# Calculating the fitness value of each solution in the current
population.
    # The fitness function calcuates the SOP between each input and its
    corresponding weight.
    fitness = numpy.sum(pop*equation_inputs, axis=1)
    return fitness

def select_mating_pool(pop, fitness, num_parents):
    # Selecting the best individuals in the current generation as parents
    for producing the offspring of the next generation.
    parents = numpy.empty((num_parents, pop.shape[1]))
```

```python
    for parent_num in range(num_parents):
        max_fitness_idx = numpy.where(fitness == numpy.max(fitness))
        max_fitness_idx = max_fitness_idx[0][0]
        parents[parent_num, :] = pop[max_fitness_idx, :]
        fitness[max_fitness_idx] = -99999999999
    return parents


def crossover(parents, offspring_size):
    offspring = numpy.empty(offspring_size)
    # The point at which crossover takes place between two parents.
    Usually it is at the center.
    crossover_point = numpy.uint8(offspring_size[1]/2)
    for k in range(offspring_size[0]):
        # Index of the first parent to mate.
        parent1_idx = k%parents.shape[0]
        # Index of the second parent to mate.
        parent2_idx = (k+1)%parents.shape[0]
        # The new offspring will have its first half of its genes taken
        from the first parent.
        offspring[k, 0:crossover_point] = parents[parent1_idx, 0:
        crossover_point]
        # The new offspring will have its second half of its genes taken
        from the second parent.
        offspring[k, crossover_point:] = parents[parent2_idx,
        crossover_point:]
    return offspring


def mutation(offspring_crossover):
    # Mutation changes a single gene in each offspring randomly.
    for idx in range(offspring_crossover.shape[0]):
        # The random value to be added to the gene.
        random_value = numpy.random.uniform(-1.0, 1.0, 1)
        offspring_crossover[idx, 4] = offspring_crossover[idx, 4] +
        random_value
    return offspring_crossover
```

4.3　NSGA-II

GA 和 NSGA-II 之间的主要区别在于在给定的种群内选择最佳个体的方式(例如新一代的亲本)。在 GA 中,我们使用单个值选择最佳个体,这是由适应度函数生成的适应度值。适应度值越高,解/个体就越好。对于 NSGA-II 而言,不使用单个值,而是使用从多个目标函数中生成的多个值。如何基于这多个值做出选择呢?请记住,所有的目标都同等重要。这与常规的 GA 选择最佳个体的方式肯定不同。NSGA-II 基于以下两个指标选择亲本或最佳个体:

- 支配度
- 拥挤距离

在本讨论中,我们使用的例子为某个希望购买衬衫的人。对于衬衫,此人有两个目标需要得到满足。

- 成本低($0～$85)。
- 先前买家的不好反馈(0～5)。

成本使用美元计算,反馈使用 0～5 之间的实数(包括 0 和 5)进行计算,其中 0 表示最佳反馈,5 表示最糟反馈。这意味着我们要最小化这两个目标函数。假设数据中仅有 8 个样本,如表 4-10 所示;我们从使用这些数据开始。

表 4-10　数据样本

ID	成本(美元)	最糟反馈
A	20	2.2
B	60	4.4
C	65	3.5
D	15	4.4
E	55	4.5
F	50	1.8
G	80	4.0
H	25	4.6

4.3.1　NSGA-II 步骤

NSGA-II 遵循传统 GA 中的一般步骤。不同点在于,NSGA-II 不使用适应度值,而是使用支配度和拥挤距离为下一代选择最佳解(亲本)。此处是 NSGA-II 的一般步骤:

(1) 从数据中选择第 0 代的初始种群解。

(2) 使用非支配排序将解划分为不同的等级。

(3) 选择等级 1 非支配前沿的最佳解作为亲本进行交配,生成下一代。如果前一使用等级内的所有解都被选中而没有剩下，那么直接到步骤(5)。

(4) 如果从上一使用等级中选择解的子集作为亲本，那么我们必须为解计算出这个等级的拥挤距离。根据拥挤距离，使用从好到差的顺序对这些解进行排序，从顶部选择剩余解的数目。

(5) 使用选中的亲本生成后代。

    a. 在选中的亲本中进行竞赛选择。

    b. 对竞赛选择的结果进行 GA 变化操作(即交叉和突变)。这将生成新的后代。

(6) 重复步骤(2)至(5)，直到达到最大迭代数目。

目前，读者可能还不了解所有这些步骤。但是，请不要担心：当你阅读每一步的细节时，事情将会变得容易和清晰。图 4-7 中总结了这些步骤。

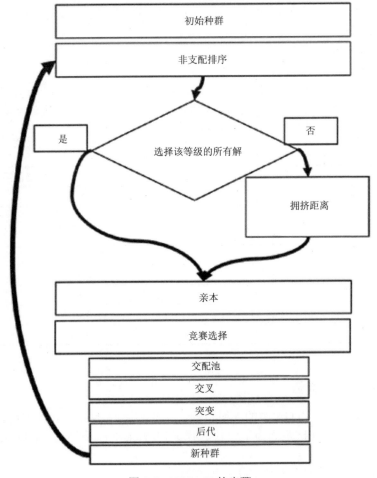

图 4-7　NSGA-II 的步骤

NSGA 与 GA 不同，它添加了一些操作，使得其更适合多目标的问题。图 4-8

突出显示了 GA 和 NSGA 之间的不同点。我们将计算 GA 的适应度值的步骤扩展为 NSGA 中的多个步骤，从非支配排序开始，直到竞赛选择。在确定了交配池中使用什么解后，这两种算法是类似的。

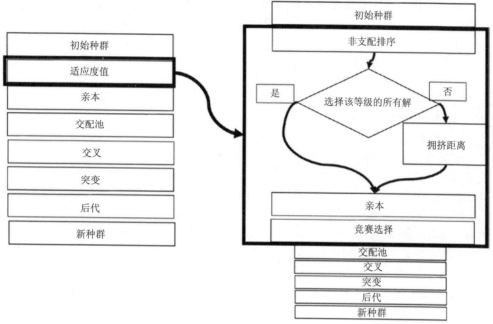

图 4-8　GA 与 NSGA

GA 中的第一步通常是选择初始种群的解/个体。假设种群的大小为 8，这意味着种群中待使用的样本有 8 个。我们将使用初始种群内的所有样本，如表 4-10 所示。下一步是选择此种群的最佳解作为亲本，使用支配度的概念生成下一代。

4.3.2　支配度

在 NSGA-II 中，支配度有助于我们选择最佳解集作为亲本。这些解支配了其他解，即它们比所有其他的解都好。

实际上，在所有的目标方面，这些解不会比所有其他的解差。我们如何找出数据中的最佳解集？以下是确定某个解支配另一个解所使用的规则。

当且仅当满足下列两个条件时，我们说解 X 支配解 Y。

- 就所有的目标函数而言，解 X 不比解 Y 差。
- 至少就一个目标函数而言，解 X 好过解 Y。

除了说解 X 支配解 Y，我们也可以说：

- 解 X 并不由解 Y 支配。
- 解 Y 由解 X 支配。
- 解 Y 不支配解 X。

注意，如果任何先前的条件不能满足，那么解 X 不支配解 Y。这意味着，没有解比其他解好，在它们之间有权衡。还要注意，当解 X 支配解 Y 时，这意味着解 X 比解 Y 好。

没有满足上述两个条件中任何一个条件的所有解集被称为非支配集，因为在此解集中没有解支配另一个解(比另一个解更好)。找到非支配集的步骤如下所示：

(1) 选择解(索引为 i)，其中 i 从 1 开始，对应于第一个解。

(2) 检查该解对数据中所有其他解的支配性。

(3) 如果我们找到一个解支配该解，则停止(因为这在非支配集中是不可能的)。直接转到步骤(5)。

(4) 如果没有解支配该解，那么将其添加到非支配集中。

(5) 将 i 增加 1，重复步骤(2)到(4)。

使用非支配排序将解划分成多个集。我们将每个集称为非支配前沿。这些前沿按照等级排序，其中第一个非支配前沿为等级 1，第二个非支配前沿为等级 2，以此类推。基于表 4-10 的示例，让我们应用下列步骤找出等级 1 的非支配前沿。

(1) 从解 A 开始，将其与解 B 比较。我们发现，就第一个目标(成本)而言，A 比 B 好，A 的成本为 20 美元，这比 B 的成本 60 美元少(即较好)。同时，就第二个目标(反馈)而言，A 也比 B 好，A 的反馈为 2.2，比 B 的反馈 4.4 少(即更好)。因此，就所有目标而言，A 比 B 好。这使得解 A 支配解 B 的条件得到了满足。但是，我们不能总结出 A 是非支配集的成员，我们依然必须等待，直到检查了 A 与所有其他解比较的结果。

(2) 将 A 与 C 比较。很明显，就所有目标而言，A 的成本和反馈都小于 C，A 都比 C 好。因此，C 不支配 A(即 A 支配 C)。我们依然必须探索下一个解，确定 A 是否为非支配集的成员。

(3) 将 A 与 D 比较。我们发现 A 的反馈是 2.2，比 D 的反馈 4.4 好。但是 A 的成本为 20 美元，比 D 的成本 15 美元差。每个解仅在一个目标方面比另一个解好。因此，对于解 D，支配的两个条件都没有满足。由此，我们可以总结出 D 不支配 A，同时 A 也不支配 D。我们必须再次将 A 与其他剩余的解比较才能做出决定。

(4) 将 A 与 E 比较。很明显，在所有目标方面，A 都好过 E。因此，A 支配 E。让我们将 A 与下一个解 F 比较。

(5) 将 A 与 F 比较，这两个解都没有优于对方。这和 A 与 D 的情况相同。因此，F 不支配 A，我们必须将 A 与其他解比较。

(6) 将 A 与 G 比较。就所有目标而言，A 都比 G 好，因为 A 的成本 20 美元比 G 的成本 80 美元少，同时 A 的反馈(2.2)也比 G 的反馈(4.0)好。让我们来看最后一个解。

(7) 将 A 与 H 比较，就所有的目标而言，A 都比 H 好。因此，H 不支配 A。在检查了 A 对于所有解的支配性后，看起来没有解支配 A。我们将 A 视为非支配集的成员。当前的非支配集为 $P=\{A\}$。让我们移到下一个解。

(8) 关于解 B 和 C，很明显，A 支配了它们。因此，我们可以直接检查解 D 的支配性。

(9) 将 D 与 A 比较。我们发现，在第一个目标(成本)方面，D 的成本为 15 美元，小于 A 的成本 20 美元，因此 D 比 A 好。关于第二个目标，由于 D 的反馈为 4.4，大于 A 的反馈 2.2，因此 D 比 A 差。因为解 A 不支配解 D，所以我们必须将 D 与下一个解比较。

(10) 将 D 与 B 比较。我们发现，对于第一个目标，D 比 B 好，对于第二个目标，它们是相同的。因此，B 不支配 D，我们必须将 D 与剩余的解比较以做出决定。

(11) 将 D 与 C 比较。对于第一个目标，D 比 C 好，但是对于第二个目标，D 比 C 差。C 支配 D 的条件不满足，因此 C 不支配 D，我们必须将 D 与下一个解比较。

(12) 将 D 与 E 比较。我们发现，对于所有目标，D 都比 E 好。我们可以得出结论：E 不能支配 D。继续将 D 与下一个解进行比较。

(13) 将 D 与 F 比较。D 的成本 15 美元比 F 的成本 50 美元好，因此 F 至少在一个目标方面比 D 差。我们可以停止比较，得出结论：F 不支配 D。让我们将 D 与下一个解比较。

(14) 将 D 与 G 比较，这与 F 的情形相同。D 的成本 15 美元小于(优于)G 的成本 80 美元。由于解 G 至少就一个目标而言比 D 差，因此我们可以得出结论：G 不支配 D。让我们将 D 与下一个解比较。

(15) 将 D 与 H 比较。就所有目标而言，H 都比 D 差，因此 H 不支配 D。此时，我们可以得出结论，即没有解支配解 D，因此我们将解 D 包含在非支配集中。当前的非支配集为 $P=\{A,D\}$。让我们移向下一个解。

(16) 轮到解 E，将其与 A 比较。我们发现，A 的成本 20 美元小于 E 的成本 55 美元，A 的反馈 2.2 好于 E 的反馈 4.5，因此就所有目标而言，A 比 E 都好。我们可以停止比较，得出结论：A 支配 E；E 不能包括在非支配集中。

(17) 轮到解 F，将其与 A 比较。我们发现，就第一个目标而言，A 优于 F，而对于第二个目标，F 优于 A。因此，这两个解彼此不能互相支配。我们依然需要将 F 与剩余的解比较才能做出决定。

(18) 在将 F 与所有解进行比较后，不存在解支配解 F。因此，我们将 F 包括在非支配集中。当前的非支配集为 $P=\{A, D, F\}$。让我们移到下一个解。

(19) 轮到解 G，将其与所有解进行比较。我们发现 A、C 和 F 都支配了它，因此 G 不能包括在非支配集中。让我们移到最后一个解。

(20) 轮到最后一个解 H。通过将其与所有解进行比较，我们发现解 A 和 D 支配了它。因此，H 不能被包括在非支配集中。至此，我们检查了所有解的支配性。

在比较了每一对解后，最终的非支配集为 $P=\{A, D, F\}$。这是等级 1 的非支配前沿。在相同的前沿，就所有的目标而言，没有解比任何其他的解好。这就是为什么我们称之为非支配集，即没有解支配另一个解。

检查给定集的支配性的 Python 代码如代码清单 4-10 所示。给定解的索引，它返回支配这个解的解 ID。它使用 pandas 的 DataFrame(DF)为每个解(及其 ID)排序目标值。这有助于向后参考解 ID。创建 DF 的一种简单方式是将数据插入 Python 字典中，然后将其转换为 pandas 的 DF。

代码清单 4-10　返回支配解

```
import numpy
import pandas

d = {'A': [20, 2.2],
     'B': [60, 4.4],
     'C': [65, 3.5],
     'D': [15, 4.4],
     'E': [55, 4.5],
     'F': [50, 1.8],
     'G': [80, 4.0],
     'H': [25, 4.6]}

df = pandas.DataFrame(data=d).T
data_labels = list(df.index)

data_array = numpy.array(df).T

# ****Specify the index of the solution here****
sol_idx = 1
sol = data_array[:, sol_idx]

obj1_not_worse = numpy.where(sol[0] >= data_array[0, :])[0]
obj2_not_worse = numpy.where(sol[1] >= data_array[1, :])[0]
not_worse_candidates = set.intersection(set(obj1_not_worse),
set(obj2_not_worse))

obj1_better = numpy.where(sol[0] > data_array[0, :])[0]
obj2_better = numpy.where(sol[1] > data_array[1, :])[0]
better_candidates = set.union(set(obj1_better), set(obj2_better))

dominating_solutions = list(set.intersection(not_worse_candidates,
                                             better_candidates))

if len(dominating_solutions) == 0:
```

```
print("No solution dominates solution", data_labels[sol_idx], ".")
else:
    print("Labels of one or more solutions dominating this solution : ",
    end="")
    for k in dominating_solutions:
        print(data_labels[k], end=",")
```

对于给定的解，我们检查其支配条件。对于第一个条件，就所有目标而言，不比当前解差的解的索引由 not_worse_candidates 变量返回。第二个条件搜索至少在一个目标方面比当前解好的解。满足第二个条件的解由 better_candidates 变量返回。对于支配其他解的给定解，两个条件都必须满足。出于这个原因，dominating_solutions 变量仅返回满足两个条件的解。

前三个解比所有 5 个剩余解好。换句话说，等级 1 非支配前沿的解比其他前沿的任何解都好。未选中为等级 1 的第一非支配前沿的其他 5 个解会怎么样？我们将继续使用种群中的剩余样本，进一步找出下一个非支配等级。

在移除先前选中种群中第一等级的三个解后，重复寻找非支配集的步骤，找到等级 2 的非支配前沿。剩余解集为 {B, C, E, G, H}。让我们找出接下来的非支配前沿。

(1) 从解 B 开始，检查其与 C 的支配性，B 的反馈 4.4 比 C 的反馈 3.5 糟。根据第一个目标，B 的成本 60 美元比 C 的成本 65 美元好，因此解 C 不支配解 B。我们依然必须等待，将 B 与剩余的解比较。

(2) 将 B 与 E 比较。由于 B 的反馈为 4.4，E 的反馈为 4.5，因此就第二个目标而言，B 比 E 好。因而，解 E 不支配解 B。让我们检查下一个解。

(3) 将 B 与 G 比较。我们发现，由于 B 的成本为 60 美元，G 的成本为 80 美元，因此就第一个目标而言，B 比 G 好。因而，解 G 不支配解 B。让我们检查下一个解。

(4) 将 B 与 H 比较。我们发现，由于 B 的反馈 4.4，H 的反馈为 4.6，因此就第二个目标而言，B 比 H 好。因而，解 H 不支配解 B。在将 B 与所有的解比较后，我们发现没有解支配解 B，因此可以得出结论：B 包括在等级 2 的非支配前沿中。等级 2 的集合现在为 P'={B}。让我们检查剩余解集中第二个解的支配性。

(5) 将下一个解 C 与解 B 比较。就第二个目标而言，C 的反馈为 3.5，B 的反馈为 4.4，C 比 B 好。因此，解 B 不支配解 C。

(6) 将 C 与剩余的解比较，没有解支配 C，因此它将被包括在等级 2 的非支配前沿中，即 P'={B, C}。让我们移到下一个解。

(7) 将下一个解 E 与来自种群的所有剩余解进行比较，我们发现没有解支配解 E。因此，我们可以将 E 包括在等级 2 的非支配前沿中，即 P'={B, C, E}。让我们移到下一个解。

(8) 将下一个解 G 与来自种群的所有剩余解进行比较，我们发现 C 在所有目标方面都好过 G，因此 C 支配解 G。因而，解 G 不包括在第二等级的非支配前沿中。

让我们移到下一个解。

(9) 将最后一个解 H 与来自种群的所有剩余解比较,我们发现没有解支配解 H。因此,我们将 H 包括在第二等级的非支配前沿中,即 P'={B, C, E, H}。

这就是第二等级非支配前沿。剩下的解集为{G}。我们使用这个集合找出第三等级的非支配前沿。由于只剩下最后一个解,因此我们将其单独添加到第三等级的非支配前沿中,即 P''={G}。此时,我们成功地将数据划分为三个非支配等级,如表 4-11 所示。

表 4-11 将数据划分为 3 个非支配等级的结果

等级	解
1	{A, D, F}
2	{B, C, E, H}
3	{G}

注意,等级 i 的解比等级 $i+1$ 的解好。也就是说,等级 1 的解比等级 2 的解好,等级 2 的解比等级 3 的解好,以此类推。因此,在选择最佳解作为亲本时,我们从第一级开始选择。如果第一个等级可用解的数目少于所需的亲本数目,那么我们从第二等级选择剩余的解,以此类推。

在我们的问题中,种群的大小为 8。为生成同样大小的新一代,我们需要选择一半的种群作为亲本,剩余的一半是亲本交配所生成的后代。首先,需要选择最佳的 4 个亲本。

第一个非支配等级仅有 3 个解,而我们需要 4 个亲本,因此我们选中所有的 3 个解。因而,当前的亲本为{A, D, F}。我们需要从等级 2 选择剩余的亲本。

等级 2 有 4 个解,我们仅需要选择一个。重要的问题是,我们从等级 2 选择哪个解?在同一个非支配前沿内用来评估解的指标为拥挤距离。接下来,我们将学习如何在第二等级的非支配前沿内计算解的拥挤距离。

4.3.3 拥挤距离

拥挤距离是同一非支配前沿内用来对解进行优先排序的指标。下列所示为计算和使用拥挤距离的步骤:

(1) 对于每一个目标函数,以从最好到最差的顺序对该等级的解集进行排序。

(2) 对于处在离群值处的两个解(例如最右边和最左边的解),将它们的拥挤距离设置为无限远。

(3) 对于处在中间的解,我们根据公式 4-7 计算拥挤距离。

(4) 对于每一个解,采用所有目标的拥挤距离的总和。

(5) 以降序的方式排序解,从最高拥挤距离到最低拥挤距离选择解。

$$d_m^n = \frac{S_m^{n+1} - S_m^{n-1}}{O_m^{max} - O_m^{min}}$$ (式 4-7)

在根据目标函数进行排序后，n 指的是其位置，m 指的是用来计算拥挤距离的目标函数的数目。d_m^n 为根据目标 m 得到的解 n 的拥挤距离，S_m^n 指的是解 n 的目标 m 的值，O_m^{max} 为目标 m 的最大值，O_m^{min} 为目标 m 的最小值。

对于最小化目标，以从好到坏的方式排序解指的是以降序的方式排序。根据目标，最小的解(最好的解)排在最左边，最大的解(最差的解)排在最右边。

由于在离群值处的两个解所给出的拥挤距离等于无穷大，因此我们可以从计算中间解的拥挤距离开始。

有了表 4-10 中的问题的数据，就更容易计算拥挤距离。

图 4-9 总结了根据成本目标计算解 E 和 B 的拥挤距离的参数值。

解 E		
$n=2$ & $m=1$		
S_m^{n+1}	S_1^3	60
S_m^{n-1}	S_1^1	25
O_m^{max}	O_1^{max}	85
O_m^{min}	O_1^{min}	0

解 B		
$n=3$ & $m=1$		
S_m^{n+1}	S_1^4	65
S_m^{n-1}	S_1^2	55
O_m^{max}	O_1^{max}	85
O_m^{min}	O_1^{min}	0

$$d_1^2 = \frac{60-25}{85-0} = 0.4 \qquad d_1^3 = \frac{65-55}{85-0} = 0.1$$

拥挤距离	∞	0.4	0.1	∞
成本(美元)	25	55	60	65

H E B C

图 4-9 等级 2 解的第一目标的拥挤距离

图 4-10 以相同的方式显示了根据反馈目标如何计算解 B 和 E 的拥挤距离。

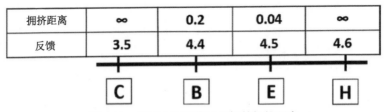

图 4-10　等级 2 解的第二目标的拥挤距离

对两个目标的拥挤距离进行求和，以降序方式排序结果，如表 4-12 所示。如果我们需要从等级 2 仅选择一个解作为亲本，那么在以降序的方式排序拥挤距离的总和后，它将成为表 4-12 中的第一个解，即解 C。因此，所选中的解集为{A, D, F, C}。注意，由于这些解要使用竞赛选择进行过滤，因此我们并不使用所有的解生成新的后代。但是我们将使用所有这些解形成新一代中前一半的解。后一半的解来自从竞赛选择中选中的亲本的交配。

表 4-12　来自两个目标函数的等级 2 解的拥挤距离的总和

ID	总和
C	无穷大
H	无穷大
E	0.44
B	0.3

4.3.4　竞赛选择

在竞赛选择中，我们使用选中的亲本创建若干对解。我们比较每一对解，使用胜者进行进一步的交叉和突变。所有可能的解对为(A, D)、(A, F)、(A, C)、(D, C)和(F, C)。

以下是选择竞赛中胜者的方法：

● 如果两个解来自不同的非支配等级，则来自高优先级的解将为胜者。

- 如果两个解都来自同一非支配等级，那么对应于较高拥挤距离的那个解将为胜者。

让我们思考第一对(A,D)。因为它们来自同一等级，所以我们将使用它们的拥挤距离确定胜者。我们还未计算出第一等级的拥挤距离，因此需要先计算它。

图 4-11 显示了根据两个目标得到的等级 1 解的最终拥挤距离。考虑第一对解(A,D)，由于 D 比 A 的拥挤距离大，因此胜者为 D。在剩余的比赛中，胜者为 F、A、D 和 F。我们使用 A、D 和 F 这三个独特的解生成 4 个后代。

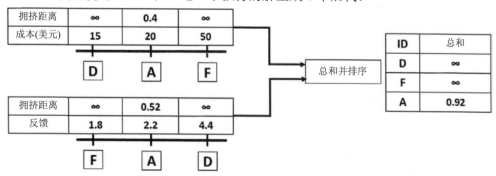

图 4-11 来自两个目标函数的等级 1 解的拥挤距离的总和

4.3.5 交叉

假设我们从 4 个解对(A, D)、(A, F)、(D, F)和(F, A)中选择 4 个新解，其中后代基因的前半部分和后半部分分别取自每一对的前一个解和后一个解。交叉的结果如表 4-13 所示。

表 4-13 竞赛胜者之间的交叉

后代	成本(美元)	反馈
(A, D)	20	4.4
(A, F)	20	1.8
(D, F)	15	1.8

4.3.6 突变

我们将突变应用到交叉的结果。假设我们通过随机地添加从-10 到 10 之间的某个数到每个解的前半部分来应用突变。突变操作的结果如表 4-14 所示。

表 4-14 交叉输出的突变

后代	成本(美元)	反馈
(B, D)	27	4.4
(B, E)	25	1.8
(D, F)	10	1.8

在此之后，我们成功生成了第 1 代的 8 个解。前 4 个解是由非支配排序和拥挤距离生成的，剩余的 4 个解是通过竞赛选择、交叉和突变生成的，如表 4-14 所示。第 1 代中新种群的解如表 4-15 所示。

表 4-15　第 1 代解

ID	成本(美元)	反馈
A	20	2.2
D	15	4.4
F	50	1.8
C	65	3.5
K	27	4.4
L	25	1.8
M	10	1.8
N	45	2.2

此时，我们已经完成了 NSGA-II 多目标 EA 中涉及的所有步骤。接下来，重复 NSGA-II 步骤的(2)到(5)，直到生成一些预定义的世代/迭代。在第 1 代后，算法找到了解 M，这比先前种群中所有的解都好。经过多个世代，算法很可能会找到更好的解。

4.4　使用 GA 优化 ANN

在第 3 章中，我们没有使用学习算法，而是使用 Fruits 360 数据集中的 4 个类别训练了 ANN。因此，正确率比较低，未超过 45%。在基于数值示例了解了 GA 的工作方式并使用 Python 实现后，本节使用 GA 优化 ANN，更新其权重(参数)。

对于给定问题，GA 创建了多个解并通过多个世代进化解。每个解都保留了所有可能有助于加强结果的参数。对于 ANN 而言，所有层的权重有助于获取高的正确率。因此，GA 中的单个解包含了 ANN 中的所有权重。根据图 2-7 所示，ANN 具有 4 个层(1 个输入层、2 个隐藏层和 1 个输出层)。任意层中的任意权重都成为解的一部分。此网络的单个解包含了所有数目的权重，等于 $102×150+150×60+60×4=24\,540$。如果种群具有 8 个解，每个解有 24 540 个参数，那么整个种群中参数的总数目为 $24\,540×8=196\,320$。

观察图 3-8 可发现，由于矩阵形式使得 ANN 的计算变得相对容易，因此网络的参数为矩阵形式。每一层都有相关联的权重矩阵。将输入矩阵与给定层的参数矩阵相乘可返回本层的输出。GA 中的染色体是 1D 向量，因此我们必须将权重矩阵转换为 1D 向量。

使用 ANN 时，矩阵乘法是个好选择，因此我们依然将 ANN 的参数表示为矩阵形式。图 4-12 总结了在 ANN 中使用 GA 的步骤。

种群中的每个解都有两种表示方法。第一个是使用 GA 时的 1D 向量，第二个是使用 ANN 时的矩阵。由于 3 个层(2 个隐藏层+1 个输出层)有 3 个权重矩阵，因此有 3 个向量，每个矩阵 1 个向量。由于在 GA 中解表示为 1D 向量，因此这三个单独的 1D 向量将会被连接成单个 1D 向量。每个解使用长度为 24 540 的向量表示。代码清单 4-11 为 mat_to_vector 函数的 Python 代码，它将种群内所有解的参数从矩阵转换为向量。

我们创建了名为 pop_weights_vector 的空列表变量来保存所有解的向量。这个函数接收解的种群并循环访问它们。对于每个解，有一个内部循环逐个访问其三个矩阵。对于每个矩阵，我们使用 numpy.reshape 函数将其转换为向量，这个函数将输入矩阵和重新成形后的输出矩阵大小作为参数。变量 curr_vector 接收单个解的所有变量。在生成所有向量后，我们将这些向量添加到 pop_weights_vector 变量后面。

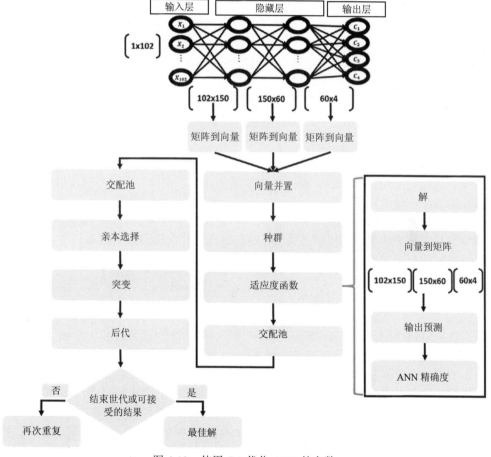

图 4-12　使用 GA 优化 ANN 的参数

注意，对于属于同一解的向量，我们使用 numpy.extend 函数；对于属于不同解的向量，我们使用 numpy.append 函数。原因在于，numpy.extend 接收属于同一解的三个向量内的数字，将它们连接在一起。换句话说，如果使用两个列表调用这个函数，会返回包含两个列表中数字的单个新列表。这对于为每个解创建仅有一维的染色体是适合的。但是 numpy.append 将会为每个解返回三个列表。如果使用两个列表调用这个函数，会返回被划分为两个子列表的新列表。这不是我们的目标。最后，函数 mat_to_vector 返回种群解作为 NumPy 数组，以方便以后的操作。

代码清单 4-11　将参数矩阵转换为向量

```python
def mat_to_vector(mat_pop_weights):
    pop_weights_vector = []
    for sol_idx in range(mat_pop_weights.shape[0]):
        curr_vector = []
        for layer_idx in range(mat_pop_weights.shape[1]):
            vector_weights = numpy.reshape(mat_pop_weights[sol_idx,
            layer_idx], newshape=(mat_pop_weights[sol_idx, layer_idx].
            size))
            curr_vector.extend(vector_weights)
        pop_weights_vector.append(curr_vector)
    return numpy.array(pop_weights_vector)
```

在将来自矩阵的所有解转换为向量并将它们连接在一起后，我们准备根据图 4-2 进行 GA 的各个步骤。除了适应度值的计算，图 4-2 中的所有步骤都与先前讨论的 GA 实现类似。

用于分类器(如 ANN)的其中一个常见的适应度函数为正确率。这是正确分类样本与总样本数的比值，可根据公式 4-8 对其进行计算。我们根据图 4-12 中的步骤计算每个解的分类正确率。

$$\text{Accuracy} = \frac{\text{NumCorrectClassify}}{\text{TotalNumSamples}} \qquad \text{(式 4-8)}$$

我们将每个解的 1D 向量转换为 3 个矩阵，每层(2 个隐藏层和 1 个输出层)一个矩阵。代码清单 4-12 中定义的 vector_to_mat 函数进行了这个转换。它与我们先前所做的工作正好相反。但是，存在一个重要的问题：如果给定解的向量只是一个块，那我们如何将其划分成三个不同的部分(每个部分表示一个矩阵)？输入层和隐藏层之间的第一个参数矩阵的大小为 102×150。当将这个矩阵转换为向量时，它的长度为 15 300。根据代码清单 4-11，这是插入 curr_vector 变量的第一个向量，因此它从索引 0 开始，结束于索引 15 299。在 vector_to_mat 函数中，我们使用 mat_pop_weights 作为参数确定每个矩阵的大小。这不要求包含最近的权重，仅使用从这个函数处得到的矩阵大小。

代码清单 4-12　将解向量转换为矩阵

```
def vector_to_mat(vector_pop_weights, mat_pop_weights):
    mat_weights = []
    for sol_idx in range(mat_pop_weights.shape[0]):
        start = 0
        end = 0
        for layer_idx in range(mat_pop_weights.shape[1]):
            end = end + mat_pop_weights[sol_idx, layer_idx].size
            curr_vector = vector_pop_weights[sol_idx, start:end]
            mat_layer_weights = numpy.reshape(curr_vector, newshape=
            (mat_pop_weights[sol_idx, layer_idx].shape))
            mat_weights.append(mat_layer_weights)
            start = end
    return numpy.reshape(mat_weights, newshape=mat_pop_weights.shape)
```

对于同一解中的第二个向量，这是转换大小为 150×60 的矩阵的结果。因此，向量的长度为 9 000。我们将这个向量插入 curr_vector 变量，并且插在先前长度为 15 300 的向量之后。因此，这个向量从索引 15300 开始，结束于索引 15 300+9 000−1=24 299。由于 Python 从索引 0 开始，因此要减去 1。对于从大小为 60×4 的参数矩阵所创建的前一个向量，其长度为 240。由于我们在将其插入 curr_vector 变量时，恰好插在先前长度为 9 000 的向量之后，因此其索引接在这个向量后，从 24 300 开始，结束于 24 300+240−1=24 539。因而，我们成功地将向量还原成最初的三个矩阵。

我们使用各个解返回的矩阵预测所使用的数据中 1 962 个样本的类标签，计算正确率。根据代码清单 4-13，我们使用两个函数(predict_outputs 和 fitness)完成这个任务。

代码清单 4-13　预测类标签来计算正确率

```
def predict_outputs(weights_mat, data_inputs, data_outputs,
activation="relu"):
    predictions = numpy.zeros(shape=(data_inputs.shape[0]))
    for sample_idx in range(data_inputs.shape[0]):
        r1 = data_inputs[sample_idx, :]
        for curr_weights in weights_mat:
            r1 = numpy.matmul(a=r1, b=curr_weights)
            if activation == "relu":
                r1 = relu(r1)
            elif activation == "sigmoid":
```

```
            r1 = sigmoid(r1)
        predicted_label = numpy.where(r1 == numpy.max(r1))[0][0]
        predictions[sample_idx] = predicted_label
    correct_predictions = numpy.where(predictions == data_outputs)[0].size
    accuracy = (correct_predictions/data_outputs.size)*100
    return accuracy, predictions

def fitness(weights_mat, data_inputs, data_outputs, activation="relu"):
    accuracy = numpy.empty(shape=(weights_mat.shape[0]))
    for sol_idx in range(weights_mat.shape[0]):
        curr_sol_mat = weights_mat[sol_idx, :]
    accuracy[sol_idx], _ = predict_outputs(curr_sol_mat, data_inputs,
    data_outputs, activation=activation)
    return accuracy
```

predict_outputs 函数接收单个解的权重、训练数据的输入和输出以及指定使用何种激活函数的可选参数。这与代码清单 3-7 中所创建的函数类似，但不同点在于它返回的是解的正确率。不过，这只返回一个解的正确率，并不是种群内所有解的正确率。后者是 fitness 函数的作用，即循环访问每个解，将其传递给 predict_outputs 函数，将所有解的正确率存储到 accuracy 数组，最后返回数组。

在计算了每个解的适应度值(例如正确率)后，我们以与以前相同的方式应用图 4-12 中剩余的 GA 步骤。基于亲本的正确率选择最佳亲本进入交配池，然后应用突变和交叉生成后代。使用后代和亲本创建新一代的种群。重复这些步骤若干代。

完整的 Python 实现

本项目的 Python 实现有三个 Python 文件。
- GA.py 用于实现 GA 函数。
- ANN.py 用于实现 ANN 函数。
- 第三个文件用于调用这些函数并进行迭代。

由于第三个文件连接了所有函数，因此它是主文件。该文件读取特征和类标签文件，基于 STD 值 50 过滤特征，创建 ANN 架构，生成初始解，通过计算所有解的适应度值循环若干代，选择最佳亲本，应用交叉和突变，最后创建新种群。代码清单 4-14 中有其实现。这个文件定义了 GA 参数，如每个种群解的数目、选中亲本的数目、突变百分比和世代数目。读者可以尝试不同的参数值。

代码清单 4-14　连接 GA 和 ANN 的主文件

```
import numpy
import GA
```

```python
import pickle
import ANN
import matplotlib.pyplot

f = open("dataset_features.pkl", "rb")
data_inputs2 = pickle.load(f)
f.close()
features_STDs = numpy.std(a=data_inputs2, axis=0)
data_inputs = data_inputs2[:, features_STDs>50]

f = open("outputs.pkl", "rb")
data_outputs = pickle.load(f)
f.close()

#GA parameters:
#    Mating Pool Size (Number of Parents)
#    Population Size
#    Number of Generations
#    Mutation Percent

sol_per_pop = 8
num_parents_mating = 4
num_generations = 1000
mutation_percent = 10

#Creating the initial population.
initial_pop_weights = []
for curr_sol in numpy.arange(0, sol_per_pop):
    HL1_neurons = 150
    input_HL1_weights = numpy.random.uniform(low=-0.1, high=0.1,
                                  size=(data_inputs.shape[1],
                                  HL1_neurons))
    HL2_neurons = 60

    HL1_HL2_weights = numpy.random.uniform(low=-0.1, high=0.1,
                                    size=(HL1_neurons, HL2_
                                    neurons))
```

```python
    output_neurons = 4
    HL2_output_weights = numpy.random.uniform(low=-0.1, high=0.1,
                                    size=(HL2_neurons, output_
                                    neurons))

    initial_pop_weights.append(numpy.array([input_HL1_weights,
                                    HL1_HL2_weights,
                                    HL2_output_weights]))

pop_weights_mat = numpy.array(initial_pop_weights)
pop_weights_vector = GA.mat_to_vector(pop_weights_mat)

best_outputs = []
accuracies = numpy.empty(shape=(num_generations))

for generation in range(num_generations):
    print("Generation : ", generation)

    # converting the solutions from being vectors to matrices.
    pop_weights_mat = GA.vector_to_mat(pop_weights_vector,
                                    pop_weights_mat)

    # Measuring the fitness of each chromosome in the population.
    fitness = ANN.fitness(pop_weights_mat,
                        data_inputs,
                        data_outputs,
                        activation="sigmoid")
    accuracies[generation] = fitness[0]
    print("Fitness")
    print(fitness)

    # Selecting the best parents in the population for mating.
    parents = GA.select_mating_pool(pop_weights_vector,
                                    fitness.copy(),
                                    num_parents_mating)
    print("Parents")
    print(parents)
```

```
# Generating next generation using crossover.
offspring_crossover = GA.crossover(parents,
                                    offspring_size=(pop_weights_vector.
                                    shape[0]-parents.shape[0],
                                    pop_weights_vector.shape[1]))
print("Crossover")
print(offspring_crossover)

# Adding some variations to the offspring using mutation.
offspring_mutation = GA.mutation(offspring_crossover,
                                 mutation_percent=mutation_percent)
print("Mutation")
print(offspring_mutation)

# Creating the new population based on the parents and offspring.
pop_weights_vector[0:parents.shape[0], :] = parents
pop_weights_vector[parents.shape[0]:, :] = offspring_mutation

pop_weights_mat = GA.vector_to_mat(pop_weights_vector, pop_weights_mat)
best_weights = pop_weights_mat [0, :]
acc, predictions = ANN.predict_outputs(best_weights, data_inputs, data_
outputs, activation="sigmoid")
print("Accuracy of the best solution is : ", acc)

matplotlib.pyplot.plot(accuracies, linewidth=5, color="black")
matplotlib.pyplot.xlabel("Iteration", fontsize=20)
matplotlib.pyplot.ylabel("Fitness", fontsize=20)
matplotlib.pyplot.xticks(numpy.arange(0, num_generations+1, 100),
fontsize=15)
matplotlib.pyplot.yticks(numpy.arange(0, 101, 5), fontsize=15)

f = open("weights_"+str(num_generations)+"_iterations_"+str(mutation_
percent)+"%_mutation.pkl", "wb")
pickle.dump(pop_weights_mat, f)
f.close()
```

我们使用 Matplotlib 可视化库，在此文件结束时基于 1000 个世代绘制了曲线，这条曲线显示了每个世代中正确率如何改变。如图 4-13 所示，在 1000 个迭代后，正确率超过了 97%，我们可以将其与未使用优化技术的 45%的正确率相比。这表明了不是因为模型或数据有什么错误，而是因为没有使用优化技术而使得结果很糟糕。当然，使用不同的参数值(如 10 000 世代)可能会增加正确率。在本文件结束时，我们将参数以矩阵的形式存储在磁盘中，供以后使用。

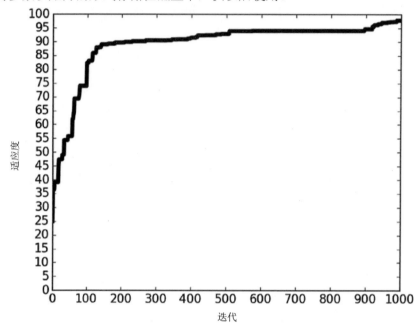

图 4-13　基于 1000 次迭代的分类正确率的演变

代码清单 4-15 为 GA.py 文件的实现。注意，mutation 函数接收 mutation_percent 参数，这个参数定义了随机改变其值的基因数目。在代码清单 4-14 的主文件中，我们将这个值设置为 10%。这个文件包含两个新函数：mat_to_vector 和 vector_to_mat。

代码清单 4-15　包含 GA 函数的 GA.py 文件

```
import numpy
import random

# Converting each solution from matrix to vector.
def mat_to_vector(mat_pop_weights):
    pop_weights_vector = []
    for sol_idx in range(mat_pop_weights.shape[0]):
        curr_vector = []
        for layer_idx in range(mat_pop_weights.shape[1]):
            vector_weights = numpy.reshape(mat_pop_weights[sol_idx,
```

```
        layer_idx], newshape=(mat_pop_weights[sol_idx,
    layer_idx].size))
            curr_vector.extend(vector_weights)
        pop_weights_vector.append(curr_vector)
    return numpy.array(pop_weights_vector)


# Converting each solution from vector to matrix.
def vector_to_mat(vector_pop_weights, mat_pop_weights):
    mat_weights = []
    for sol_idx in range(mat_pop_weights.shape[0]):
        start = 0
        end = 0
        for layer_idx in range(mat_pop_weights.shape[1]):
            end = end + mat_pop_weights[sol_idx, layer_idx].size
            curr_vector = vector_pop_weights[sol_idx, start:end]
            mat_layer_weights = numpy.reshape(curr_vector,
        newshape=(mat_
            pop_weights[sol_idx, layer_idx].shape))
            mat_weights.append(mat_layer_weights)
            start = end
    return numpy.reshape(mat_weights, newshape=mat_pop_weights.shape)


def select_mating_pool(pop, fitness, num_parents):
    # Selecting the best individuals in the current generation as parents
for producing the offspring of the next generation.
    parents = numpy.empty((num_parents, pop.shape[1]))
    for parent_num in range(num_parents):
        max_fitness_idx = numpy.where(fitness == numpy.max(fitness))
        max_fitness_idx = max_fitness_idx[0][0]
        parents[parent_num, :] = pop[max_fitness_idx, :]
        fitness[max_fitness_idx] = -99999999999
    return parents


def crossover(parents, offspring_size):
    offspring = numpy.empty(offspring_size)
    # The point at which crossover takes place between two parents.
    Usually, it is at the center.
    crossover_point = numpy.uint8(offspring_size[1]/2)
```

```
for k in range(offspring_size[0]):
    # Index of the first parent to mate.
    parent1_idx = k%parents.shape[0]
    # Index of the second parent to mate.
    parent2_idx = (k+1)%parents.shape[0]
    # The new offspring will have its first half of its genes taken
    from the first parent.
    offspring[k, 0:crossover_point] = parents[parent1_idx, 0:crossover_
    point]
    # The new offspring will have its second half of its genes taken
    from the second parent.
    offspring[k, crossover_point:] = parents[parent2_idx, crossover_
    point:]
return offspring


def mutation(offspring_crossover, mutation_percent):
    num_mutations = numpy.uint8((mutation_percent*offspring_crossover.
    shape[1])/100)
    mutation_indices = numpy.array(random.sample(range(0, offspring_
    crossover.shape[1]), num_mutations))
    # Mutation changes a single gene in each offspring randomly.
    for idx in range(offspring_crossover.shape[0]):
        # The random value to be added to the gene.
        random_value = numpy.random.uniform(-1.0, 1.0, 1)
        offspring_crossover[idx, mutation_indices] = offspring_
        crossover[idx, mutation_indices] + random_value
    return offspring_crossover
```

最后，根据代码清单 4-16 实现 ANN.py，它包含了激活函数(S 型函数和 ReLU)以及用于计算正确率的 fitness 和 predict_outputs 函数。

代码清单 4-16　实现 ANN 的 ANN.py 文件

```
import numpy


def sigmoid(inpt):
    return 1.0/(1.0+numpy.exp(-1*inpt))


def relu(inpt):
```

```
    result = inpt
    result[inpt<0] = 0
    return result


def predict_outputs(weights_mat, data_inputs, data_outputs,
activation="relu"):
    predictions = numpy.zeros(shape=(data_inputs.shape[0]))
    for sample_idx in range(data_inputs.shape[0]):
        r1 = data_inputs[sample_idx, :]
        for curr_weights in weights_mat:
            r1 = numpy.matmul(a=r1, b=curr_weights)
            if activation == "relu":
                r1 = relu(r1)
            elif activation == "sigmoid":
                r1 = sigmoid(r1)
        predicted_label = numpy.where(r1 == numpy.max(r1))[0][0]
        predictions[sample_idx] = predicted_label
    correct_predictions = numpy.where(predictions == data_outputs)[0].size
    accuracy = (correct_predictions/data_outputs.size)*100
    return accuracy, predictions
def fitness(weights_mat, data_inputs, data_outputs, activation="relu"):
    accuracy = numpy.empty(shape=(weights_mat.shape[0]))
    for sol_idx in range(weights_mat.shape[0]):
        curr_sol_mat = weights_mat[sol_idx, :]
        accuracy[sol_idx], _ = predict_outputs(curr_sol_mat, data_inputs,
        data_outputs, activation=activation)
    return accuracy
```

第 5 章

卷积神经网络

先前讨论的人工神经网络的架构称为完全连接的神经网络(FC Neural Network，FCNN)。这样称呼的原因是，层 i 的每个神经元连接了层 i-1 和层 i+1 的所有神经元。两个神经元之间的每个连接都有两个参数：权重和偏差。添加更多的层和神经元会增加参数的数目。因此，即使是在具有多个图形处理单元(Graphics Processing Unit，GPU)和多个中央处理单元(Central Processing Unit，CPU)的设备上训练这样的网络，也是非常耗时的。因而在具有有限处理能力和有限内存的个人计算机上训练这样的网络变得不可能。

在多维数据(如图像)的分析中，CNN(也称为卷积神经网络)比 FC 网络更节约时间和内存。但是，这是为什么呢？在图像分析中，卷积神经网络相比于全连接网络的优势是什么？卷积神经网络中的术语"卷积"来自何处？本章将回答这些问题。为更好地理解所有事情的工作方式，本章使用 NumPy 库实现了 CNN，进行了在这些网络中建立不同层需要的所有步骤，包括卷积、池化、激活和全连接。最终，我们将创建一个称为 NumPyCNN 的项目，帮助轻松创建 CNN，然后在附录 A 中学习如何部署它。

5.1 从人工神经网络到卷积神经网络

ANN 是 CNN 的基础，由于添加了一些改变，因此它更适合分析大量的数据。将所有神经元连接起来会增加参数的数目，即使在分析非常小的图像(例如 150×150 像素的图像)时也是如此。这种情况下，输入层将有 22 500 个神经元。如果将其与具有 500 神经元的另一个隐藏层连接，则所需的参数数目为 22 500×500=11 250 000。真实世界的应用可能要处理高维度的图像，其中最小的维度可能有 1000 个像素甚至更多。对于大小为 1000×1000 的输入图像和具有 2000 个神经元的隐藏层而言，参数的数目等于 20 亿。注意，输入图像为灰度图。

接下来的小节涵盖以下几个问题：优先使用 CNN 而不是 ANN 背后的直觉是什么？我们真的需要传统 ANN 中使用的所有参数吗？CNN 与 ANN 有何不同？从 ANN 中如何推导出 CNN？CNN 中使用的术语"卷积"的来源是什么？让我们从回

答这些问题开始。

5.1.1　深度学习背后的直觉

在第 1 章中，我们处理了特征提取的任务。这是执行图像分析任务的传统方法，涉及使用特征集表示所求解的问题。由于对于给定问题，某个特征可能非常健壮，而另一个特征却比较弱，因此这可能需要所研究领域的专家的帮助。对于给定问题选择最佳特征具有挑战性。从大量的特征开始，我们如何将这些特征缩减为最佳的最小集？

与少量存在轻微变化的数据一起工作时，我们可能能够找到特征集。数据中存在的变化越多，我们就越难找到覆盖所有数据的特征集。

在传统的分类问题中，目标是找到区分所使用类的最佳特征集。基于 $f_1()$ 函数计算特征 1 后，可给出每个类的样本，如图 5-1 所示。对于第一个类的左边部分，这个函数表现得很好，但是对于相同类的右边部分，这个函数表现得很糟糕。在这个部分，两个类之间存在重叠，因此分类的正确率非常糟糕。由于许多样本的 $f_1()$ 几乎具有相同的值，因此即使非常复杂的机器学习模型也不能拟合这些数据。函数 $f_1()$ 需要一些改变，加强分类的性能。

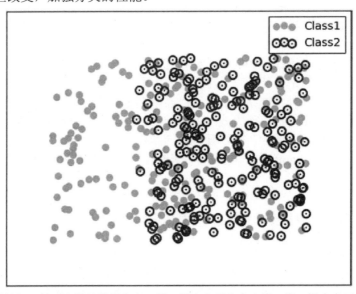

图 5-1　使用 $f_1()$ 的两个类的数据分布。类 1 样本表示为实心圆，类 2 样本表示为空心圆

为解决这个问题，我们使用 $f_1()$ 的结果作为另一个函数 $f_2()$ 的输入。对于输入样本 s_1，最终特征为函数链 $f_2(f_1(s_1))$ 的结果。数据分布如图 5-2 所示。看起来结果比前一个更强。比起第一个案例，由于第二个类中的一些样本非常清晰地与第一个类区分开来，因此重叠的百分比缩小了。尽管如此，两个类之间依然存在重叠。我们的目标是划分数据，这样同一个类中的样本可以临近，并且与另一个类的样本远离。

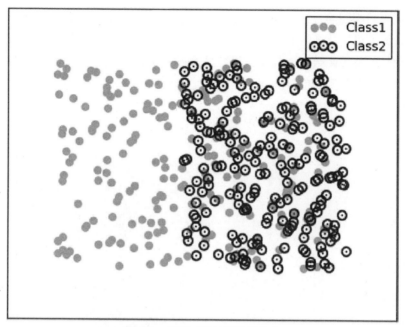

图 5-2　使用 $f_2(f_1())$ 的数据分布

为提高分类的结果，我们可以使用 $f_2()$ 的输出作为另一个函数 $f_3()$ 的输入，这样函数链为 $f_3(f_2(f_1()))$。根据图 5-3，其结果比前两种情况好。

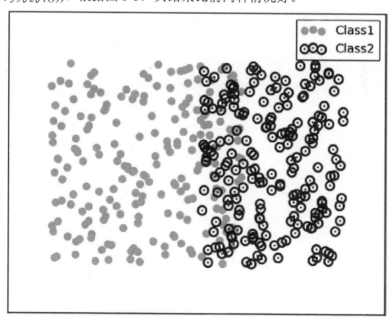

图 5-3　$f_3(f_2(f_1()))$ 的数据分布

通过采用相同的方式并使用函数 $f_4()$，我们找到了可接受的结果，如图 5-4 所示。此时，我们可以构建一种非常简单的线性分类器来划分数据。我们可能注意到，在构建了健壮的特征函数后，分类变得容易。与糟糕的特征函数比较(如图 5-1 所示)，后者需要使用非常复杂的分类器。

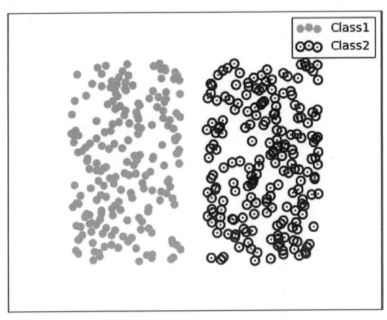

图 5-4 正确分离数据后的线性分类

前面的讨论总结了深度学习模型的目标，即自动特征转换。目标为创建特征转换函数，将数据样本从糟糕的状态(即执行机器学习任务比较复杂)转换为另一个状态(即任务比较简单)。

CNN 是本书的焦点，它接收纯图形像素，自行找到最佳特征集，正确分类数据。CNN 中的每个层都将数据从一个状态转换为另一个状态以提高性能。ANN 的妙处在于，这是一个通用的函数逼近器，可以逼近任何类型的函数。每个函数都有参数集，即权重和偏差。一个函数(例如层)的输出是另一个函数(例如层)的输入。我们可以持续扩展人工神经网络架构，直到分类性能最佳。例如，我们可以将先前讨论的每一步都与隐藏层相关联，因此网络具有如图 5-5 所示的架构。这就表明了隐藏层的用处，同时这也是 ANN 新手的烦恼所在。

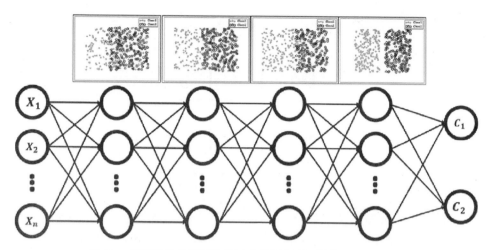

图 5-5 使用线性分类器将类区分的数据进行转换所需的 ANN

下一节将讨论如何从 ANN 中推导出 CNN，以及在图像分析中 CNN 如何比传统的 ANN 更有效。

5.1.2 卷积的推导

图像分析具有许多挑战，如分类、对象检测、识别、描述等。例如，如果创建一个图像分类器，那么这个分类器应该能够以高正确率进行工作，即使图像有一些变化(如阻塞、光照变化、视角等)。传统的图像分类步骤使用了特征工程的主要步骤，不适合工作在富于变化的环境中。即使是这个领域的专家也不能够给出单个或一组特征，使得在不同的变化下达到高的正确率。特征学习的概念就来自这个问题，它自动学习能够分类图片的合适的特征。这就是为什么 ANN 是其中一种能够执行图像分析的健壮方式的原因。基于学习算法(如 GD)，ANN 自动学习图像特征。我们在原始图片上应用 ANN，ANN 负责生成描述图片的特征。

1. 使用完全连接网络进行图像分析

让我们来了解 ANN 如何分类图片，以及针对图 5-6 所示的 3×3 灰度图像，CNN 为什么在时间和内存要求上更有效率。所给出的示例使用较小的图片尺寸和较少的神经元数目以简化处理。

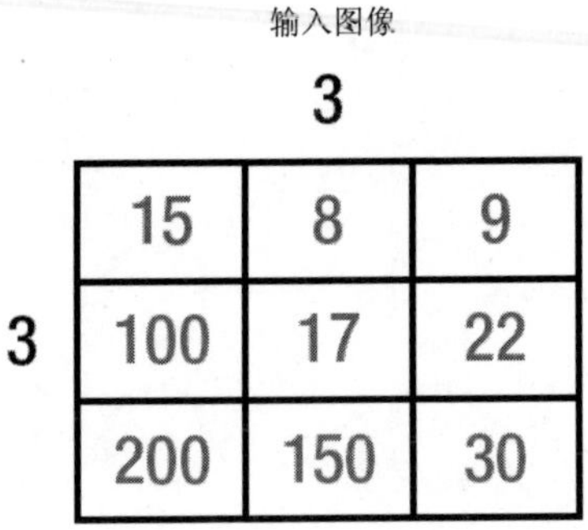

输入图像
3
3
15
8
9
100
17
22
200
150
30

图 5-6　将小图片作为 FC 神经网络的输入

ANN 输入层的输入为图像像素。每个像素表示一个输入。因为 ANN 使用 1D 向量，而不是 2D 矩阵，所以我们最好将先前的 2D 图像转换为 1D 向量，如图 5-7 所示。

输入图像
3
3
15
8
9
100
17
22
200
150
30
9 像素
输入层
15
8
9
100
17
22
200
150
30

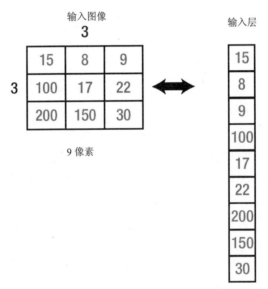

图 5-7　从 2D 图像到 1D 向量

我们将每个像素映射到向量中的元素。向量中的每个元素表示为 ANN 中的一个神经元。因为图像具有 3×3 = 9 个像素，所以输入层中有 9 个神经元。将向量表示为行或列都无关紧要，但 ANN 通常水平扩展，其中的每一层都使用列向量表示。

在准备了 ANN 的输入后，接下来我们添加隐藏层，学习如何将图像像素转换为表示特征。假设存在具有 16 个神经元的单个隐藏层，如图 5-8 所示。

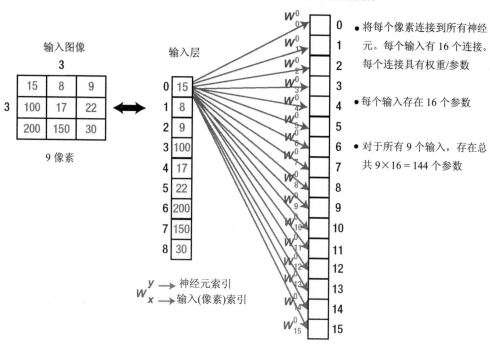

图 5-8　单个输入神经元与所有隐藏层神经元的连接

由于网络是全连接网络，这意味着层 i 的每个神经元连接到了层 i-1 的所有神经元。因此，我们将隐藏层的每个神经元连接到输入层的所有 9 个像素。换句话说，将每个输入像素连接到隐藏层的 16 个神经元，其中每个连接具有对应的唯一参数。通过将每个像素与隐藏层的所有神经元连接，对于图 5-9 所示的小型网络而言，就有 $9 \times 16 = 144$ 个参数或权重。

2. 大量的参数

在全连接的网络中，参数的数目似乎可以接受。但是随着图像像素数目和隐藏层的增加，这个数字会大大增加。

例如，如果这个网络具有两个隐藏层，分别具有 90 和 50 个神经元，那么输入层和第一个隐藏层之间的参数数目为 $9 \times 90 = 810$。两个隐藏层之间的参数数目为 $90 \times 50 = 4500$。这个网络中的参数总数目为 $810 + 4500 = 5310$。对于此类网络而言，这是个大数目。另一个案例是尺寸为 32×32(1024 个像素)的非常小的图片。如果网络仅使用具有 500 个神经元的单个隐藏层进行操作，那么总共有 $1024 \times 500 = 512\ 000$ 个参数(权重)。这对于分析小图片而仅具有单个隐藏层的网络而言是个大数字。我们必须找到解决方法，降低参数的数目。这时 CNN 扮演了至关重要的角色。它创建了一个非常大的网络，但却使用了比全连接网络少的参数。

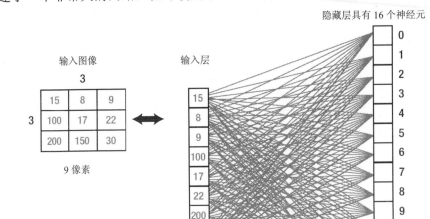

图 5-9　将所有输入神经元与所有隐藏层神经元连接

3. 神经元分组

使得参数的数目即使对于小型网络而言也变得非常巨大的问题在于，完全连接网络在连续层的每两个神经元之间都添加了参数。它不是在每两个神经元之间分配单个参数，而是将单个参数分配给一个块或一组神经元，如图 5-10 所示。图 5-8 中具有索引 0 的像素连接到了前 4 个神经元(索引为 0、1、2 和 3)，使用 4 个不同的权重。如果神经元按照 4 个一组的方式进行分组，如图 5-10 所示，那么同一组内的所有神经元都会被分配一个单一的参数。

因此，图 5-10 中索引 0 的像素将使用相同的权重连接到图 5-11 中的前 4 个神经元。我们将相同的参数分配给每 4 个连续的神经元。因而，参数的数目缩小为原来的四分之一。每个输入神经元将有 16/4=4 个参数。整个网络将有 144/4=36 个参数。这减少了 75%的参数。这样已经不错，但是我们依然有可能减少更多的参数。

隐藏层有 16 个神经元

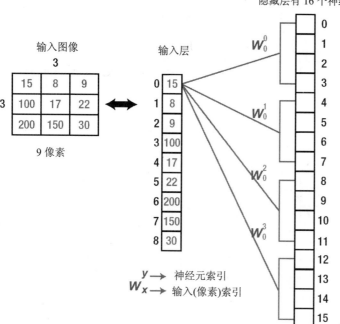

- 将单个参数分配给一组神经元而不是单个神经元，这样就可以减少大量的参数

- 如果创建了四神经元组，那么参数的数目将缩小为原来的四分之一

- 因此，每个输入具有 4 个参数，而不是 6 个参数

- 参数的总数从 144 减少到 36

图 5-10　使用相同的权重将每 4 个隐藏神经元进行分组

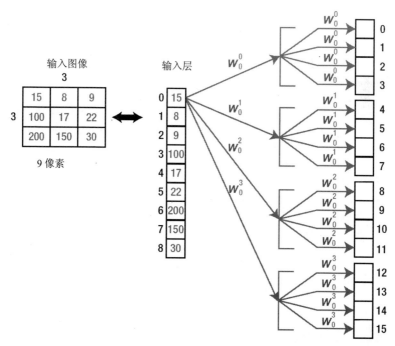

图 5-11　同一组中的所有神经元使用相同的权重

由于有 4 组神经元，这意味着在本层中有 4 个过滤器。因此，本层的输出具有等于 3 的第 3 个维度，这意味着将会返回 3 个过滤的图片。CNN 的目标是为此类过滤器找出最佳值，使得每个输入图片与其类标签相关联。

图 5-12 显示了每个像素到每组第一个神经元的唯一连接。也就是说，所有缺失的连接仅是现存连接的副本。可以想象，由于网络依然是全连接网络，因此每个像素与每组中的每个神经元都存在连接，如图 5-9 所示。

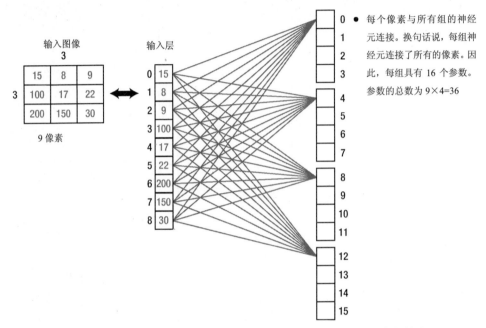

图 5-12　在隐藏神经元分组后，输入层和隐藏层之间的独特连接变得较少

为简单起见，除了所有像素与第一组中的第一个像素之间的连接，忽略所有其他连接，如图 5-13 所示。看起来每一组依然与所有 9 个像素连接，因此将有 9 个参数。这有可能减少此神经元连接的像素数目。

4. 像素空间相关性

当前配置使得每个神经元接收所有像素。如果存在接收 4 个输入的函数 $f(x1,x2,x3,x4)$，则意味着基于所有这 4 个输入做出决策。如果函数仅使用两个输入，但给出了与使用所有 4 个输入相同的结果，那么我们不必使用所有 4 个输入。仅使用给出所需结果的两个输入就足够了。这与先前的情况相同。每个神经元接收所有 9 个像素作为输入。如果使用较少的像素返回相同或更好的结果，那么我们应该使用较少的像素。

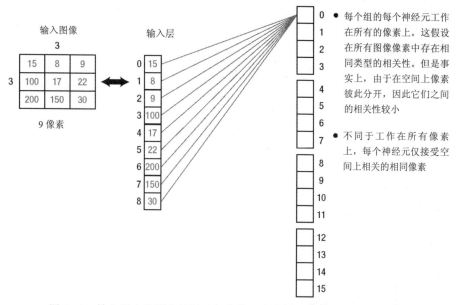

图 5-13　输入层中的所有神经元与隐藏层内的第一组神经元之间的连接

通常，在图像分析中，每个像素与其周围的像素(例如邻居)高度相关。两个像素之间的距离越大，它们就越不相关。例如，在图 5-14 所示的摄像师图片中，面部内部的像素与围绕它的面部像素相关。但是，它与天空或地面的像素相关性较低。

图 5-14　摄影师图片

基于这种假设，由于使用空间相关的像素比较合理，因此在先前的示例中，每个神经元仅接收在空间上相关的像素。不需要对每个神经元应用所有的 9 个像素，我们可以仅选择 4 个空间上相关的像素，如图 5-15 所示。图像中位于(0,0)位置的列向量的索引为 0 的第一个像素及其空间上相关的三个像素作为第一个神经元的输入。基于输入图像，该像素空间上最相关的 3 个像素是索引为(0,1)、(1,0)和(1,1)的三个像素。因此，神经元只接收 4 个像素，而不是 9 个像素。由于同一组中的所有神经元共享相同的参数，因此每个组中的 4 个神经元仅有 4 个参数，而不是 9 个参数。总的参数数目为 4×4=16。与图 5-9 中的全连接网络相比，这减少了 144-16=128 个参数(即减少了 88.89%)。

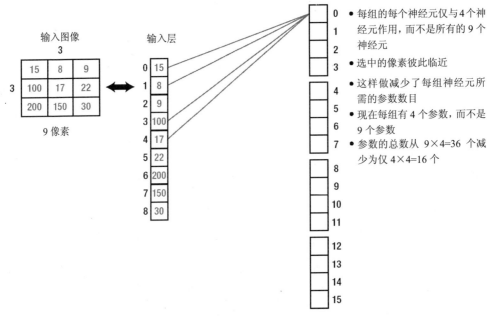

图 5-15　将第一组中相关的像素连接到第一组

5. CNN 中的卷积

此时，我们要回答，比起全连接网络，为什么在时间和内存上 CNN 都比较有效率。较少参数的使用允许增加 CNN 的深度，增加多个层和大量的神经元，这在全连接网络中是不可能的。接下来是理解 CNN 中卷积的概念。

现在，我们仅有 4 个分配给同一块中所有神经元的权重。这 4 个权重如何覆盖 9 个像素？让我们来了解它是如何工作的。

图 5-16 显示了先前的网络(如图 5-15 所示)，但它为连接添加了权重标签。在神经元内部，4 个输入像素中的每一个都乘以其对应的权重。公式如图 5-16 所示。我们最好将这 4 个像素和权重可视化为矩阵，如图 5-16 所示。通过将权重矩阵与当前的四像素集逐个元素地相乘，可以获得先前的结果。在实践中，卷积掩模的大小应为奇数，如 3×3。为便于演示，我们在此示例中使用 2×2 掩模。

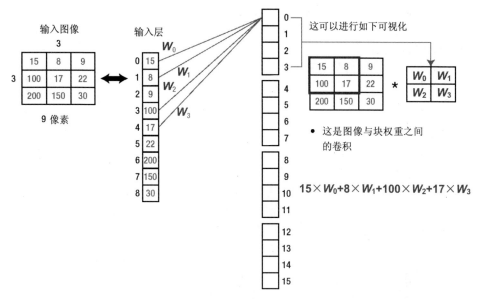

图 5-16　为每个连接添加权重并将它们可视化为矩阵

移动到索引为 1 的下一个神经元，它将与另一空间相关的像素集一起工作，使用与索引为 0 的神经元相同的权重。同样，索引为 2 和 3 的神经元与其他两个空间相关的像素集一同工作，如图 5-17 所示。看起来组中的第一个神经元是从左上角的像素开始，然后选择围绕它的一些像素。组中的最后一个神经元工作在右下角的像素以及周围的像素上。中间的神经元可以进行调整选择中间的像素。这种行为与组的权重集合和图像的权重集合之间的卷积相同。这就是 CNN 使用术语"卷积"的原因。

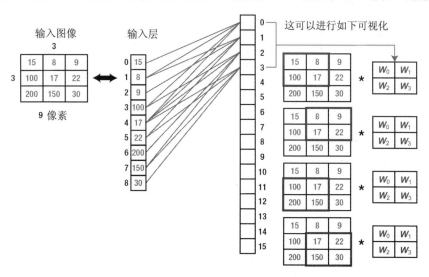

图 5-17　突出显示每组相关的像素以及它们的权重矩阵

对于剩余的神经元组使用相同的程序。每组的第一个神经元从左上角及其周围像素开始。每组的最后一个神经元工作在右下角及其周围的像素上。中间的神经元工作在中间的像素上。

在理解了 CNN 如何从 ANN 中衍生后，我们可以举个示例，在输入图像和过滤器(即权重集)之间执行卷积并生成结果。

5.1.3　设计 CNN

在示例中，我们使用 CNN 进行设计，共有三种形状：长方形、三角形和圆形。每种形状使用 4×4 矩阵显示，如图 5-18 所示，其中 1 表示白色，0 表示黑色。目标是当存在矩形时，返回 1；在其他情形下，返回 0。我们如何做到这一点？

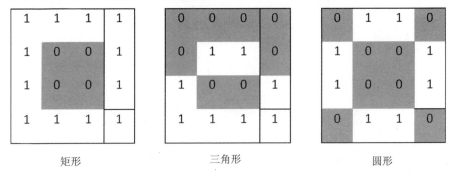

矩形　　　　　　　　　三角形　　　　　　　　　圆形

图 5-18　由 4×4 矩阵表示的矩形、三角形和圆形。像素 1 为白色，像素 0 为黑色

当开始设计 CNN 时，第一步是确定层的数目以及每层内的过滤器数目。通常情况下，CNN 具有多个卷积层，但是我们从仅使用这一层开始。读者可以自行测试，解决这个问题。

首先，卷积层检查我们所寻找的形状结构的构建块。因此，读者自问的第一个问题是，与三角形和圆形比较，矩形有什么特殊之处。矩形具有 4 条边，两条垂直，两条水平。我们可以从此类信息中获益。但是，也要注意，矩形中所存在的属性不应该存在于其他形状中。其他形状具有不同的属性。三角形和圆形都不具有两条水平边和两条垂直边。

下一个问题是如何让卷积层识别到边的存在。记住，CNN 从识别形状的单个元素开始，然后将这些元素连接起来。因此，我们不是想找到 4 条边，也不是想找到两条平行的垂直边和两条平行的水平边，而是识别任何垂直或水平边。此时，问题变得更具体。我们如何识别垂直或水平边？可以使用梯度轻松地完成这个任务。

第一层有一个过滤器寻找水平边，有另一个过滤器寻找垂直边。如图 5-19 所示，这些过滤器为 3×3 的矩阵。我们知道第一个卷积层使用多少个过滤器，同时也知道这些过滤器是什么。我们选择 3×3 的过滤器尺寸的理由是，它让水平和垂直边的结构显而易见。

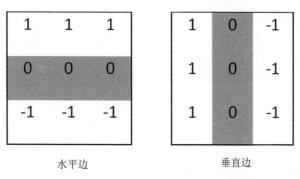

水平边　　　　　　　　　垂直边

图 5-19　识别水平和垂直边的大小为 3×3 的过滤器

在如图 5-19 所示的矩阵上应用这些过滤器后,卷积层能够识别垂直边(如图 5-20 所示)和水平边(如图 5-21 所示)。这个层能够识别矩形中的水平边和垂直边,它也能够识别三角形中的水平底边。但是在圆中没有边。当前, CNN 具有两个候选矩形,即至少具有一条边的形状。尽管确定第三个形状不可能为矩形, CNN 还是必须将其传播给其他层,直到在最后一层做出决定。由于在第一个卷积层中使用两个过滤器,因此得到两个输出,每个过滤器一个输出。

矩形　　　　　　　三角形　　　　　　　圆形

图 5-20　识别到的黑色垂直边

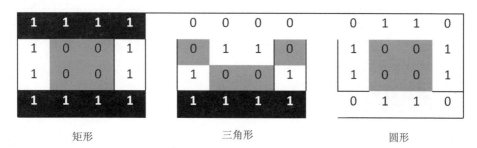

矩形　　　　　　　三角形　　　　　　　圆形

图 5-21　识别到的黑色水平边

下一个卷积层接收第一个卷积层的结果,并基于这个结果继续工作。让我们重复第一层中所问的相同问题。所使用的过滤器数目是多少？它们的结构是什么？基于矩形结构，我们发现每个水平边都连接到垂直边。因为存在两条水平边，所以这要求使用两个尺寸为 3×3 的过滤器，如图 5-22 所示。

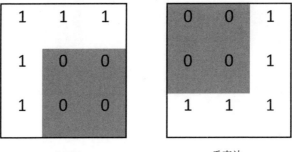

1 1 1
1 0 0
1 0 0
0 0 1
0 0 1
1 1 1
水平边
垂直边

图 5-22　识别连接的水平和垂直边且尺寸为 3×3 的过滤器

在卷积层 1 的结果上应用这些过滤器后，第二个卷积层使用过滤器后的结果分别如图 5-23 和图 5-24 所示。关于矩形，过滤器能够找到所要求的两条边并将它们连接起来。在三角形中，仅有一个水平边，没有垂直边与它连接。因此，三角形不存在正输出。

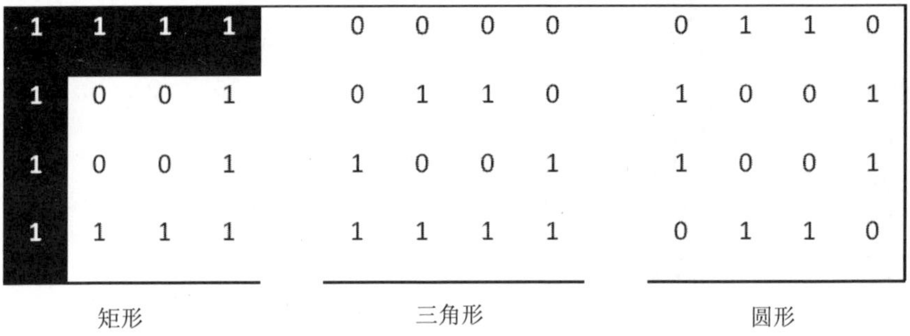

1 1 1 1
1 0 0 1
1 0 0 1
1 1 1 1
0 0 0 0
0 1 1 0
1 0 0 1
1 1 1 1
0 1 1 0
1 0 0 1
1 0 0 1
0 1 1 0
矩形
三角形
圆形

图 5-23　第二层第一个过滤器的结果(使用黑色表示)

1 1 1 1
1 0 0 1
1 0 0 1
1 1 1 1
0 0 0 0
0 1 1 0
1 0 0 1
1 1 1 1
0 1 1 0
1 0 0 1
1 0 0 1
0 1 1 0
矩形
三角形
圆形

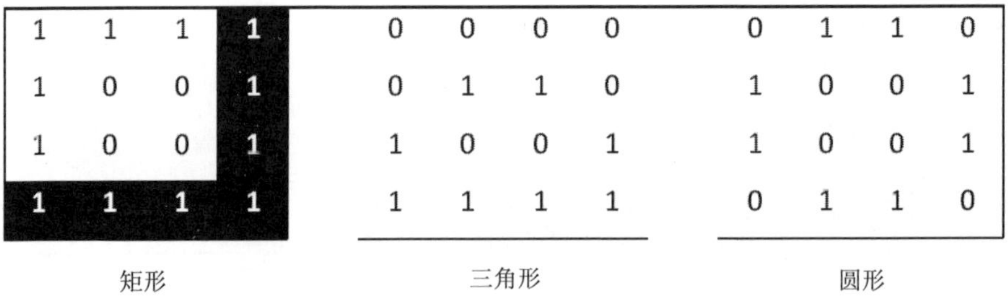

图 5-24　第二层第二个过滤器的结果(使用黑色表示)

基于当前的结果，我们还未识别到矩形，但尽管如此，到目前为止，我们的工作进行得不错。我们将单条边连接到了更有意义的结构上。现在，我们距离识别完整的图形仅差一步，就是将图 5-23 和图 5-24 中的边连接起来。结果如图 5-25 所示。

矩形　　　　　　　　　　　三角形　　　　　　　　　　圆形

图 5-25　第二个卷积层连接所识别形状后的结果

不过，我们是人工地做这项工作。我们需要引导 CNN，告诉它要使用的过滤器。而在通常的问题中，并不是这种情况。CNN 将自己找到过滤器。我们只是使用正确的过滤器尽量简化事情。记住，这些过滤器和不同层之间连接的权重由 CNN 自动调整。因此，找到正确的滤波器意味着找到正确的权重。这就将我们现在所学的内容与先前我们所理解的联系到了一起。

5.1.4　池化操作

卷积运算只是找到了掩模和相同尺寸图像部分的点积作为过滤器。如果过滤器匹配图像的一部分，那么 SOP 会比较高。假设应用卷积运算的输出如图 5-26 所示。

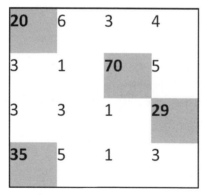

图 5-26　卷积运算的结果

阴影区域是图像部分与所使用的过滤器高度匹配的部分。注意，这里存在两条信息。

● 高分的存在意味着关注区域(ROI)存在于图像中。
● 高分的位置告诉我们图像中过滤器和图像部分匹配的位置。

　　但是，我们对这两条信息感兴趣吗？答案是否定的。我们仅对第一条信息感兴趣。这是因为 CNN 的唯一目标就是告诉我们目标对象是否存在于图像中。我们对如何定位它不感兴趣。

　　因此，如果确切位置不是我们所关心的问题，那我们可以避免存储此类的空间信息。例如，我们可以说，图像中存在关注区域，但不要储存确切位置。如果我们这样做，先前的矩阵尺寸将会缩小，如图 5-27 所示。

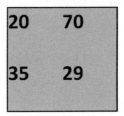

图 5-27　卷积运算的结果

　　由于图像部分确切匹配位置的额外信息对我们而言不重要，因此我们可以摆脱这个额外信息。我们仅保留有关匹配存在的信息。我们通过保留卷积输出矩阵的最大值来做到这一点。找到高分就说明存在匹配。

　　但是，如何减小矩阵大小呢？举个例子，我们通过保留每个 2×2 区域的最大值来做到这一点。我们将此操作称为最大池化。

　　通过应用最大池化操作，可对计算时间和内存要求有一个非常重要的改进。我们无须在内存中保留 4×4 的矩阵，而是将其缩小一半，成为 2×2 的矩阵。比起保留 16 个值，我们只需要保留 4 个值，这节省了内存。而且，由于该最大池化操作的输出将成为另一个卷积操作的输入，这极大减少了时间。这个卷积操作将会工作在 2×2 大小的矩阵上，而不是 4×4 大小的矩阵上。

　　应用最大池化操作有助于我们减少计算时间和内存需求，移除 CNN 中对我们不重要的杂散特征(例如匹配发生的确切位置)。这个操作使得 CNN 具有平移不变性。

5.1.5　卷积操作示例

　　本小节将提供如何在 2D 图像的 8×8 尺寸的样本上应用卷积操作的示例，如图 5-28 所示。我们在卷积中应用单个过滤器，即水平梯度检测器，如图 5-19 所示。通过将过滤器与每个像素对中并将过滤器中的每个元素与图像中的对应像素相乘，在新图像内部返回这些乘积的和来应用卷积。

65	84	215	175	72	253	19	250
162	103	70	97	66	94	90	39
150	40	106	47	247	86	92	75
197	14	239	23	220	139	58	148
5	2	68	108	201	165	237	161
90	246	235	253	36	180	107	136
1	239	110	208	200	29	176	151
123	177	129	171	224	77	84	70

图 5-28　在尺寸为 8×8 的图像样本上应用卷积操作

由于过滤器的大小为 3×3，其每个元素与图像内部的元素相乘，因此在将过滤器与任何像素对中后，必须存在元素对应于过滤器中的每个元素。很明显，这不能工作在图像的边界(即最左边和最右边的列以及顶行和底行)上，如图 5-28 中标记为灰色的部分所示。此种情况下，存在两种解决方案。第一种解决方案是使用 0 填充额外的行和列，继续使用像素工作；换句话说，如果过滤器不存在对应的图像像素，则将每个元素乘以 0。这将生成与原始图像相等大小的输出图像。

这种情况下，根据公式 5-1 计算填充顶部和底部边界所需的行数。根据公式 5-2 计算左右两列所填充的列数。对于我们的示例而言，过滤器大小为 3×3，那么要填充两行和两列。

$$\text{Padding}_{\text{rows}}=\text{floor}(\text{Filter}_{\text{rows}}/2) \qquad (\text{式 5-1})$$

$$\text{Padding}_{\text{cols}}=\text{floor}(\text{Filter}_{\text{cols}}/2) \qquad (\text{式 5-2})$$

大多数情况下，过滤器中的行数和列数均为奇数。这有助于我们定位中心像素，在该处插入 SOP。

第二种解决方案是避免在图像边界上工作。这种情况下，所得到的图像的尺寸小于原始图像的尺寸。分别根据公式 5-3 和公式 5-4，计算输出图像的行数和列数。对于尺寸为 8×8 的输入图像而言，结果图像大小为 6×6。

$$\text{NewSize}_{\text{rows}}=\text{OldSize}_{\text{rows}}-2x\text{Padding}_{\text{rows}} \qquad (\text{式 5-3})$$

$$\text{NewSize}_{\text{cols}}=\text{OldSize}_{\text{cols}}-2x\text{Padding}_{\text{cols}} \qquad (\text{式 5-4})$$

假定不使用填充，那么操作的第一个像素是位于第 2 行和第 2 列的像素，值为 103。将此像素与过滤器对中并将每个元素与对应的像素相乘，SOP 如下所示：

$$SOP=65(1)+84(0)+215(-1)+162(1)+103(0)+70(-1)+150(1)+40(0)+106(-1)=-14$$

将此结果插入新图像，像素所在位置为左上的第 1 行第 1 列。在计算了一个像素的输出后，下一步是移动过滤器，获得另一个像素。我们将所需的移动数目称为步幅。步幅为 1 表示将一次移动过滤器一行(列)。在当前步骤中，过滤器将会向右移动一列，并且它与第 2 行第 3 列的像素(值为 70)对中。步幅为 2 表示将一次移动过滤器两行(列)，因此当前像素将为 97。

使用步幅 1，继续计算第 1 行(从列 2 到列 7)所有像素的 SOP。在每次计算 SOP 后，将过滤器向下移动一行，因此当前的像素为 40，位于第 3 行第 2 列。使用步幅 1 的未填充的最后结果如图 5-29 所示。

-14	-92	6	-114	184	69
94	-10	-118	-152	293	57
-61	-122	-255	-212	281	6
-250	-122	85	-100	55	39
-317	**-82**	**-24**	195	-83	-74
-260	**30**	**14**	346	93	-71

图 5-29　在尺寸为 8×8 的图像上应用尺寸为 3×3 的过滤器的卷积输出

5.1.6　最大池化操作示例

假定存在一个卷积层，生成先前的结果，如图 5-29 所示，并且这个层连接到了最大池化层，让我们计算其输出。

最大池化层选择一组像素，保留它们的最大值，概括为单一像素。如果使用大小为 2×2 的掩模，这将从左上角标记为灰色的 4 个像素开始，如图 5-29 所示。它们的最大值为 94，即为输出值。类似于卷积操作，最大池化操作将移动掩模，工作在另外 4 个像素上，因此这需要步幅。池化层的步幅值最小等于 2。理由在于，步幅值为 1 将会重复值，而没有输出，这是没有意义的。在图 5-29 的使用黑色突出显示的像素中，对于前两列进行最大池化操作的结果为 30。使用步幅 1，将掩模向右移动一列，对使用黑色突出显示的前两列使用这种操作的结果也是 30。值 30 出现了两次。返回相同的值两次对我们有帮助吗？第一次返回值 30 意味着在卷积过滤器和图像之间存在匹配，等于 30。我们得到了该信息。没有必要再重复。使用步幅

1 将使用更多的参数返回我们不感兴趣的重复结果。因此，步幅值为 2 对我们才有意义。

在图 5-29 的卷积结果的基础上使用最大池化操作的结果如图 5-30 所示。

94	6	293
-61	85	281
30	364	93

图 5-30　使用 2×2 大小掩模的最大池化输出

5.2　使用 NumPy 从头开始构建 CNN

CNN 是用于分析多维信号(如图像)的最先进的技术。目前有实现 CNN 的各种库，如 TensorFlow(TF)和 Keras。这些库将开发者与一些细节分离，仅提供抽象的应用程序接口(API)，使得开发者的生活更轻松，在实现中避免了复杂性。但是，在实践中，此类的细节可能会有一定的用途。有时，数据科学家要仔细查看这些细节以加强性能。这种情况下，解决方案是自行构建模型的每一块，以给网络提供最高级别的控制。

我们建议实现这样的模型，从而对模型有一个更好的理解。有些想法看起来很清晰，但是实际情况可能并非如此，除非你亲自去编程。在学习了 CNN 的工作机制后，实现这样的模型就容易了。本节将介绍如何仅使用 NumPy 从头开始实现 CNN。因此，让我们实现 CNN，将其输出与 TF 进行比较以验证实现是否正确。

本节仅使用 NumPy 库创建 CNN。我们将创建三层：卷积层、ReLU 层和最大/平均池化层。所涉及的主要步骤如下所示。

(1) 读取输入图像。

(2) 准备过滤器。

(3) 卷积层：基于输入图像，使用每个过滤器进行卷积操作。

(4) ReLU 层：基于特征图(卷积层的输出)，应用 ReLU 激活函数。

(5) 最大池化层：基于 ReLU 层的输出，应用池化操作。

(6) 堆叠卷积层、ReLU 层和最大池化层。

5.2.1　读取输入图像

代码清单 5-1 读取 Python 库 skimage 中已经存在的图像，将其转换成灰度图。

代码清单 5-1 读取图像

```
import skimage.data
# Reading the image
img = skimage.data.chelsea()
# Converting the image into gray.
img = skimage.color.rgb2gray(img)
```

本示例使用 Python 库 skimage 中已经存在的图像。我们使用 skimage.data.chelsea()调用该图像。注意，这个调用隐式读取了 skimage 库安装目录中名为 chelsea.png 的图像文件。我们也可以通过传递路径给 skimage.data.imread(fname)来读取图像。例如，如果库位于 Lib\site-packages\skimage\data\中，那么我们可以按如下所示读取图像。

```
img=skimage.data.chelsea("\AhmedGad\Anaconda3\Lib\site-packages\
skimage\data\chelsea.png")
```

读取图像是第一步，因为下一步取决于输入的大小。转换为灰度图的图像如图 5-31 所示。

输入图像

图 5-31 使用 skimage.data.chelsea()读取原始灰度图

5.2.2 准备过滤器

下面的代码行是为第一卷积层(简称为 l1)准备过滤器组：

```
l1_filter = numpy.zeros((2,3,3))
```

根据过滤器数目和每个过滤器的尺寸创建 0 数组。这里创建了两个尺寸为 3×3

的过滤器；这就是为什么 0 数组的尺寸为(2=num_filters,3=num_rows_filter, 3=num_columns_filter)。由于输入图像为灰度图，没有深度，因此将过滤器的尺寸选择为 2D 数组，而不使用深度。如果图像是具有 3 个通道的 RGB，那么过滤器的尺寸必须为(3,3,3=depth)。

我们通过先前的 0 数组指定了过滤器组的尺寸，但没有指定过滤器的实际值。我们可以覆盖值以检测垂直和水平边缘，如下所示：

```
l1_filter[0, :, :] = numpy.array([[[-1, 0, 1],
                                   [-1, 0, 1],
                                   [-1, 0, 1]]])
l1_filter[1, :, :] = numpy.array([[[1, 1, 1],
                                   [0, 0, 0],
                                   [-1, -1, -1]]])
```

5.2.3 卷积层

在准备了过滤器后，下一步是使用过滤器对输入图像进行卷积操作。这下一行代码是调用 conv 函数，使用过滤器组对图像进行卷积操作。

```
l1_feature_map = conv(img, l1_filter)
```

这个函数只接收两个参数(图像和过滤器组)，如代码清单 5-2 所示。

代码清单 5-2　使用单个过滤器对图像进行卷积操作

```
def conv(img, conv_filter):
  if len(img.shape) > 2 or len(conv_filter.shape) > 3: # Check if number
  of image channels matches the filter depth.
    if img.shape[-1] != conv_filter.shape[-1]:
      print("Error: Number of channels in both image and filter must
      match.")
      sys.exit()
  if conv_filter.shape[1] != conv_filter.shape[2]:
    print('Error: Filter must be a square matrix, i.e., number of rows
    and columns must match.')
    sys.exit()
  if conv_filter.shape[1]%2==0: # Check if filter dimensions are odd.
    print('Error: Filter must have an odd size, i.e., number of rows
    and columns must be odd.')
    sys.exit()
```

```
# An empty feature map to hold the output of convolving the filter(s)
with the image.
feature_maps = numpy.zeros((img.shape[0]-conv_filter.shape[1]+1,
                            img.shape[1]-conv_filter.shape[1]+1,
                            conv_filter.shape[0]))

# Convolving the image by the filter(s).
for filter_num in range(conv_filter.shape[0]):
    print("Filter ", filter_num + 1)
    curr_filter = conv_filter[filter_num, :] # getting a filter from
    the bank.

    # Checking if there are multiple channels for the single filter.
    # If so, then each channel will convolve the image.
    # The result of all convolutions is summed to return a single
    feature map.

    if len(curr_filter.shape) > 2:
      conv_map = conv_(img[:, :, 0], curr_filter[:, :, 0]) # Array
      holding the sum of all feature maps.
      for ch_num in range(1, curr_filter.shape[-1]): # Convolving
      each channel with the image and summing the results.
        conv_map = conv_map + conv_(img[:, :, ch_num],
                          curr_filter[:, :, ch_num])
      else: # There is just a single channel in the filter.
        conv_map = conv_(img, curr_filter)
      feature_maps[:, :, filter_num] = conv_map # Holding feature map
      with the current filter.
    return feature_maps # Returning all feature maps.
```

这个函数首先确保每个过滤器的深度等于图像通道的数目。在下面的代码中，外部的 if 检查通道和过滤器的深度，如果深度已经存在，那么内部的 if 检查它们是否相等。如果不匹配，则退出脚本。

```
if len(img.shape) > 2 or len(conv_filter.shape) > 3: # Check if number of
image channels matches the filter depth.
    if img.shape[-1] != conv_filter.shape[-1]:
        print("Error: Number of channels in both image and filter must
        match.")
```

```
sys.exit()
```

此外，过滤器的大小应为奇数，过滤器的维度必须相等(即行数和列数都为奇数且相等)。根据以下的两个 if 块对此进行检查。如果不满足这些条件，则退出脚本。

```
if conv_filter.shape[1] != conv_filter.shape[2]: # Check if filter
dimensions are equal.
  print('Error: Filter must be a square matrix, i.e., number of rows and
  columns must match.')
  sys.exit()
if conv_filter.shape[1]%2==0:
  print('Error: Filter must have an odd size, i.e., number of rows and
  columns must be odd.')
  sys.exit()
```

不满足先前代码中的任何一个条件证明了过滤器的深度与图像适合，可以准备应用卷积。使用过滤器对图像进行卷积操作从初始化保留卷积输出(即特征图)的数组开始，基于以下代码指定其尺寸。

```
# An empty feature map to hold the output of convolving the filter(s) with
the image.
feature_maps = numpy.zeros((img.shape[0]-conv_filter.shape[1]+1,
                            img.shape[1]-conv_filter.shape[1]+1,
                            conv_filter.shape[0]))
```

由于不存在步幅或填充，特征图的尺寸等于(img_rows-filter_rows+1, image_columns-filter_columns+1, num_filters)，如先前代码所示。注意，对于组中的每个过滤器，都存在一个输出特征图。这就是为什么我们使用过滤器组中的过滤器数目(conv_filter.shape[0])指定尺寸作为第 3 个参数。在卷积操作的输入和输出都准备就绪后，下一步是应用它，如代码清单 5-3 所示。

代码清单 5-3 使用过滤器对图像进行卷积操作

```
# Convolving the image by the filter(s).
for filter_num in range(conv_filter.shape[0]):
    print("Filter ", filter_num + 1)
    curr_filter = conv_filter[filter_num, :] # getting a filter from
    the bank.

    # Checking if there are multiple channels for the single filter.
    # If so, then each channel will convolve the image.
```

```
# The result of all convolutions is summed to return a single
feature map.

if len(curr_filter.shape) > 2:
   conv_map = conv_(img[:, :, 0], curr_filter[:, :, 0]) # Array
   holding the sum of all feature maps.
   for ch_num in range(1, curr_filter.shape[-1]): # Convolving
   each channel with the image and summing the results.
       conv_map = conv_map + conv_(img[:, :, ch_num],
                          curr_filter[:, :, ch_num])
else: # There is just a single channel in the filter.
    conv_map = conv_(img, curr_filter)
   feature_maps[:, :, filter_num] = conv_map # Holding feature map
   with the current filter.
return feature_maps # Returning all feature maps.
```

如下列这一行代码所示，外部循环迭代遍历过滤器组中的每个过滤器，返回过滤器，为下一步做准备。

```
curr_filter = conv_filter[filter_num, :] # getting a filter from the
bank.
```

如果要进行卷积操作的图像多于一个通道，那么过滤器深度必须等于通道数目。这种情况下，使用过滤器中对应的通道对每个图像通道进行卷积操作以完成卷积动作。最终，结果的和就是输出的特征图。如果图像仅有单一的通道，那么卷积就变得直截了当。在 if-else 代码块中确定这个动作。

```
if len(curr_filter.shape) > 2:
   conv_map = conv_(img[:, :, 0], curr_filter[:, :, 0]) # Array holding
   the sum of all feature map
   for ch_num in range(1, curr_filter.shape[-1]): # Convolving each
   channel with the image and summing the results.
       conv_map = conv_map + conv_(img[:, :, ch_num],
                          curr_filter[:, :, ch_num])
else: # There is just a single channel in the filter.
   conv_map = conv_(img, curr_filter)
```

你可能注意到，我们使用称为 conv_的函数应用卷积，它与 conv 函数不同。函数 conv 仅接收输入图像和过滤器组，但是自己不应用卷积。它仅传递输入-过滤器对组给 conv_函数进行卷积操作。这仅使得我们更方便检查代码。代码清单 5-4 给出了 conv_函数的实现。

代码清单 5-4 使用所有过滤器对图像进行卷积操作

```
def conv_(img, conv_filter):
    filter_size = conv_filter.shape[1]
    result = numpy.zeros((img.shape))
    #Looping through the image to apply the convolution operation.
    for r in numpy.uint16(numpy.arange(filter_size/2.0,
                        img.shape[0]-filter_size/2.0+1)):
        for c in numpy.uint16(numpy.arange(filter_size/2.0,
                                    img.shape[1]-filter_
                                    size/2.0+1)):
        # Getting the current region to get multiplied with the filter.
        # How to loop through the image and get the region based on
        # the image and filer sizes is the most tricky part of
        convolution.

        curr_region = img[r-numpy.uint16(numpy.floor(filter_
        size/2.0)):r+numpy.uint16(numpy.ceil(filter_size/2.0)),
                    c-numpy.uint16(numpy.floor(filter_
                    size/2.0)):c+numpy.uint16(numpy.ceil(filter_
                    size/2.0))]
        #Element-wise multiplication between the current region and the
        filter.
        curr_result = curr_region * conv_filter
        conv_sum = numpy.sum(curr_result) #Summing the result of
        multiplication.
        result[r, c] = conv_sum #Saving the summation in the
        convolution layer feature map.

    #Clipping the outliers of the result matrix.
    final_result=result[numpy.uint16(filter_size/2.0):result.shape[0]-
    numpy.uint16(filter_size/2.0),
                    numpy.uint16(filter_size/2.0):result.shape[1]-
                    numpy.uint16(filter_size/2.0)]
    return final_result
```

根据下一行代码，它遍历图像并提取出与过滤器相同尺寸的区域。

```
curr_region=img[r-numpy.uint16(numpy.floor(filter_size/2.0)):r+numpy.
uint16(numpy.ceil(filter_size/2.0)),
                  c-numpy.uint16(numpy.floor(filter_
                  size/2.0)):c+numpy.uint16(numpy.ceil(filter_
                  size/2.0))]
```

然后，根据下一行代码，它将区域和过滤器逐个元素相乘，将结果求和，得到单个值作为输出。

```
#Element-wise multiplication between the current region and the filter.
curr_result = curr_region * conv_filter
conv_sum = numpy.sum(curr_result)
result[r, c] = conv_sum
```

使用每个过滤器对输入图像进行卷积后，conv 函数返回特征图。图 5-32 显示了该卷积层返回的特征图。在本章结束时，代码清单 5-9 将显示该代码中所讨论的所有层的结果。

L1-Map1

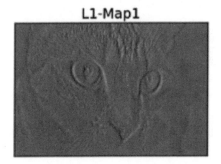

L1-Map2

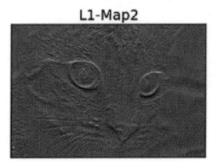

图 5-32 第一个卷积层输出的特征图

此类层的输出将应用于 ReLU 层。

5.2.4 ReLU 层

ReLU 层对卷积层返回的每个特征图应用 ReLU 激活函数。根据下一行代码，我们调用 relu 函数完成这个动作。

```
l1_feature_map_relu = relu(l1_feature_map)
```

代码清单 5-5 实现了 relu 函数。

代码清单 5-5 ReLU 的实现

```
def relu(feature_map):
    #Preparing the output of the ReLU activation function.
```

```
relu_out = numpy.zeros(feature_map.shape)
for map_num in range(feature_map.shape[-1]):
    for r in numpy.arange(0,feature_map.shape[0]):
        for c in numpy.arange(0, feature_map.shape[1]):
            relu_out[r,c,map_num]=numpy.max([feature_map[r,c,map_
            num],0])
return relu_out
```

这个函数非常简单，仅是循环遍历特征图中的每个元素。如果特征图中的原始值大于 0，则返回该值；否则返回 0。ReLU 层的输出如图 5-33 所示。

图 5-33　在第一层卷积层的输出上应用 ReLU 层的输出

在 ReLU 层的输出上应用最大池化层。

5.2.5　最大池化层

根据下一行代码，最大池化层接收 ReLU 层的输出并应用最大池化操作。

```
l1_feature_map_relu_pool = pooling(l1_feature_map_relu, 2, 2)
```

根据代码清单 5-6，我们使用 pooling 函数实现这个操作。

代码清单 5-6　最大池化的实现

```
def pooling(feature_map, size=2, stride=2):
    #Preparing the output of the pooling operation.
    pool_out=numpy.zeros((numpy.uint16((feature_map.shape[0]-size+1)/
    stride+1),numpy.uint16((feature_map.shape[1]-size+1)/stride+1),
    feature_map.shape[-1]))
for map_num in range(feature_map.shape[-1]):
    r2 = 0
    for r in numpy.arange(0,feature_map.shape[0]-size+1, stride):
      c2 = 0
      for c in numpy.arange(0, feature_map.shape[1]-size+1, stride):
          pool_out[r2, c2, map_num] = numpy.max([feature_
```

```
                map[r:r+size, c:c+size]])
            c2 = c2 + 1
        r2 = r2 +1
    return pool_out
```

该函数接收三个输入：ReLU 层的输出、池化掩模尺寸和步幅。和前面一样，这简单地创建一个空数组并保留该层的输出。根据尺寸和步幅参数指定数组大小，如下列代码所示。

```
pool_out = numpy.zeros((numpy.uint16((feature_map.shape[0]-size+1)/
stride+1),
                        numpy.uint16((feature_map.shape[1]-size+1)/
                        stride+1),
                        feature_map.shape[-1]))
```

然后，根据使用循环变量 map_num 的外部循环，它逐个通道遍历输入。对于输入中的每个通道，应用最大池化操作。根据下列这行代码，基于所使用的步幅和尺寸裁剪区域，返回区域中的最大值。

```
pool_out[r2, c2, map_num] = numpy.max(feature_map[r:r+size,
c:c+size])
```

池化层的输出如图 5-34 所示。注意，池化层输出的大小比输入小，尽管在图中它们看起来同样大小。

L1-Map1ReLUPool

L1-Map2ReLUPool

图 5-34　应用到第一个 ReLU 层的输出的池化层输出

5.2.6　堆叠层

至此，具有卷积层、ReLU 层和最大池化层的 CNN 架构就完成了。可能有一些额外的其他层叠加在先前的层上，如代码清单 5-7 所示。

代码清单 5-7　构建 CNN 架构

```
# Second conv layer
l2_filter=numpy.random.rand(3,5,5,l1_feature_map_relu_pool.shape[-1])
```

```
print("\n**Working with conv layer 2**")
l2_feature_map = conv(l1_feature_map_relu_pool, l2_filter)
print("\n**ReLU**")
l2_feature_map_relu = relu(l2_feature_map)
print("\n**Pooling**")
l2_feature_map_relu_pool = pooling(l2_feature_map_relu, 2, 2)
print("**End of conv layer 2**\n")
```

先前的卷积层使用三个过滤器，它们的值随机生成。这就是卷积层的结果存在三个特征图的原因。这对于顺接下来的 ReLU 层和池化层也是相同的。这些层的输出如图 5-35 所示。

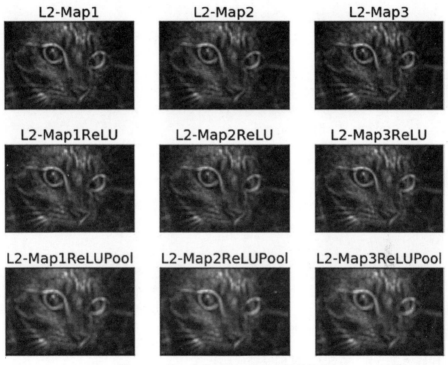

图 5-35　第二个卷积-ReLU-池化层的输出

根据代码清单 5-8，我们添加额外的卷积、ReLU 和池化层扩展 CNN 的架构。图 5-36 显示了这些层的输出。卷积层仅接收一个过滤器。这就是仅存在一个特征图作为输出的原因。

L3-Map1   **L3-Map1ReLU**   **L3-Map1ReLUPool**

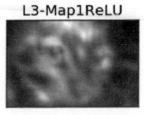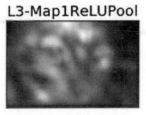

图 5-36　第三个卷积-ReLU-池化层的输出

代码清单 5-8　继续构建 CNN 架构

```
# Third conv layer
l3_filter=numpy.random.rand(1,7,7,l2_feature_map_relu_pool.shape[-1])
print("\n**Working with conv layer 3**")
l3_feature_map = conv(l2_feature_map_relu_pool, l3_filter)
print("\n**ReLU**")
l3_feature_map_relu = relu(l3_feature_map)
print("\n**Pooling**")
l3_feature_map_relu_pool = pooling(l3_feature_map_relu, 2, 2)
print("**End of conv layer 3**\n")
```

但是请记住，前一层的输出是下一层的输入。例如，下列这些代码行接收先前的输出作为它们的输入。

```
l2_feature_map = conv(l1_feature_map_relu_pool, l2_filter)
l3_feature_map = conv(l2_feature_map_relu_pool, l3_filter)
```

5.2.7　完整代码

代码清单 5-9 给出了实现 CNN 的示例并可视化每个层的结果。它包含了使用 Matplotlib 库可视化每一层输出的代码。这个项目的完整代码在 GitHub(https://github.com/ahmedfgad/NumPyCNN)上可以访问。

代码清单 5-9　实现 CNN 的完整代码

```
import skimage.data
import numpy
import matplotlib
import sys

def conv_(img, conv_filter):
    filter_size = conv_filter.shape[1]
```

```
    result = numpy.zeros((img.shape))
    #Looping through the image to apply the convolution operation.
    for r in numpy.uint16(numpy.arange(filter_size/2.0,
                    img.shape[0]-filter_size/2.0+1)):
        for c in numpy.uint16(numpy.arange(filter_size/2.0,
                    img.shape[1]-filter_
                    size/2.0+1)):

            # Getting the current region to get multiplied with the filter.
            # How to loop through the image and get the region based on
            # the image and filer sizes is the most tricky part of
            convolution.

            curr_region = img[r-numpy.uint16(numpy.floor(filter_
            size/2.0)):r+numpy.uint16(numpy.ceil(filter_size/2.0)),
                    c-numpy.uint16(numpy.floor(filter_
                    size/2.0)):c+numpy.uint16(numpy.ceil(filter_
                    size/2.0))]
            #Element-wise multiplication between the current region and the
            filter.
            curr_result = curr_region * conv_filter
            conv_sum = numpy.sum(curr_result) #Summing the result of
            multiplication.
            result[r, c] = conv_sum #Saving the summation in the
            convolution layer feature map.

    #Clipping the outliers of the result matrix.
    final_result=result[numpy.uint16(filter_size/2.0):result.shape[0]-
            numpy.uint16(filter_size/2.0), numpy.uint16(filter_
            size/2.0):result.shape[1]-numpy.uint16(filter_size/2.0)]
    return final_result
def conv(img, conv_filter):
    if len(img.shape) > 2 or len(conv_filter.shape) > 3:
        if img.shape[-1] != conv_filter.shape[-1]:
            print("Error: Number of channels in both image and filter must
            match.")
            sys.exit()
    if conv_filter.shape[1] != conv_filter.shape[2]:
```

```
        print('Error:Filter must be a square matrix, i.e., number of rows
        and columns must match.')
        sys.exit()
    if conv_filter.shape[1]%2==0:
        print('Error: Filter must have an odd size, i.e., number of rows
        and columns must be odd.')
        sys.exit()

    # An empty feature map to hold the output of convolving the filter(s)
    with the image.
    feature_maps = numpy.zeros((img.shape[0]-conv_filter.shape[1]+1,
                                img.shape[1]-conv_filter.shape[1]+1,
                                conv_filter.shape[0]))

    # Convolving the image by the filter(s).
    for filter_num in range(conv_filter.shape[0]):
      print("Filter ", filter_num + 1)
      curr_filter = conv_filter[filter_num, :] # getting a filter from
      the bank.

      # Checking if there are multiple channels for the single filter.
      # If so, then each channel will convolve the image.
      # The result of all convolutions is summed to return a single
      feature map.

      if len(curr_filter.shape) > 2:
          conv_map = conv_(img[:, :, 0], curr_filter[:, :, 0]) # Array
          holding the sum of all feature maps.
          for ch_num in range(1, curr_filter.shape[-1]): # Convolving
          each channel with the image and summing the results.
              conv_map = conv_map + conv_(img[:, :, ch_num],
                                  curr_filter[:, :, ch_num])
      else: # There is just a single channel in the filter.
          conv_map = conv_(img, curr_filter)
      feature_maps[:, :, filter_num] = conv_map # Holding feature map
      with the current filter.
    return feature_maps # Returning all feature maps.
```

```python
def pooling(feature_map, size=2, stride=2):
    #Preparing the output of the pooling operation.
    pool_out=numpy.zeros((numpy.uint16((feature_map.shape[0]-size+1)/
    stride+1), numpy.uint16((feature_map.shape[1]-size+1)/stride+1),
    feature_map.shape[-1]))
    for map_num in range(feature_map.shape[-1]):
        r2 = 0
        for r in numpy.arange(0,feature_map.shape[0]-size+1, stride):
            c2 = 0
            for c in numpy.arange(0,feature_map.shape[1]-size+1,stride):
                pool_out[r2, c2, map_num] = numpy.max([feature_
                map[r:r+size, c:c+size]])
                c2 = c2 + 1
            r2 = r2 +1
    return pool_out


def relu(feature_map):
    #Preparing the output of the ReLU activation function.
    relu_out = numpy.zeros(feature_map.shape)
    for map_num in range(feature_map.shape[-1]):
        for r in numpy.arange(0,feature_map.shape[0]):
            for c in numpy.arange(0, feature_map.shape[1]):
                relu_out[r, c, map_num] = numpy.max([feature_map[r, c, map_
                num], 0])
    return relu_out


# Reading the image
#img = skimage.io.imread("fruits2.png")
img = skimage.data.chelsea()
# Converting the image into gray.
img = skimage.color.rgb2gray(img)


# First conv layer
#l1_filter = numpy.random.rand(2,7,7)*20 # Preparing the filters
randomly.
l1_filter = numpy.zeros((2,3,3))
l1_filter[0, :, :] = numpy.array([[[-1, 0, 1],
                                    [-1, 0, 1],
```

```
                                                  [-1, 0, 1]]])
l1_filter[1, :, :] = numpy.array([[[1, 1, 1],
                                   [0, 0, 0],
                                   [-1, -1, -1]]])


print("\n**Working with conv layer 1**")
l1_feature_map = conv(img, l1_filter)
print("\n**ReLU**")
l1_feature_map_relu = relu(l1_feature_map)
print("\n**Pooling**")
l1_feature_map_relu_pool = pooling(l1_feature_map_relu, 2, 2)
print("**End of conv layer 1**\n")


# Second conv layer
l2_filter = numpy.random.rand(3, 5, 5, l1_feature_map_relu_pool.shape[-1])
print("\n**Working with conv layer 2**")
l2_feature_map = conv(l1_feature_map_relu_pool, l2_filter)
print("\n**ReLU**")
l2_feature_map_relu = relu(l2_feature_map)
print("\n**Pooling**")
l2_feature_map_relu_pool = pooling(l2_feature_map_relu, 2, 2)
print("**End of conv layer 2**\n")


# Third conv layer
l3_filter = numpy.random.rand(1, 7, 7, l2_feature_map_relu_pool.shape[-1])
print("\n**Working with conv layer 3**")
l3_feature_map = conv(l2_feature_map_relu_pool, l3_filter)
print("\n**ReLU**")
l3_feature_map_relu = relu(l3_feature_map)
print("\n**Pooling**")
l3_feature_map_relu_pool = pooling(l3_feature_map_relu, 2, 2)
print("**End of conv layer 3**\n")


# Graphing results
fig0, ax0 = matplotlib.pyplot.subplots(nrows=1, ncols=1)
ax0.imshow(img).set_cmap("gray")
ax0.set_title("Input Image")
ax0.get_xaxis().set_ticks([])
```

```
ax0.get_yaxis().set_ticks([])
matplotlib.pyplot.savefig("in_img.png", bbox_inches="tight")
matplotlib.pyplot.close(fig0)

# Layer 1
fig1, ax1 = matplotlib.pyplot.subplots(nrows=3, ncols=2)
ax1[0, 0].imshow(l1_feature_map[:, :, 0]).set_cmap("gray")
ax1[0, 0].get_xaxis().set_ticks([])
ax1[0, 0].get_yaxis().set_ticks([])
ax1[0, 0].set_title("L1-Map1")

ax1[0, 1].imshow(l1_feature_map[:, :, 1]).set_cmap("gray")
ax1[0, 1].get_xaxis().set_ticks([])
ax1[0, 1].get_yaxis().set_ticks([])
ax1[0, 1].set_title("L1-Map2")

ax1[1, 0].imshow(l1_feature_map_relu[:, :, 0]).set_cmap("gray")
ax1[1, 0].get_xaxis().set_ticks([])
ax1[1, 0].get_yaxis().set_ticks([])
ax1[1, 0].set_title("L1-Map1ReLU")

ax1[1, 1].imshow(l1_feature_map_relu[:, :, 1]).set_cmap("gray")
ax1[1, 1].get_xaxis().set_ticks([])
ax1[1, 1].get_yaxis().set_ticks([])
ax1[1, 1].set_title("L1-Map2ReLU")

ax1[2, 0].imshow(l1_feature_map_relu_pool[:,:,0]).set_cmap("gray")
ax1[2, 0].get_xaxis().set_ticks([])
ax1[2, 0].get_yaxis().set_ticks([])
ax1[2, 0].set_title("L1-Map1ReLUPool")

ax1[2, 1].imshow(l1_feature_map_relu_pool[:,:,1]).set_cmap("gray")
ax1[2, 0].get_xaxis().set_ticks([])
ax1[2, 0].get_yaxis().set_ticks([])
ax1[2, 1].set_title("L1-Map2ReLUPool")

matplotlib.pyplot.savefig("L1.png", bbox_inches="tight")
matplotlib.pyplot.close(fig1)
```

```
# Layer 2
fig2, ax2 = matplotlib.pyplot.subplots(nrows=3, ncols=3)
ax2[0, 0].imshow(l2_feature_map[:, :, 0]).set_cmap("gray")
ax2[0, 0].get_xaxis().set_ticks([])
ax2[0, 0].get_yaxis().set_ticks([])
ax2[0, 0].set_title("L2-Map1")

ax2[0, 1].imshow(l2_feature_map[:, :, 1]).set_cmap("gray")
ax2[0, 1].get_xaxis().set_ticks([])
ax2[0, 1].get_yaxis().set_ticks([])
ax2[0, 1].set_title("L2-Map2")

ax2[0, 2].imshow(l2_feature_map[:, :, 2]).set_cmap("gray")
ax2[0, 2].get_xaxis().set_ticks([])
ax2[0, 2].get_yaxis().set_ticks([])
ax2[0, 2].set_title("L2-Map3")

ax2[1, 0].imshow(l2_feature_map_relu[:, :, 0]).set_cmap("gray")
ax2[1, 0].get_xaxis().set_ticks([])
ax2[1, 0].get_yaxis().set_ticks([])
ax2[1, 0].set_title("L2-Map1ReLU")

ax2[1, 1].imshow(l2_feature_map_relu[:, :, 1]).set_cmap("gray")
ax2[1, 1].get_xaxis().set_ticks([])
ax2[1, 1].get_yaxis().set_ticks([])
ax2[1, 1].set_title("L2-Map2ReLU")

ax2[1, 2].imshow(l2_feature_map_relu[:, :, 2]).set_cmap("gray")
ax2[1, 2].get_xaxis().set_ticks([])
ax2[1, 2].get_yaxis().set_ticks([])
ax2[1, 2].set_title("L2-Map3ReLU")

ax2[2, 0].imshow(l2_feature_map_relu_pool[:,:,0]).set_cmap("gray")
ax2[2, 0].get_xaxis().set_ticks([])
ax2[2, 0].get_yaxis().set_ticks([])
ax2[2, 0].set_title("L2-Map1ReLUPool")

ax2[2, 1].imshow(l2_feature_map_relu_pool[:,:,1]).set_cmap("gray")
```

```
ax2[2, 1].get_xaxis().set_ticks([])
ax2[2, 1].get_yaxis().set_ticks([])
ax2[2, 1].set_title("L2-Map2ReLUPool")

ax2[2, 2].imshow(l2_feature_map_relu_pool[:,:,2]).set_cmap("gray")
ax2[2, 2].get_xaxis().set_ticks([])
ax2[2, 2].get_yaxis().set_ticks([])
ax2[2, 2].set_title("L2-Map3ReLUPool")

matplotlib.pyplot.savefig("L2.png", bbox_inches="tight")
matplotlib.pyplot.close(fig2)

# Layer 3
fig3, ax3 = matplotlib.pyplot.subplots(nrows=1, ncols=3)
ax3[0].imshow(l3_feature_map[:, :, 0]).set_cmap("gray")
ax3[0].get_xaxis().set_ticks([])
ax3[0].get_yaxis().set_ticks([])
ax3[0].set_title("L3-Map1")

ax3[1].imshow(l3_feature_map_relu[:, :, 0]).set_cmap("gray")
ax3[1].get_xaxis().set_ticks([])
ax3[1].get_yaxis().set_ticks([])
ax3[1].set_title("L3-Map1ReLU")

ax3[2].imshow(l3_feature_map_relu_pool[:, :, 0]).set_cmap("gray")
ax3[2].get_xaxis().set_ticks([])
ax3[2].get_yaxis().set_ticks([])
ax3[2].set_title("L3-Map1ReLUPool")
```

在 CNN 中存在多个可用的层，在先前的层中很容易添加新的层。例如，我们可以丢弃最后一层中一定比例的神经元来实现丢弃层。全连接层仅将最后一层的结果转换为 1D 向量。

至此，本章就结束了，我们期望你已掌握完整的 CNN 背景信息。

第 6 章

■ ■ ■

TensorFlow 在图像识别中的应用

如先前所做的，使用 NumPy 从头构建深度学习模型(如 CNN)确实有助于我们较好地理解每一层如何工作。对于实践应用，我们不推荐使用这样的实现。其中一个原因是，在计算方面，这是计算密集型的，需要花费精力优化代码。另一个原因是，这不支持分布式处理、GPU 和其他许多特性。另外，我们已经拥有了不同的库以提高时间效率的方式支持这些特性。这些库包括 TF、Keras、Theano、PyTorch、Caffe 等。

本章首先使用 CNN 为简单的线性模型和二元分类器构建和可视化计算图，从头介绍 DL 库 TF。使用 TensorBoard(TB)可视化计算图。使用 TF-Layers API 创建 CNN 模型，应用先前讨论的概念识别 CIFAR10 数据集的图像。

6.1 TF 简介

目前有不同的编程范式或样式构建软件程序。它们包括：连续型，即将程序构建为连续的代码行集合，使之从起始行执行到结束行；函数型，即将代码组织成可以多次调用的函数集；命令型，告诉计算机关于程序如何工作的每个详细步骤。一种程序语言可能支持不同的范式。但是，这些范式有缺点，即依赖编写代码的语言。

另一种范式为数据流。数据流语言将它们的程序表示为文本指令，描述计算步骤(从接收数据到返回结果)。数据流程序可以可视化为显示运算及其输入和输出的图。由于数据流语言更容易推导出可以同时执行的独立运算，因此它支持并行处理。

TensorFlow 这个名字由两个单词组成。第一个为 tensor，即 TF 在其计算中所使用的数据单元；第二个为 flow，反映出它使用数据流范式。因此，TF 构建了计算图，该计算图包含表示为张量(tensor)的数据和应用在张量上的运算。为了让事情易于理解，请记住 TF 不使用变量和方法，而使用张量和运算。

以下是在 TF 中使用数据流的一些优点。

- 并行度：这样比较容易确定能够并行执行的运算。
- 分布式执行：TF 程序可以跨多个装置(CPU、GPU 和 TPU)划分任务。TF 本身处理装置之间通信和合作所必需的工作。

- 可移植性：数据流图使用与语言无关的模型的代码表示。我们可以使用
  Python 创建和保存数据流图，然后在 C++ 程序中恢复此数据流图。

TF 提供了多种 API；每种 API 支持不同级别的控制。最低级别的 API 称为 TF Core，它为程序员提供能力来控制每一片代码，对所创建的模型有更好的控制能力。

但是，在 TF 中也有一些较高级别的 API，通过为经常使用的任务提供简单的接口(如 Estimators、TF-Layers 和 TF-Learn)，使得事情更加容易。所有较高级别的 API 都建立在 TF Core 之上。例如，TF Estimators 是 TF 中的高级别 API，比起 TF Core，它创建模型要容易得多。

6.1.1 张量

张量是 TF 中的基本数据单元，它与 NumPy 中的数组类似。张量由原始数据类型集组成，如整数、浮点、字符和字符串，通过这些数据类型形成数组。

张量具有秩和形状。表 6-1 给出了一些张量的示例，显示了它们的秩和形状。

表 6-1 TF 张量的秩和形状

张量	秩	形状
5	0	()
[4, 8]	1	(2)
[[3, 1, 7], [1, 5, 2]]	2	(2,2)
[[[8, 3]], [[11, 9]]]	2	(2,1,2)

张量的秩为其维数。张量的形状类似于 NumPy 数组的形状。NumPy 数组形状返回每个维度中元素的数目，这也是张量形状的工作方式。但是张量的秩仅返回维数，这与 NumPy 数组的 ndim 属性类似。张量秩仅是标量值，表示张量中的维数，而形状是元组，例如(4,3)表示具有两个维度的数组，其中这些维的大小分别为 4 和 3。

让我们从 TF Core 开始学习。

6.1.2 TF Core

为创建 TF Core 程序，有两个步骤。

(1) 构建计算图。

(2) 运行计算图。

TF 使用数据流图表示程序中的计算。在指定了计算序列后，在本地或远程机器的一个 TF 会话中执行该计算序列。假设图 6-1 表示具有 4 个运算(A、B、C、D)的图，其中输入被送入运算 A，然后传递到运算 D。仅执行图中选中的部分是可能的，我们没有要求运行整幅图。例如，通过指定会话执行的目标为运算 C，然后程序就会运行，直到到达运算 C 的结果。这样，就不会执行到运算 D。同时，如果运

算 B 是目标，那么运算 C 和 D 都不会被执行。

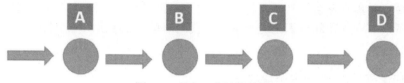

图 6-1　具有 4 个运算的图

使用 TF Core API 需要理解数据流图和会话如何工作。使用高级 API(如 Estimators) 会对用户隐藏一些开销。不过理解图和会话如何工作反过来有助于理解高级 API 是如何实现的。

6.1.3　数据流图

数据流图由节点和边组成。节点表示运算单元。边表示运算节点的输入和输出。例如，tensorflow.matmul()方法接收两个输入张量，将它们进行相乘，返回输出张量。运算本身使用连接两条边的单个节点表示，每个输入张量一条边。同时，存在表示输出张量的一条边。稍后，我们可以看到如何使用 TB 构建计算图。

一种特殊的节点是常数，它接收 0 张量作为输入。常数节点返回的输出是内部存储的值。代码清单 6-1 创建了类型为 float32 的单个常数节点并打印出来。

代码清单 6-1　常数节点

```
import tensorflow
tensor1 = tensorflow.constant(3.7, dtype=tensorflow.float32)
print(tensor1)
```

当打印出常数节点时，其结果为：

```
Tensor("Const:0", shape=(), dtype=float32)
```

基于 print 语句的输出，有三件事情需要注意。

- shape 为()，这意味着张量的秩为 0。
- 输出张量拥有值为 Const:0 的字符串，这个字符串是张量的名称。由于我们使用张量的名称从图中获取张量值，因此张量名称是非常重要的一个属性。这也是在 TF 图中打印出来的标签。参数张量的默认名为 Const。附加到这个字符串后的 0 定义了它是第一个返回的输出。有一些运算返回多个输出。我们分配第一个输出为 0，第二个输出为 1，以此类推。
- print 语句不打印值 3.7，但是打印节点本身。只有在评估节点后，才打印值。

1. 张量名称

在图中可能存在多个常数张量。出于这个原因，TF 在字符串 Const 后附加数字，在图中的所有参数之间标识出这个常数。代码清单 6-2 给出了一个带有 3 个常数的示例并打印它们。

代码清单 6-2　创建三个常数

```
import tensorflow

tensor1 = tensorflow.constant(value=3.7, dtype=tensorflow.float32)
tensor2 = tensorflow.constant(value=[[0.5], [7]], dtype=tensorflow.float32)
tensor3 = tensorflow.constant(value=[[12, 9]], dtype=tensorflow.float32)
print(tensor1)
print(tensor2)
print(tensor3)
```

下面是三个打印语句的结果：

```
Tensor("Const:0", shape=(), dtype=float32)
Tensor("Const_1:0", shape=(2, 1), dtype=float32)
Tensor("Const_2:0", shape=(1, 2), dtype=float32)
```

第一个张量的名称为 Const:0。为了将它与其他张量区分开来，我们在字符串 Const 后附加了下画线和数字。例如，第二个张量的名称为 Const_1:0。数字 1 是图中该常数的标识符。但是，我们可以利用 name 属性改变张量的名称，如代码清单 6-3 所示。

代码清单 6-3　使用 name 属性设置张量的名称

```
import tensorflow

tensor1 = tensorflow.constant(value=3.7, dtype=tensorflow.float32,
name"firstConstant")
tensor2 = tensorflow.constant(value=[[0.5], [7]], dtype=tensorflow.float32,
name"secondConstant")
tensor3 = tensorflow.constant(value=[[12, 9]], dtype=tensorflow.float32,
name"thirdConstant")
print(tensor1)
print(tensor2)
print(tensor3)
```

三个 print 语句的结果如下所示：

```
Tensor("firstConstant:0", shape=(), dtype=float32)
Tensor("secondConstant:0", shape=(2, 1), dtype=float32)
Tensor("thirdConstant:0", shape=(1, 2), dtype=float32)
```

由于每个张量都被赋予唯一的名称，因此没有必要在字符串后附加数字。如果相同的名称属性值用于多个张量中，那么要使用数字，如代码清单 6-4 所示。值 myConstant 赋给了前两个张量，因此第二个张量要附加上数字 1。

代码清单 6-4　具有相同名称属性值的两个张量

```
import tensorflow

tensor1 = tensorflow.constant(value=3.7, dtype=tensorflow.float32,
name"myConstant")
tensor2 = tensorflow.constant(value=[[0.5], [7]], dtype=tensorflow.float32,
name"myConstant")
tensor3 = tensorflow.constant(value=[[12, 9]], dtype=tensorflow.float32,
name"thirdConstant")
print(tensor1)
print(tensor2)
print(tensor3)
```

代码清单 6-4 的结果如下所示：

```
Tensor("myConstant:0", shape=(), dtype=float32)
Tensor("myConstant_1:0", shape=(2, 1), dtype=float32)
Tensor("thirdConstant:0", shape=(1, 2), dtype=float32)
```

在代码清单 6-5 中，tensorflow.nn.top_k 运算用于返回向量的最大的 K 个值。换句话说，这个运算返回多个值作为输出。基于输出字符串，将字符串 TopKV2 赋给两个输出，但在冒号后面跟上不同的数字。第一个输出得到数字 0，第二个输出得到数字 1。

代码清单 6-5　返回多个输出的运算

```
import tensorflow
aa = tensorflow.nn.top_k([1, 2, 3, 4], 2)
print(aa)
```

打印输出为：

```
TopKV2(values=<tf.Tensor 'TopKV2:0' shape=(2,) dtype=int32>, indices=<tf.
Tensor 'TopKV2:1' shape=(2,) dtype=int32>)
```

到现在为止，我们已经能够打印出张量，但没有评估其结果。让我们创建 TF 会话来评估运算。

2. 创建 TF 会话

TF 使用 tensorflow.Session 类表示客户程序(通常为 Python 程序)和运行环境之间的连接。tensorflow.Session 对象提供在本地机器中对设备的访问，以及使用分布式 TF 运行环境访问远程设备。它也缓存有关 tensorflow.Graph 的信息，这样我们就可以有效率地重新运行相同的图。代码清单 6-6 创建了一个 TF 会话，可评估单个常数张量的结果。我们将待评估的张量赋给 fetches 属性。

我们创建了会话,使用名为 sess 的变量将其返回。在使用 tensorflow.Session.run() 方法运行会话评估张量 tensor1 后，结果为 3.7，这是一个常量值。这个方法运行 tensorflow.Operation 并评估 tensorflow.Tensor。它通过将张量输入一个列表中并将这个列表分配给 fetches 属性，接收并评估多个张量。

代码清单 6-6　评估单个常数张量

```
import tensorflow


tensor1 = tensorflow.constant(value=3.7, dtype=tensorflow.float32)
sess = tensorflow.Session()
print(sess.run(fetches=tensor1))
sess.close()
```

由于 tensorflow.Session 拥有物理资源(如 CPU、GPU 和网络连接)，因此在执行完成后，它必须释放这些资源。根据代码清单 6-6，我们必须使用 tensorflow.Session. close()手动退出会话，释放这些资源。还有另一种方式创建会话，如果使用这种方式，则会话可以自动关闭。这就是使用 with 代码块创建会话，如代码清单 6-7 所示。当在 with 代码块中创建会话时，一旦到代码块外部，会话会自动关闭。

代码清单 6-7　使用 with 代码块创建会话

```
import tensorflow


tensor1 = tensorflow.constant(value=3.7, dtype=tensorflow.float32)

with tensorflow.Session() as sess:
    print(sess.run(fetches=tensor1))
```

在 tensorflow.Session.run()方法中，我们也可以指定多个张量，获得它们的输出，如代码清单 6-8 所示。

代码清单 6-8　评估多个张量

```
import tensorflow

tensor1 = tensorflow.constant(value=3.7, dtype=tensorflow.float32)
tensor2 = tensorflow.constant(value=[[0.5], [7]], dtype=tensorflow.float32)
tensor3 = tensorflow.constant(value=[[12, 9]], dtype=tensorflow.float32)

with tensorflow.Session() as sess:
    print(sess.run(fetches=[tensor1, tensor2, tensor3]))
```

以下是三个已评估张量的输出。

```
3.7
array([[ 0.5], [7.]], dtype=float32)
array([[ 12., 9.]], dtype=float32)
```

前面的例子只是打印张量的评估结果。它可以存储这样的值并在程序中重用它们。代码清单 6-9 在 results 张量中返回评估结果。

代码清单 6-9　评估多个张量

```
import tensorflow

node1 = tensorflow.constant(value=3.7, dtype=tensorflow.float32)
node2 = tensorflow.constant(value=7.7, dtype=tensorflow.float32)
node3 = tensorflow.constant(value=9.1, dtype=tensorflow.float32)

with tensorflow.Session() as sess:
    results = sess.run(fetches=[node1, node2, node3])

vIDX = 0
for value in results:
    print("Value ", vIDX, " : ", value)
    vIDX = vIDX + 1
```

由于存在三个待评估的张量，因此所有三个输出都被存储到 results 张量中，即一个列表中。通过使用 for 循环，我们可以遍历并分别打印每个输出。输出如下所示：

```
Value 0 : 3.7
Value 1 : 7.7
Value 2 : 9.1
```

先前的示例仅评估了常数张量的值，而未应用任何运算。我们可以在此类张量上应用一些运算。代码清单 6-10 创建了两个张量，使用 tensorflow.add 运算将它们加在一起。这个运算接收两个张量，将它们相加。这两个张量必须具有相同的数据类型(即 dtype 属性)。它返回与输入张量相同类型的新张量。使用+运算符等同于使用 tensorflow.add()方法。

代码清单 6-10 使用 tensorflow.add 运算将两个张量相加

```
import tensorflow

tensor1 = tensorflow.constant(value=3.7, dtype=tensorflow.float32)
tensor2 = tensorflow.constant(value=7.7, dtype=tensorflow.float32)

add_op = tensorflow.add(tensor1, tensor2)

with tensorflow.Session() as sess:
    add_result = sess.run(fetches=[add_op])

print("Result of addition : ", add_result)
```

print 语句的输出为:

```
Result of addition : [11.4]
```

在图 6-2 中，代码清单 6-10 中的程序图使用 TB 进行可视化。注意，所有的节点和边都被赋予了标签。这些标签是每个张量和运算的名称。我们使用了默认值。在本章的后面小节中，我们将学习如何使用 TB 可视化图。

图 6-2 使用 TB 可视化图

运算的名称是描述性的，反映了其工作内容，但是张量的名称不是描述性的。我们可以将它们改为 num1 和 num2 并将图可视化，如图 6-3 所示。

图 6-3　改变张量的名称

3. 使用占位符的参数化图

由于使用的是常数张量，因此前面的图是静态的。它始终接收同一输入，每次评估时都生成相同的输出。为能够在每次程序运行时修改输入，我们可以使用 tensorflow.placeholder。换句话说，为使用不同的输入对相同运算进行评估，我们应该使用 tensorflow.placeholder。注意，只有重新运行图，placeholder 才能改变其值。

tensorflow.placeholder 接收三个参数，如下所示。

- dtype：张量所接收的元素的数据类型。
- shape(可选，默认值为 None)：张量内部的数组形状。如果未指定，那么我们可以输入任何形状给张量。
- name(可选，默认值为 None)：运算的名称。

它返回具有这些规范的张量。

我们可以修改先前代码清单 6-10 中的示例，让其使用 tensorflow.placeholder，如代码清单 6-11 所示。先前运行会话时，tensorflow.Session.run()只接受待评估的运算。当使用占位符时，这个方法在 feed_dict 参数中也接收占位符的初始值。feed_dict 参数接收值作为字典，将每个占位符的名称与值进行一一映射。

代码清单 6-11　使用占位符的参数化图

```
import tensorflow


tensor1 = tensorflow.placeholder(dtype=tensorflow.float32, shape=(),
name="num1")
tensor2 = tensorflow.placeholder(dtype=tensorflow.float32, shape=(),
name="num2")


add_op = tensorflow.add(tensor1, tensor2, name="Add_Op")


with tensorflow.Session() as sess:
    add_result = sess.run(fetches=[add_op], feed_dict={tensor1: 3.7,
    tensor2: 7.7})


print("Result of addition : ", add_result)
```

把代码清单 6-10 中的常量所使用的相同值分配给占位符将会返回相同的结果。使用占位符的好处在于可以改变它们的值(即使是在程序内)，但是常量一旦创建就不能改变。

在使用额外的第三个占位符和乘法运算后，代码清单 6-12 在占位符处使用不同值多次运行会话。它使用 for 循环遍历由原生 Python 函数 range()返回的 5 个数字的列表。所有张量的值都被设置为等于列表的值，每次迭代一个值。使用 tensorflow.add 运算将前两个张量的值相加。将求和的结果返回给 add_op 张量。然后，我们使用 tensorflow.multiply 运算将这个值乘以第三个张量。乘法的结果返回给 mul_op 张量。使用*运算符等同于使用 tensorflow.multiply 方法。代码清单 6-11 中的 fetches 参数是 add_op 集合，而在代码清单 6-12 中是 mul_op 集合。

代码清单 6-12　在占位符处使用不同值运行会话

```
import tensorflow

tensor1 = tensorflow.placeholder(dtype=tensorflow.float32, shape=(),
name="num1")
tensor2 = tensorflow.placeholder(dtype=tensorflow.float32, shape=(),
name="num2")
tensor3 = tensorflow.placeholder(dtype=tensorflow.float32, shape=(),
name="num3")
add_op = tensorflow.add(tensor1, tensor2, name="Add_Op")
mul_op = tensorflow.multiply(add_op, tensor3, name="Add_Op")

with tensorflow.Session() as sess:
    for num in range(5):
result = sess.run(fetches=[mul_op], feed_dict={tensor1: num, tensor2: num,
tensor3: num})
    print("Result at iteration ", num, " : ", result)
```

print 语句的输出如下所示：

```
Result at iteration 0 : [0.0]
Result at iteration 1 : [2.0]
Result at iteration 2 : [8.0]
Result at iteration 3 : [18.0]
Result at iteration 4 : [32.0]
```

先前图的可视化如图 6-4 所示。注意，所得运算和张量都被重命名。前两个张量 num1 和 num2 使用第一个运算 Add_Op 加到一起。将这个运算的结果与第三个张量 num3 一起作为第二个运算 Mul_Op 的输入。

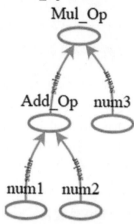

图 6-4　使用 TB 可视化代码清单 6-12 中的图

　　我们选择将 mul_op 张量作为代码清单 6-12 中 fetches 列表的一个成员。为什么不只选择 add_op？答案是我们选择图链中的最后一个张量进行评估。评估 mul_op将隐式评估图中的所有其他张量。如果我们选择 add_op 进行评估,那么由于 add_op不依赖于 mul_op(要不要评估它无关紧要),因此 mul_op 不会得到评估。但是 mul_op依赖于 add_mul 和其他张量,因此我们选择对 mul_op 进行评估。记住,选择多个张量进行评估是可能的。

4. TF 变量

　　我们使用占位符分配内存以供将来使用。它们的主要使用方法是为模型送入输入数据并训练模型。如果在不同的输入数据上应用相同的运算,那么将输入数据放在占位符的位置,分配不同的值给占位符来运行会话。

　　不用初始化占位符,只在运行期间分配值给它们;换句话说,只在调用tensorflow.Session.run()后才给占位符赋值。占位符允许创建无约束的形状张量,这使得它适合用于保留训练数据。

　　假设我们要分配训练数据给占位符,并且只知道每个样本由 35 个特征描述。我们还不知道使用多少个样本来训练。我们可以创建一个占位符,接收未指定样本数目的张量,但是指定每个样本的特征(列)数目,如下所示。

```
data_tensor = tensorflow.placeholder(dtype=tensorflow.float16,
shape=[None,35])
```

　　占位符只接收值,在赋值后就不能再改变。记住,在代码清单 6-12 中,我们仅通过使用新值重建图来改变占位符的值。在相同的图中,改变占位符的值是不可能的。

　　机器学习模型有许多可训练的参数,可以多次改变,直到达到最佳值。我们如何允许张量多次改变它的值？常量和占位符不能提供这种功能,但是变量可以(通过使用 tensorflow.Variable())。

TF 变量与用在其他语言中的普通变量相同。这些变量被赋予初始值,在程序执行期间,基于应用在变量上的运算可以更新此值。在执行期间,占位符一旦赋值,就不允许数据更改。

一旦调用 tensorflow.constant(),常数张量的值就被初始化,但是在调用 tensorflow.Variable()后,变量并没有初始化。在程序内有一种简单的方式初始化所有的全局变量,即在会话中运行 tensorflow.global_variables_initializer()运算。注意,初始化变量不意味着评估变量。在初始化变量后需要评估变量。代码清单 6-13 给出了一个创建名为 Var1 的变量的示例,其中变量的值被初始化,然后得到评估,最后打印出值。

代码清单 6-13　创建、初始化和评估变量

```
import tensorflow

var1 = tensorflow.Variable(initial_value=5.8, dtype=tensorflow.float32,
name="Var1")

with tensorflow.Session() as sess:
    init = tensorflow.global_variables_initializer()
    sess.run(fetches=init)
    var_value = sess.run(fetches=var1)
    print("Variable value : ", var_value)
```

print 语句将返回:

```
Variable value :5.8
```

注意,会话运行了两次:第一次初始化所有变量,第二次评估变量。记住:占位符是函数,而变量是类,因此它的名称以大写字母开头。

变量可以初始化为任何类型和形状的张量。此张量的类型和形状定义了变量的类型和形状,这是不能被改变的,但是可以改变变量的值。在分布式环境中工作时,变量储存一次,就可以在所有设备中共享。它们具有状态,有助于调试。此外,变量值可以被保存,当需要时可以恢复使用。

5. 变量初始化

存在不同的方法初始化变量。所有初始化变量的方法可以同时设置变量的形状和数据类型。一种方法是使用先前已初始化变量的初始值。例如,在代码清单 6-13 中,名为 Var1 的变量使用秩为 0 且值为 5.8 的张量初始化。可以使用初始化的变量来初始化其他变量。注意,可以使用 tensorflow.Variable 类的 initialized_value()方法

返回变量的初始值。初始值可以赋值给其他变量，如下所示。变量 var3 可通过将 var1 的初始值乘以 5 来初始化。

```
var2 = tensorflow.Variable(initial_value=var1.initialized_value(),
dtype=tensorflow.float32)
var3 = tensorflow.Variable(initial_value=var1.initialized_value()*5,
dtype=tensorflow.float32)
```

可以基于 TF 中的其中一个内置运算所创建的另一张量初始化变量。存在不同的运算来生成张量，包括以下这些：

- tensorflow.lin_space(start, stop, num, name=None)
- tensorflow.range(start, limit=None, delta=1, dtype=None,name='range')
- tensorflow.zeros(shape, dtype=tf.float32, name=None)
- tensorflow.ones(shape, dtype=tf.float32, name=None)
- tensorflow.constant(value, dtype=None, shape=None, name='Const', verify_shape= False)

它们与 NumPy 中的对应方法具有相同的含义。所有这些运算都返回指定数据类型和形状的张量。例如，我们可以创建 tensorflow.Variable()，其值使用 tensorflow.zeros()初始化，tensorflow.zeros()返回具有 12 个元素的 1D 行向量，如下所示：

```
var1 = tensorflow.Variable(tensorflow.zeros([12]))
```

6.1.4　使用 TB 的图可视化

TF 被设计用于使用海量数据训练的深度模型。它支持称为 TB 的一套可视化工具，这有助于我们较方便地优化和调试 TF 程序。计算数据流图被可视化为表示运算的节点集，这些节点由表示输入和输出张量的边连接在一起。

以下是使用 TB 可视化简单图的步骤：

(1) 构建数据流图。

(2) 使用 tensorflow.summary.FileWriter 将图写入目录中。

(3) 在保存图的目录内启动 TB。

(4) 从 Web 浏览器访问 TB。

(5) 可视化图。

让我们使用代码清单 6-14 中的代码进行可视化工作。这段代码创建了 6 个变量，送入 9 个运算中。在书写构建图的指导后，接下来就是使用 FileWriter 保存它。tensorflow.summary.FileWriter()构造函数接收两个重要的参数：graph 和 logdir。graph 参数接收会话图，假设会话变量名为 sess，因此这使用 sess.graph 返回。将图导出到使用 logdir 参数指定的目录。可以更改 logdir 匹配你自己的系统。注意，由于我们的目标不是执行图，仅是可视化它，因此不必初始化变量，也不必运行会话。

代码清单 6-14　保存数据流图并使用 TB 可视化

```
import tensorflow

tensor1 = tensorflow.Variable(initial_value=4,
dtype=tensorflow.float32,name="Var1")
tensor2 = tensorflow.Variable(initial_value=15,
dtype=tensorflow.float32,name="Var2")
tensor3 = tensorflow.Variable(initial_value=-2,
dtype=tensorflow.float32,name="Var3")
tensor4 = tensorflow.Variable(initial_value=1.8,
dtype=tensorflow.float32,name="Var4")
tensor5 = tensorflow.Variable(initial_value=14,
dtype=tensorflow.float32,name="Var5")
tensor6 = tensorflow.Variable(initial_value=8,
dtype=tensorflow.float32,name="Var6")

op1 = tensorflow.add(x=tensor1, y=tensor2, name="Add_Op1")
op2 = tensorflow.subtract(x=op1, y=tensor1, name="Subt_Op1")
op3 = tensorflow.divide(x=op2, y=tensor3, name="Divide_Op1")
op4 = tensorflow.multiply(x=op3, y=tensor4, name="Mul_Op1")
op5 = tensorflow.multiply(x=op4, y=op1, name="Mul_Op2")
op6 = tensorflow.add(x=op5, y=2, name="Add_Op2")
op7 = tensorflow.subtract(x=op6, y=op2, name="Subt_Op2")
op8 = tensorflow.multiply(x=op7, y=tensor6, name="Mul_Op3")
op9 = tensorflow.multiply(x=op8, y=tensor5, name="Mul_Op4")

with tensorflow.Session() as sess:
    writer = tensorflow.summary.FileWriter(logdir="\\AhmedGad\\
TensorBoard\\", graph=sess.graph)
    writer.close()
```

导出图后，下一步就是启动 TB 来访问图。根据 TF 的安装位置(安装在独立的虚拟环境[venv]中或是安装为站点包目录内的正常库)，启动 TB 的方式略有不同。

如果 TF 安装在 venv 中，那么它必须使用位于 Python 安装的 Scripts 目录下的 activate.bat 文件激活。假设 Scripts 目录被添加到用户或系统 PATH 变量环境中，venv 文件夹名为 tensorflow，那么根据下列命令激活 TF。

```
activate tensorflow
```

激活 TF 后，下一步是根据下列命令在保存图的目录中启动 TB。

```
tensorBoard --logdir=\\AhmedGad\\TensorBoard\\
```

如果 TF 安装在站点包目录中，那么可以通过以下命令激活。

```
python -m tensorboard.main --logdir="\\AhmedGad\\TensorBoard\\"
```

这将激活 TB，然后我们从 Web 浏览器导航到 http://localhost:6006，准备可视化图，如图 6-5 所示。这种情况下，调试图比较容易。例如，比起代码，我们很容易检测出与图中的任何其他节点都不连接的独立节点。

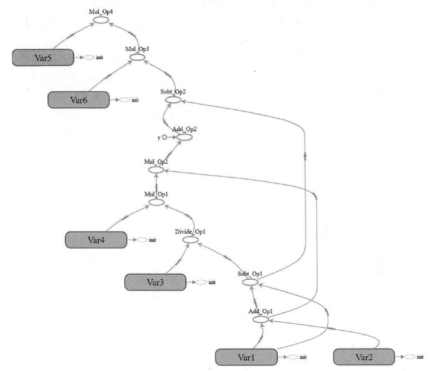

图 6-5　使用 TB 可视化数据流图

6.1.5　线性模型

线性模型的一般形式如公式 6-1 所示。共存在 n 个输入变量 x_n，我们给每个变量分配权重 w_n，总共有 n 个权重。偏移 b 被添加到每个输入及其对应偏移的 SOP 中。

$$y = w_1x_1 + w_2x_2 + \cdots + w_nx_n + b \qquad \text{（式 6-1）}$$

对于简单的线性模型，有输入数据、权重和偏移。占位符和变量哪一个是最适合的选项可用来存放这些数据呢？一般来说，当对不同的输入多次应用相同的运算时，使用占位符。我们逐个将输入赋值给占位符，运算会应用于每个输入。我们使用变量存储可训练的参数。因此，输入数据赋值给占位符，而权重和偏移则存储在变量中。记住，使用 tensorflow.global_variables_initializer() 初始化变量。

在代码清单 6-15 中，给出了使用占位符和两个变量的代码。输入样本仅有一个输入 x_1 和一个输出 y。占位符 data_input_placeholder 表示输入，占位符 data_output_placeholder 表示输出。

由于每个样本仅一个输入变量，因此只有一个权重 w_1。权重表示为 weight_variable 变量并赋予初始值 0.2。偏移表示为 bias_variable 变量并赋予初始值 0.1。注意，在 tensorflow.Session.run() 方法内部，使用 feed_dict 参数赋予占位符值。我们将 2.0 赋值给输入占位符，将 5.0 赋值给输出占位符。图的可视化如图 6-6 所示。

注意，run() 方法的 fetches 参数被设置为一个具有 3 个元素的列表：loss、error和 output。由于是图中的目标张量，因此 loss 张量表示所获得的损失函数。一旦它得到评估，所有其他张量都将得到评估。获取 error 和 output 张量仅是为了打印出预测误差和预测输出，如代码末尾的打印语句所示。

还要注意张量 error 和 loss 之间的不同。error 张量计算每个样本预测输出和期望输出之间误差的平方。我们使用 loss 将所有误差汇总为一个值。它计算所有误差平方的总和。

代码清单 6-15　为线性模型准备输入、权重和偏移

```
import tensorflow


data_input_placeholder = tensorflow.placeholder(dtype=tensorflow.float32,
name="DataInput")
data_output_placeholder = tensorflow.placeholder(dtype=tensorflow.float32,
name="DataOutput")
weight_variable = tensorflow.Variable(initial_value=0.1, dtype=tensorflow.
float32, name="Weight")
bias_variable = tensorflow.Variable(initial_value=0.2, dtype=tensorflow.
float32, name="Bias")

output = tensorflow.multiply(x=data_input_placeholder, y=weight_variable)
output = tensorflow.add(x=output, y=bias_variable)

diff = tensorflow.subtract(x=output, y=data_output_placeholder,
name="Diff")
error = tensorflow.square(x=diff, name="PredictError")
loss = tensorflow.reduce_sum(input_tensor=error, name="Loss")
```

```
with tensorflow.Session() as sess:
    writer = tensorflow.summary.FileWriter(logdir="\\AhmedGad\\
    TensorBoard\\", graph=sess.graph)
    init = tensorflow.global_variables_initializer()
    sess.run(fetches=init)
loss, predict_error, predicted_output = sess.run(fetches=[loss, error,
output], feed_dict={data_input_placeholder: 2.0,data_output_placeholder:
5.0})
    print("Loss : ", loss, "\nPredicted output : ", predicted_output,"\
    nPrediction error : ", predict_error)
    writer.close()
```

基于分配给占位符和变量的值，打印信息的输出如下所示。

```
Loss : 21.16
Predicted output : 0.4
Prediction error : 21.16
```

预测输出为 0.4，期望输出为 5.0。存在的误差等于 21.16。由于程序仅使用一个样本进行运行，因此在所抓取的张量中仅返回一个值。同时，由于仅有一个样本，因此损失值等于误差值。我们可以使用多个样本运行程序。

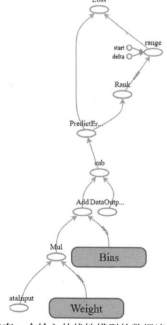

图 6-6　仅有一个输入的线性模型的数据流图的可视化

我们不是分配一个值给占位符 data_input_placeholder，而是可以将多个值封装在列表中来分配给此占位符。这也适用于占位符 data_output_placeholder。注意，它们必须具有相同的形状。使用两个样本进行修订后的程序如代码清单 6-16 所示。打印信息如下所示：

```
Loss : 51.41
Predicted output : [ 0.4 0.5]
Prediction error : [21.16 30.25]
```

这意味着第一个样本和第二个样本对应的预测误差分别为 21.16 和 30.25。所有误差平方的和为 51.41。这对于损失函数而言是一个比较大的值，因此我们必须更新参数(权重和偏移)以最小化预测误差。

代码清单 6-16　使用多个样本运行 TF 程序

```
import tensorflow

data_input_placeholder=tensorflow.placeholder(dtype=tensorflow.float32,
name="DataInput")
data_output_placeholder = tensorflow.placeholder(dtype=tensorflow.float32,
name="DataOutput")
weight_variable = tensorflow.Variable(initial_value=0.1, dtype=tensorflow.
float32, name="Weight")
bias_variable = tensorflow.Variable(initial_value=0.2, dtype=tensorflow.
float32, name="Bias")

output = tensorflow.multiply(x=data_input_placeholder, y=weight_variable)
output = tensorflow.add(x=output, y=bias_variable)

diff = tensorflow.subtract(x=output, y=data_output_placeholder,
name="Diff")
error = tensorflow.square(x=diff, name="PredictError")
loss = tensorflow.reduce_sum(input_tensor=error, name="Loss")

with tensorflow.Session() as sess:
    init = tensorflow.global_variables_initializer()
    sess.run(fetches=init)
loss, predict_error, predicted_output = sess.run(fetches=[loss, error,
output], feed_dict={data_input_placeholder: [2.0, 3.0],
data_output_placeholder: [5.0, 6.0]})
    print("Loss : ", loss, "\nPredicted output : ", predicted_output,
```

```
"\nPrediction error : ", predict_error)
```

目前，不存在更新参数的方法。在 TF 中已经存在一些优化器进行这项工作。

1. 来自 TF 训练 API 的 GD 优化器

TF 提供了若干优化器用于自动优化模型参数。GD 是一个示例，它缓慢改变每个参数值，直到得到最小化损失的某个参数值。GD 根据损失函数对变量微分值的大小修正每个变量。这等同于第 2 章后向传播训练 ANN 中所讨论的内容。tensorflow.train API 具有称为 GradientDescentOptimizer 的类，可以计算微分值和优化参数。使用了 GradientDescentOptimizer 的程序如代码清单 6-17 所示。

代码清单 6-17 使用 GD 优化模型参数

```
import tensorflow
data_input_placeholder = tensorflow.placeholder(dtype=tensorflow.float32,
name="DataInput")
data_output_placeholder = tensorflow.placeholder(dtype=tensorflow.float32,
name="DataOutput")
weight_variable = tensorflow.Variable(initial_value=0.1, dtype=tensorflow.
float32, name="Weight")
bias_variable = tensorflow.Variable(initial_value=0.2, dtype=tensorflow.
float32, name="Bias")

output = tensorflow.multiply(x=data_input_placeholder, y=weight_variable,
name="Multiply")
output = tensorflow.add(x=output, y=bias_variable, name="Add")

diff = tensorflow.subtract(x=output, y=data_output_placeholder,
name="Diff")
error = tensorflow.square(x=diff, name="PredictError")
loss = tensorflow.reduce_sum(input_tensor=error, name="Loss")
train_optim = tensorflow.train.GradientDescentOptimizer(
learning_rate=0.01,name="Optimizer")
minimizer = train_optim.minimize(loss=loss, name="Minimizer")

with tensorflow.Session() as sess:
writer = tensorflow.summary.FileWriter(graph=sess.graph, logdir=
"\\AhmedGad\\TensorBoard\\")
init = tensorflow.global_variables_initializer()
sess.run(fetches=init)
for k in range(1000):
    _, data_loss, predict_error, predicted_output = sess.
```

```
run(fetches=[minimizer,loss, error, output], feed_dict={data_input_
placeholder: [1.0, 2.0],data_output_placeholder: [5.0, 6.0]})
```

```
print("Loss : ", data_loss,"\nPredicted output : ", predicted_output,
"\nPrediction error : ", predict_error)
writer.close()
```

程序使用循环进行了 1000 次的迭代。每次迭代时都使用当前参数预测输出并计算损失，GD 优化器更新参数以最小化损失。注意，minimize()运算返回最小化损失的运算。

迭代结束后，执行打印语句。以下是它的输出：

```
Loss : 0.00323573
Predicted output : [ 4.951612 6.02990532]
Prediction error : [ 0.0023414 0.00089433]
```

因为有 GD，所以损失从 51.41 减小到 0.0032。代码清单 6-17 中的先前程序的图如图 6-7 所示。

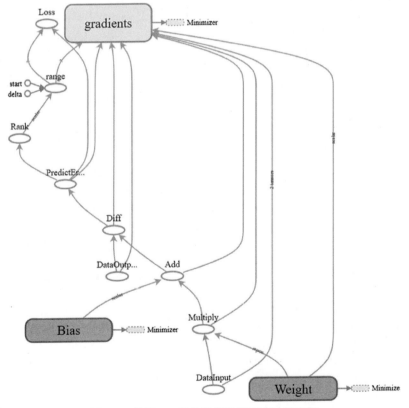

图 6-7　使用 GD 优化的线性模型的数据流图

2. 定位参数进行优化

现在出现了一个重要的问题：优化器如何知道参数而来改变它们的值？让我们来了解具体情况。

在运行会话后，将执行 minimizer 运算。TF 将沿着图节点的链评估此类的运算。它根据一个参数(即 loss 张量)找到 minimizer 运算。因此，我们的目标是最小化此张量的值。那么如何最小化此张量？答案是必须沿着图返回。

使用 tensorflow.reduce_sum()运算评估 loss 张量。因此，我们的目标是最小化 tensorflow.reduce_sum()运算的结果。

后退一步，使用 error 张量评估此运算。因此，现在我们的目标是最小化 error 张量。再退一步，我们发现 error 张量依赖 tensorflow.square()运算。因而我们必须最小化 tensorflow.square()运算。此运算的输入张量为 diff，因此我们的目标是最小化 diff 张量。由于 diff 张量是 tensorflow.subtract()运算的结果，因此我们的目标是最小化此运算。

最小化 tensorflow.subtract() 要求我们最小化其输入张量，即 output 和 data_output_placeholder。观察这两个张量，哪一个可以被修改？仅有变量张量可以被修改。由于 data_output_placeholder 不是变量而是占位符，因此不能修改它。我们仅可以最小化 output 张量，从而最小化结果。

根据公式 6-1 计算 output 张量。这个公式有三个输入：输入、权重和偏移，它们分别由 data_input_placeholder、weight_variable 和 bias_variable 表示。通过查看这三个张量，可知只有 weight_variable 和 bias_variable 是变量，是可以改变的。因此，最终的目标是最小化 weight_variable 和 bias_variable 张量。

为最小化 tensorflow.train.GradientDescentOptimizer.minimize()运算，我们必须改变 weight_variable 和 bias_variable 张量的值。TF 由此推导出，要最小化损失应该最小化权重和偏移参数。

6.2 构建 FFNN

在本节中，我们将使用 TF Core API 创建两个基本的前馈人工神经网络(FFNN)以进行分类。我们将按照先前使用的步骤，使用 NumPy 构建带有变化的 ANN。

其步骤汇总如下：

(1) 读取训练数据(输入和输出)。

(2) 构建神经网络层和准备参数(权重、偏移以及激活函数)。

(3) 构建损失函数评估预测误差。

(4) 创建训练循环，训练网络并更新参数。

(5) 使用网络未见过的测试数据评估已训练 ANN 的准确性。

我们从构建单层 FFANN 开始。

6.2.1　线性分类

表 6-2 给出了第一个分类问题的数据。这是一个二元分类问题，基于颜色通道(红、绿和蓝)，将 RGB 颜色分类为红色或蓝色。

表 6-2　RGB 颜色分类问题

分类	红	绿	蓝
红	255	0	0
	248	80	68
蓝	0	9	255
	67	15	210

根据代码清单 6-18，这创建了两个占位符(training_inputs 和 training_outputs)，用于保存训练数据的输入和输出。我们将它们的数据类型设置为 float32，但它们没有特定的形状。training_inputs 占位符的形状为 $N \times 3$。这意味着什么?

通常，我们使用占位符保存模型的训练数据。训练数据的大小常常不是固定的。样本的数目、特征的数目或者二者都可能有变化。例如，我们可能使用 100 个样本训练模型，每个样本使用 15 个特征表示。这种情况下，占位符的形状为 100×15。假设迟些时候，我们决定将训练样本的数目改为 50，这时占位符的形状必须改变为 50×15。

代码清单 6-18　训练数据的输入和输出的占位符

```
import tensorflow
training_inputs = tensorflow.placeholder(shape=[None, 3], dtype=tensorflow.float32)
training_outputs = tensorflow.placeholder(shape=[None, 1], dtype=tensorflow.float32)
```

为了让工作轻松些，TF 支持创建可变形状的占位符。占位符的形状由分配给它的数据确定。在所有维度上或仅在一些维度上形状可变。如果我们决定使用 30 个特征，但还没决定训练样本的数目，那么形状为 $N \times 15$，其中 N 为样本的数目。输入 20 个样本给占位符，那么 N 就被设置为 20。这就是代码清单 6-18 中两个占位符的情况。为了让占位符通用于任何数目的训练样本，它的形状被设置为(None,3)。None 意味着这个维度(表示样本的数目)不是静态的。

在准备了输入和输出后，下一步是决定网络架构以准备参数(权重和偏移)。由于数据非常简单，因此我们可以绘制出它们。代码清单 6-19 给出了绘制数据的代码。注意，数据具有三个维度，因此图是 3D 的，如图 6-8 所示。

代码清单 6-19 训练数据的三维散点图

```
import matplotlib.pyplot
import mpl_toolkits.mplot3d

figure3D = matplotlib.pyplot.figure()
axis3D = mpl_toolkits.mplot3d.Axes3D(figure3D)

red = [255, 248, 0, 67]
green = [0, 80, 9, 15]
blue = [0, 68, 255, 210]

axis3D.scatter(red, green, blue, color="black")
axis3D.set_xlabel(xlabel="Red")
axis3D.set_ylabel(ylabel="Green")
axis3D.set_zlabel(zlabel="Blue")
matplotlib.pyplot.show()
```

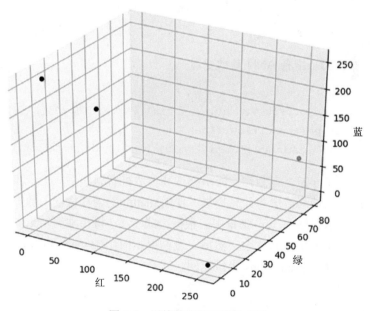

图 6-8 训练数据的三维散点图

根据图 6-8，很明显这两个类可以线性分离。由于知道这是一个线性问题，因此我们无须使用任何隐藏层。网络架构仅具有输入层和输出层。由于每个样本使用 3 种特征表示，因此输入层仅有三个输入，每个特征一个输入。网络架构如图 6-9 所示，其中 $X_0=1.0$ 为偏移输入，W_0 为偏移。W_1、W_2 和 W_3 是三个输入 R(红色)、G(绿色)和 B(蓝色)的权重。

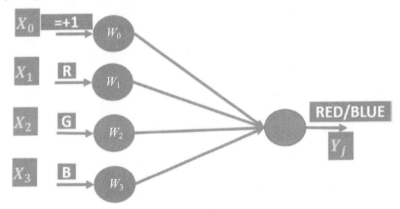

图 6-9 对 RGB 颜色进行线性分类的 ANN 架构

代码清单 6-20 准备了保存这些参数的变量。由于存在三个输入，每个输入一个权重，因此根据 weights 变量，权重的形状为 3×1。形状为 3×1 使得输入和权重之间的矩阵乘法有效。$N \times 3$ 形状的输入数据乘以 3×1 形状的权重，结果为 $N \times 1$。根据 bias 变量，仅存在一个偏移。

代码清单 6-20 准备 ANN 参数变量

```
import tensorflow
weights = tensorflow.Variable(initial_value=[[0.003], [0.001],
[0.008]],dtype=tensorflow.float32)
bias = tensorflow.Variable(initial_value=[0.001], dtype=tensorflow.float32)
```

根据代码清单 6-21，在数据、网络架构和参数准备就绪后，下一步是将训练输入数据送入网络，预测输出并计算损失。使用 matmul()运算将输入数据矩阵乘以权重向量，并将结果存储在 sop 张量中。根据公式 6-1，将相乘的结果加上偏移。加法的结果存储在 sop_bias 张量中。然后，在结果上应用由 tensorflow.nn.sigmoid()定义的 S 型函数，并由 predictions 张量返回。

代码清单 6-21 使用网络参数预测训练数据的输出

```
import tensorflow
sop = tensorflow.matmul(a=training_inputs, b=weights, name="SOPs")
sop_bias = tensorflow.add(x=sop, y=bias)
predictions = tensorflow.nn.sigmoid(x=sop_bias, name="Sigmoid")

error = tensorflow.subtract(x=training_outputs, y=predictions,
name="Error")
square_error = tensorflow.square(x=error, name="SquareError")
loss = tensorflow.reduce_sum(square_error, name="Loss")

train_optim = tensorflow.train.GradientDescentOptimizer(learning_rate=0.05,
name="GradientDescent")
minimizer = train_op.minimize(loss, name="Minimizer")
```

预测输出后，下一步是测量损失。首先，使用 subtract() 运算计算预测输出和正确输出之间的差值，将结果存储在 error 张量中。然后，使用 square() 运算计算该误差的平方，将结果存储在 square_error 张量中。最终，将所有这些误差的平方相加为一个值，将结果存储在 loss 张量中。

通过计算损失，我们就可以了解我们目前距离损失为 0 的最佳结果有多远。基于损失，我们使用 train_optim 张量初始化 GD 优化器，更新网络参数以最小化损失。更新运算的结果由 minimizer 张量返回。

至此，网络架构准备就绪，可以使用输入和输出数据训练网络了。在代码清单 6-22 中，创建了两个 Python 列表，用于保存训练数据的输入和输出。注意，红色类的标签为 1.0，蓝色类的标签为 0.0。我们使用 tensorflow.Session.run() 运算内的 feed_dict 参数将这两个列表分配给占位符 training_inputs 和 training_outputs。注意，执行的目标为 minimizer 运算。会话进行了若干次迭代来更新 ANN 参数。

代码清单 6-22 训练数据的输入和输出

```
training_inputs_data = [[255, 0, 0],
                        [248, 80, 68],
                        [0, 0, 255],
                        [67, 15, 210]]
training_outputs_data = [[1.0],
                         [1.0],
                         [0.0],
```

```
                    [0.0]]

with tensorflow.Session() as sess:
    init = tensorflow.global_variables_initializer()
    sess.run(init)

    for step in range(10):
        sess.run(fetches=minimizer, feed_dict={training_inputs:
        training_inputs_data, training_outputs:training_outputs_data})
```

构建单层 ANN 并对表 6-2 中的二元问题进行分类的完整代码如代码清单 6-23 所示。

代码清单 6-23　分类二元 RGB 颜色问题的完整代码

```
import tensorflow

# Preparing a placeholder for the training data inputs of shape (N, 3)
training_inputs = tensorflow.placeholder(shape=[None, 3], dtype=tensorflow.
float32, name="Inputs")

# Preparing a placeholder for the training data outputs of shape (N, 1)
training_outputs = tensorflow.placeholder(shape=[None, 1],
dtype=tensorflow.float32, name="Outputs")

# Initializing neural network weights of shape (3, 1)
weights = tensorflow.Variable(initial_value=[[0.003], [0.001], [0.008]],
dtype=tensorflow.float32, name="Weights")

# Initializing the ANN bias
bias = tensorflow.Variable(initial_value=[0.001], dtype=tensorflow.float32,
name="Bias")

# Calculating the SOPs by multiplying the weights matrix by the data inputs
matrix
sop = tensorflow.matmul(a=training_inputs, b=weights, name="SOPs")

# Adding the bias to the SOPs
sop_bias = tensorflow.add(x=sop, y=bias, name="AddBias")
```

```
# Sigmoid activation function of the output layer neuron
predictions = tensorflow.nn.sigmoid(x=sop_bias, name="Sigmoid")

# Calculating the difference (error) between the ANN predictions and the
correct outputs
error = tensorflow.subtract(x=training_outputs, y=predictions,
name="Error")

# Square error.
square_error = tensorflow.square(x=error, name="SquareError")

# Measuring the prediction error of the network after being trained
loss = tensorflow.reduce_sum(square_error, name="Loss")

# Minimizing the prediction error using gradient descent optimizer
train_optim = tensorflow.train.GradientDescentOptimizer(learning_rate=0.05,
name="GradientDescent")
minimizer = train_optim.minimize(loss, name="Minimizer")

# Training data inputs of shape (N, 3)
training_inputs_data = [[255, 0, 0],
                        [248, 80, 68],
                        [0, 0, 255],
                        [67, 15, 210]]

# Training data desired outputs
training_outputs_data = [[1.0],
                         [1.0],
                         [0.0],
                         [0.0]]

# Creating a TensorFlow Session
with tensorflow.Session() as sess:
    writer = tensorflow.summary.FileWriter(logdir="\\AhmedGad\\
    TensorBoard\\", graph=sess.graph)
    # Initializing the TensorFlow Variables (weights and bias)
    init = tensorflow.global_variables_initializer()
```

```
sess.run(init)

# Training loop of the neural network
for step in range(10):
    sess.run(fetches=minimizer, feed_dict={training_inputs: training_
    inputs_data, training_outputs: training_outputs_data})

# Class scores of training data
print("Expected Outputs for Train Data:\n", sess.
run(fetches=[predictions, weights, bias], feed_dict={training_inputs:
training_inputs_data}))

# Class scores of new test data
print("Expected Outputs for Test Data:\n", sess.
run(fetches=predictions, feed_dict={training_inputs: [[230, 60, 76],
[93, 52, 180]]}))
writer.close()
```

在训练迭代结束后，我们使用已训练的网络预测训练样本和两个网络未见过的测试样本的输出。以下是代码清单 6-23 末尾 print 语句的输出结果。网络能够正确地预测所有训练和测试样本。

```
Expected Outputs for Train Data:
[[ 1.]
 [ 1.]
 [ 0.]
 [ 0.]]
Expected Outputs for Test Data:
[[ 1.]
 [ 0.]]
```

网络训练结束后，权重和偏移如下所示：

```
Weights:[[1.90823114], [0.11530305], [-4.13670015]],
Bias: [-0.00771546].
```

图 6-10 可视化了代码清单 6-23 中所创建的图。

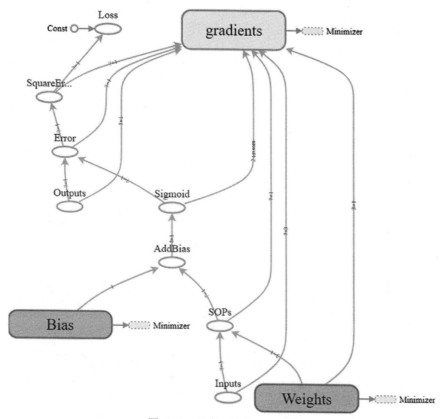

图 6-10　只有一层的 ANN 图

6.2.2　非线性分类

现在，我们要构建 ANN，模拟具有两个输入的 XOR 门运算。这个问题的真值表如表 6-3 所示。由于问题比较简单，因此我们绘制出这个问题来了解这些类是线性可分还是非线性可分的，如图 6-11 所示。

表 6-3　二输入异或门真值表

输出	A	B
1	1	0
	0	1
0	0	0
	1	1

基于图，可很明显地看到这些类是非线性可分的。因此，我们必须使用隐藏层。根据 2.5 节中的第一个示例，我们知道采用具有两个神经元的一个隐藏层就足够了。

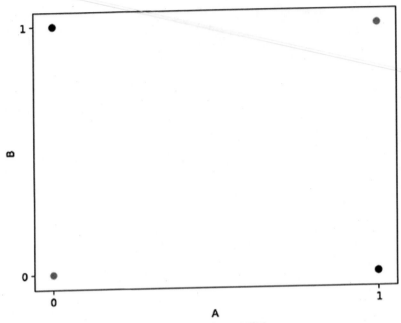

图 6-11　二输入异或门图

　　网络架构如图 6-12 所示。该隐藏层接收输入层的输入，基于其权重和偏移，两个激活函数生成两个输出。我们将隐藏层的输出视为输出层的输入。通过使用激活函数，输出层生成输入样本最终的预期类。

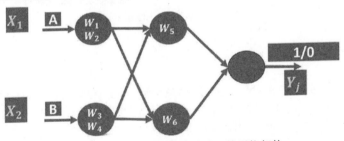

图 6-12　具有两个输入的异或门的网络架构

　　完整代码在代码清单 6-24 中。与先前示例相比，它做出了一些改变。初始参数值使用 tensorflow.truncated_normal() 运算随机生成。我们使用隐藏层 hidden_sigmoid 的输出张量作为输出层的输入。输出层的输出张量为预测输出。其余的代码类似于先前的示例。

代码清单 6-24　模拟二输入异或门的 ANN 的完整代码

```
import tensorflow
```

```
# Preparing a placeholder for the training data inputs of shape (N, 3)
training_inputs = tensorflow.placeholder(shape=[4, 2], dtype=tensorflow.
float32, name="Inputs")


# Preparing a placeholder for the training data outputs of shape (N, 1)
training_outputs = tensorflow.placeholder(shape=[4, 1], dtype=tensorflow.
float32, name="Outputs")


# Initializing the weights of the hidden layer of shape (2, 2)
hidden_weights = tensorflow.Variable(initial_value=tensorflow.truncated_
normal(shape=(2,2), name="HiddenRandomWeights"), dtype=tensorflow.float32,
name="HiddenWeights")


# Initializing the bias of the hidden layer of shape (1,2)
hidden_bias = tensorflow.Variable(initial_value=tensorflow.truncated_
normal(shape=(1,2), name="HiddenRandomBias"), dtype=tensorflow.float32,
name="HiddenBias")


# Calculating the SOPs by multiplying the weights matrix of the hidden
layer by the data inputs matrix
hidden_sop = tensorflow.matmul(a=training_inputs, b=hidden_weights,
name="HiddenSOPs")


# Adding the bias to the SOPs of the hidden layer
hidden_sop_bias = tensorflow.add(x=hidden_sop, y=hidden_bias,
name="HiddenAddBias")


# Sigmoid activation function of the hidden layer outputs
hidden_sigmoid = tensorflow.nn.sigmoid(x=hidden_sop_bias,
name="HiddenSigmoid")


# Initializing the weights of the output layer of shape (2, 1)
output_weights = tensorflow.Variable(initial_value=tensorflow.truncated_
normal(shape=(2,1), name="OutputRandomWeights"), dtype=tensorflow.float32,
name="OutputWeights")


# Initializing the bias of the output layer of shape (1,1)
output_bias = tensorflow.Variable(initial_value=tensorflow.truncated_
```

```python
normal(shape=(1,1), name="OutputRandomBias"), dtype=tensorflow.float32,
name="OutputBias")

# Calculating the SOPs by multiplying the weights matrix of the hidden
layer by the outputs of the hidden layer
output_sop = tensorflow.matmul(a=hidden_sigmoid, b=output_weights,
name="Output_SOPs")

# Adding the bias to the SOPs of the hidden layer
output_sop_bias = tensorflow.add(x=output_sop, y=output_bias,
name="OutputAddBias")

# Sigmoid activation function of the output layer outputs. These are the
predictions.
predictions = tensorflow.nn.sigmoid(x=output_sop_bias,
name="OutputSigmoid")

# Calculating the difference (error) between the ANN predictions and the
correct outputs
error = tensorflow.subtract(x=training_outputs, y=predictions,
name="Error")

# Square error.
square_error = tensorflow.square(x=error, name="SquareError")

# Measuring the prediction error of the network after being trained
loss = tensorflow.reduce_sum(square_error, name="Loss")

# Minimizing the prediction error using gradient descent optimizer
train_optim = tensorflow.train.GradientDescentOptimizer(learning_rate=0.01,
name="GradientDescent")
minimizer = train_optim.minimize(loss, name="Minimizer")

# Training data inputs of shape (4, 2)
training_inputs_data = [[1, 0],
                        [0, 1],
                        [0, 0],
                        [1, 1]]
```

```
# Training data desired outputs
training_outputs_data = [[1.0],
                         [1.0],
                         [0.0],
                         [0.0]]
# Creating a TensorFlow Session
with tensorflow.Session() as sess:
  writer = tensorflow.summary.FileWriter(logdir="\\AhmedGad\\
  TensorBoard\\", graph=sess.graph)
  # Initializing the TensorFlow Variables (weights and bias)
  init = tensorflow.global_variables_initializer()
  sess.run(init)

  # Training loop of the neural network
  for step in range(100000):
      print(sess.run(fetches=minimizer, feed_dict={training_inputs:
      training_inputs_data, training_outputs: training_outputs_data}))

  # Class scores of training data
  print("Expected Outputs for Train Data:\n", sess.
  run(fetches=[predictions, hidden_weights, output_weights, hidden_bias,
  output_bias], feed_dict={training_inputs: training_inputs_data}))

  writer.close()
```

在完成训练过程后，样本得到正确分类。此处是预测的输出：

```
[[0.96982265],
 [0.96998841],
 [0.0275135],
 [0.0380362]]
```

训练后的网络参数如下所示。

- 隐藏层权重：[[−6.27943468,−4.30125761],[−6.38489389,−4.31706429]]
- 隐藏层偏移：[[−8.8601017],[8.70441246]]
- 输出层权重：[[2.49879336,6.37831974]]
- 输出层偏移：[[−4.06760359]]

图 6-13 为代码清单 6-24 的可视化图。

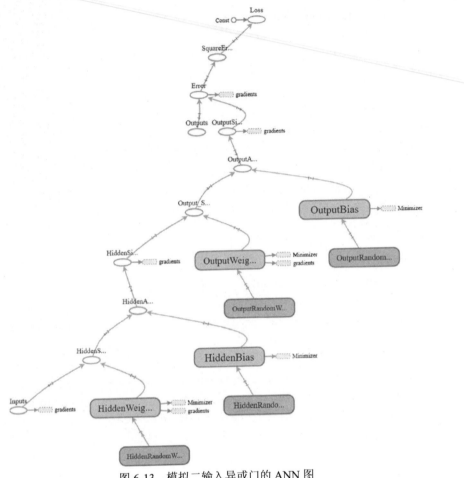

图 6-13 模拟二输入异或门的 ANN 图

6.3 使用 CNN 识别 CIFAR10

前面所讨论的示例有助于我们学习 TF 的基础，构建良好的知识体系。本节通过使用 TF 构建 CNN 来识别 CIFAR10 数据集的图像，从而扩展这些知识。

6.3.1 准备训练数据

用于 Python 语言的 CIFAR10 数据集的二进制数据可以从 www.cs.toronto.edu/~kriz/cifar.html 这个页面下载。该数据集有 60 000 张图像，分为训练和测试集。训练数据存在于 5 个二进制文件中，每个文件都有 10 000 张图像。图像为 RGB 格式，尺寸为 32×32×3。训练文件被命名为 data_batch_1、data_batch_2 等。对于测试数据，有命名为 test_batch 的单个文件，含有 10 000 张图像。命名为 batches.meta 的元数据文件也可用，它给出了数据集的详细信息，如类标签(即飞机、汽车、鸟、猫、鹿、狗、青蛙、马、船、卡车)。

由于数据集中的每个文件是二进制的，因此我们必须对其解码，以获取实际的图像数据。为完成这一工作，我们创建了 unpickle_patch 函数，如代码清单 6-25 所示。

代码清单 6-25　解码 CIFAR10 二进制数据

```
def unpickle_patch(file):
    patch_bin_file = open(file, 'rb')#Reading the binary file.
    patch_dict = pickle.load(patch_bin_file, encoding='bytes')#Loading
    the details of the binary file into a dictionary.
    return patch_dict#Returning the dictionary.
```

这个方法接受二进制文件路径，使用 patch_dict 字典返回文件的详细信息。此字典具有文件内所有 10 000 样本的图像数据以及这些类的标签。

数据集中有 5 个训练数据文件。为解码整个训练数据，我们创建了名为 get_dataset_images 的新函数，如代码清单 6-26 所示。该函数接受数据集路径，仅解码 5 个训练文件的数据。首先，它使用 os.listdir()函数列出数据集目录下的所有文件。所有的文件名由 files_names 列表返回。

由于所有的训练和测试文件都位于相同的目录中，因此这个函数过滤了此路径内的文件，仅返回训练文件。函数使用 if 语句返回以 data_batch_ 开头的文件，以便与训练文件名区分开。注意，在构建和训练 CNN 后，我们准备了测试数据。

代码清单 6-26　解码所有训练文件

```
def get_dataset_images(dataset_path, im_dim=32, num_channels=3):
    num_files = 5#Number of training binary files in the CIFAR10 dataset.
    images_per_file = 10000#Number of samples within each binary file.
    files_names = os.listdir(patches_dir)#Listing the binary files in
    the dataset path.

    dataset_array = numpy.zeros(shape=(num_files * images_per_file,
    im_dim,im_dim, num_channels))
    dataset_labels = numpy.zeros(shape=(num_files * images_per_file),
    dtype=numpy.uint8)

    index = 0#Index variable to count number of training binary files
    being processed.
    for file_name in files_names:
        if file_name[0:len(file_name) - 1] == "data_batch_":
```

```
print("Working on : ", file_name)
data_dict = unpickle_patch(dataset_path+file_name)

images_data = data_dict[b"data"]
#Reshaping all samples in the current binary file to be of
32x32x3 shape.
images_data_reshaped = numpy.reshape(images_data,
newshape=(len(images_data), im_dim, im_dim, num_channels))
#Appending the data of the current file after being reshaped.
dataset_array[index * images_per_file:(index + 1) * images_per_
file, :, :, :] = images_data_reshaped
#Appending the labels of the current file.
dataset_labels[index * images_per_file:(index + 1) * images_
per_file] = data_dict[b"labels"]
index = index + 1#Incrementing the counter of the processed
training files by 1 to accept new file.
return dataset_array, dataset_labels#Returning the training input
data and output labels.
```

通过调用 unpickle_patch 函数，我们解码了每个训练文件，其图像数据和标签由 data_dict 字典返回。由于存在 5 个训练文件，因此此函数有 5 个类别，其中每个调用返回一个字典。

基于这个函数返回的字典，get_dataset_images 函数将所有文件的详细信息连接到 NumPy 数组。使用 data 键可以从该字典中获取所有图像数据，并将其存入 NumPy 数组 dataset_array 中，该数组存储了所有训练文件的所有解码图像。使用 labels 键可获取类标签，由 NumPy 数组 dataset_labels 返回，这个数组存储了训练数据中所有图像的所有标签。函数将返回 dataset_array 和 dataset_labels。

在解码时，每张图像的数据使用长度为 $32 \times 32 \times 3 = 3072$ 个像素的 1D 向量返回。由于使用 TF 所创建的 CNN 层接受三维形状，因此这个向量应该重新成形为该形状。出于这个原因，get_dataset_images 函数有参数接收数据集图像中每个维度的大小。第一个是 im_dim，它表示行或列(它们相等)的数目，而 num_channels 表示通道的数目。

在准备了训练数据后，我们可以使用 TF 构建和训练 CNN 模型。

6.3.2 构建 CNN

在称为 create_CNN 的函数内部创建 CNN 数据流图，如代码清单 6-27 所示。它创建了卷积层、ReLU 层、最大池化层、丢弃层和全连接层。CNN 的架构如图 6-14

所示。它具有 3 个卷积-ReLU-池化组，后面跟着丢弃层，最后是两个全连接层。

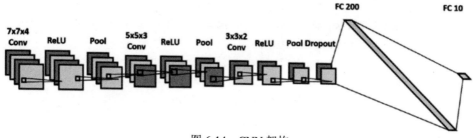

图 6-14　CNN 架构

这个函数返回最后一个全连接层的结果。通常，每一层的输出是下一层的输入。这要求输出的大小与相邻层输入的大小一致。注意，对于每个卷积层、ReLU 层和最大池化层，存在一些待指定的参数，如每个维度的步幅和填充。

代码清单 6-27　构建 CNN 结构

```
def create_CNN(input_data, num_classes, keep_prop):
    filters1, conv_layer1 = create_conv_layer(input_data=input_data,
    filter_size=7, num_filters=4)
    relu_layer1 = tensorflow.nn.relu(conv_layer1)
    max_pooling_layer1 = tensorflow.nn.max_pool(value=relu_layer1,
                                                ksize=[1, 2, 2, 1],
                                                strides=[1, 1, 1, 1],
                                                padding="VALID")

    filters2, conv_layer2 = create_conv_layer(input_data=max_pooling_
    layer1, filter_size=5, num_filters=3)
    relu_layer2 = tensorflow.nn.relu(conv_layer2)
    max_pooling_layer2 = tensorflow.nn.max_pool(value=relu_layer2,
                                                ksize=[1, 2, 2, 1],
                                                strides=[1, 1, 1, 1],
                                                padding="VALID")

    filters3, conv_layer3 = create_conv_layer(input_data=max_pooling_
    layer2, filter_size=3, num_filters=2)
    relu_layer3 = tensorflow.nn.relu(conv_layer3)
    max_pooling_layer3 = tensorflow.nn.max_pool(value=relu_layer3,
                                                ksize=[1, 2, 2, 1],
                                                strides=[1, 1, 1, 1],
```

```
                                        padding="VALID")

flattened_layer=dropout_flatten_layer(previous_layer=max_pooling_
layer3, keep_prop=keep_prop)
fc_result1 = fc_layer(flattened_layer=flattened_layer, num_
inputs=flattened_layer.get_shape()[1:].num_elements(),
                     num_outputs=200)

fc_result2 = fc_layer(flattened_layer=fc_result1, num_inputs=fc_
result1.get_shape()[1:].num_elements(),
                     num_outputs=num_classes)
print("Fully connected layer results : ", fc_result2)
return fc_result2#Returning the result of the last FC layer.
```

CNN 的第一层直接使用输入数据。因此，create_CNN 函数接收输入数据作为输入参数(称为 input_data)。这一数据由 get_dataset_images 函数返回。根据代码清单 6-28，第一层为卷积层，是使用 create_conv_layer 函数创建的。

create_conv_layer 函数接收输入数据、过滤器大小和过滤器数目作为参数。它返回输入数据和过滤器集卷积的结果。根据输入数据通道的数目设置过滤器集中过滤器的深度。由于通道的数目是 NumPy 数组中的最后一个元素，因此我们使用索引-1 返回该数目。过滤器集使用 filters 变量返回。

代码清单 6-28　构建卷积层

```
def create_conv_layer(input_data, filter_size, num_filters):
  filters = tensorflow.Variable(tensorflow.truncated_
  normal(shape=(filter_size, filter_size, tensorflow.cast(input_data.
  shape[-1], dtype=tensorflow.int32), num_filters), stddev=0.05))

  conv_layer = tensorflow.nn.conv2d(input=input_data,
                                    filter=filters,
                                    strides=[1, 1, 1, 1],
                                    padding="VALID")
  return filters, conv_layer#Returning the filters and the convolution
  layer result.
```

通过指定输入数据、过滤器和沿着 4 个维度的步幅以及 tensorflow.nn.conv2D 运算的填充构建卷积层。填充值 VALID 意味着基于过滤器的大小，在结果中输入图像的一些边界将会丢失。

任何卷积层的结果都被馈送到由 tensorflow.nn.relu 运算所创建的 ReLU 层。它接收卷积层输出，在应用了 ReLU 激活函数后，返回相同数目特征的张量。激活函数有助于创建输入和输出之间的非线性关系。然后，ReLU 层的结果被馈送到由 tensorflow.nn.max_pool 运算所创建的最大池化层。记住，池化层的目标是使识别具有平移不变性。

create_CNN 函数接收名为 keep_prop 的参数，该参数表示在丢弃层中保留神经元的概率，这有助于避免过拟合。由 dropout_flatten_layer 函数实现丢弃层，如代码清单 6-29 所示。这个函数返回一个扁平数组作为全连接层的输入。

代码清单 6-29　构建丢弃层

```
def dropout_flatten_layer(previous_layer, keep_prop):
  dropout=tensorflow.nn.dropout(x=previous_layer,keep_prob=keep_prop)
  num_features = dropout.get_shape()[1:].num_elements()
  layer = tensorflow.reshape(previous_layer, shape=(-1, num_
  features))#Flattening the results.
  return layer
```

由于最后一个全连接层应该具有与数据集类别数目相等的输出神经元，因此我们将数据集类别数目作为 create_CNN 函数的名为 num_classes 的另一个输入参数。使用 fc_layer 函数创建全连接层，这个函数根据代码清单 6-30 进行定义。此函数接收丢弃层的扁平化结果、扁平化结果中的特征数目和 FC 层的输出神经元数目作为参数。基于输入和输出的数目，名为 fc_weights 的张量表示所创建全连接层的权重。这个权重乘以扁平层可得到所返回的全连接层的结果。

代码清单 6-30　构建全连接层

```
def fc_layer(flattened_layer, num_inputs, num_outputs):
  fc_weights = tensorflow.Variable(tensorflow.truncated_
  normal(shape=(num_inputs, num_outputs), stddev=0.05))
  fc_result1 = tensorflow.matmul(flattened_layer, fc_weights)
  return fc_result1#Output of the FC layer (result of matrix
  multiplication).
```

使用 TB 可视化后的计算图如图 6-15 所示。图 6-15 (a)给出了到达最终最大池化层的 CNN 架构，而图 6-15 (b)显示了其余的步骤。

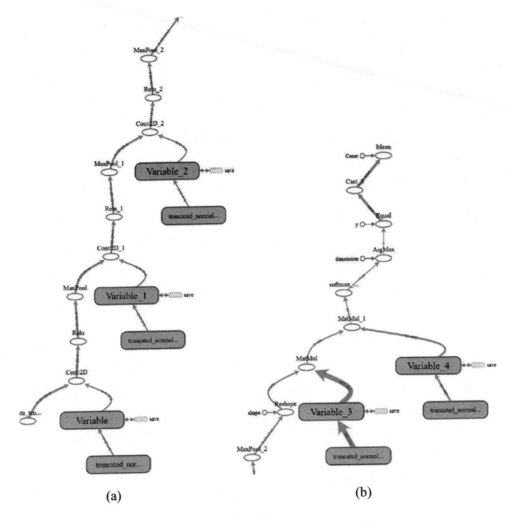

(a)　　　　　　　　　　　　(b)

图 6-15　用于分类 CIFAR10 数据集的 CNN 图

6.3.3　训练 CNN

在构建 CNN 的计算图后，下一步是使用先前准备的训练数据训练它。根据代码清单 6-31 完成训练。代码从准备数据集路径和数据占位符开始。注意，应对路径进行修改，使其适合当前系统。然后，代码调用先前所讨论的函数。我们使用已训练 CNN 的预测结果测量网络的成本，即使用 GD 优化器进行最小化。一些张量具有描述性的名称，这使得在稍后测试 CNN 时比较容易获取它们。

代码清单 6-31 训练 CNN

```
#Number of classes in the dataset. Used to specify the number of outputs in
the last fully connected layer.
num_dataset_classes = 10
#Number of rows & columns in each input image. The image is expected to be
rectangular Used to reshape the images and specify the input tensor shape.
im_dim = 32
#Number of channels in each input image. Used to reshape the images and
specify the input tensor shape.
num_channels = 3


#Directory at which the training binary files of the CIFAR10 dataset are
saved.
patches_dir = "\\AhmedGad\\cifar-10-python\\cifar-10-batches-py\\"


#Reading the CIFAR10 training binary files and returning the input data and
output labels. Output labels are used to test the CNN prediction accuracy.
dataset_array, dataset_labels = get_dataset_images(dataset_path=patches_
dir, im_dim=im_dim, num_channels=num_channels)
print("Size of data : ", dataset_array.shape)


# Input tensor to hold the data read in the preceding. It is the entry
point of the computational graph.
# The given name of 'data_tensor' is useful for retrieving it when
restoring the trained model graph for testing.
data_tensor = tensorflow.placeholder(tensorflow.float32, shape=[None, im_
dim, im_dim, num_channels], name='data_tensor')


# Tensor to hold the outputs label.
# The name "label_tensor" is used for accessing the tensor when testing the
saved trained model after being restored.

label_tensor = tensorflow.placeholder(tensorflow.float32, shape=[None],
name='label_tensor')


#The probability of dropping neurons in the dropout layer. It is given a
name for accessing it later.
```

```python
keep_prop = tensorflow.Variable(initial_value=0.5, name="keep_prop")

#Building the CNN architecture and returning the last layer which is the
fully connected layer.
fc_result2 = create_CNN(input_data=data_tensor, num_classes=num_dataset_
classes, keep_prop=keep_prop)

# Predictions propabilities of the CNN for each training sample.
# Each sample has a probability for each of the 10 classes in the dataset.
# Such a tensor is given a name for accessing it later.

softmax_propabilities = tensorflow.nn.softmax(fc_result2, name="softmax_
probs")

# Predictions labels of the CNN for each training sample.
# The input sample is classified as the class of the highest probability.
# axis=1 indicates that maximum of values in the second axis is to be
returned. This returns that maximum class probability of each sample.

softmax_predictions = tensorflow.argmax(softmax_propabilities, axis=1)

#Cross entropy of the CNN based on its calculated propabilities.
cross_entropy = tensorflow.nn.softmax_cross_entropy_with_
logits(logits=tensorflow.reduce_max(input_tensor=softmax_propabilities,
reduction_indices=[1]), labels=label_tensor)

#Summarizing the cross entropy into a single value (cost) to be minimized
by the learning algorithm.
cost = tensorflow.reduce_mean(cross_entropy)
#Minimizing the network cost using the Gradient Descent optimizer with a
learning rate is 0.01.
error = tensorflow.train.GradientDescentOptimizer(learning_rate=.01).
minimize(cost)

#Creating a new TensorFlow Session to process the computational graph.
sess = tensorflow.Session()
#Writing summary of the graph to visualize it using TensorBoard.
tensorflow.summary.FileWriter(logdir="\\AhmedGad\\TensorBoard\\",
```

```
graph=sess.graph)
#Initializing the variables of the graph.
sess.run(tensorflow.global_variables_initializer())


# Because it may be impossible to feed the complete data to the CNN on
normal machines, it is recommended to split the data into a number of
patches.
# A subset of the training samples is used to create each path. Samples for
each path can be randomly selected.


num_patches = 5#Number of patches
for patch_num in numpy.arange(num_patches):
    print("Patch : ", str(patch_num))
    percent = 80 #percent of samples to be included in each path.


    #Getting the input-output data of the current path.
    shuffled_data, shuffled_labels = get_patch(data=dataset_array,
    labels=dataset_labels, percent=percent)


    #Data required for cnn operation. 1)Input Images, 2)Output Labels, and
    3)Dropout probability
    cnn_feed_dict = {data_tensor: shuffled_data,
                    label_tensor: shuffled_labels,
                    keep_prop: 0.5}


# Training the CNN based on the current patch.
# CNN error is used as input in the run to minimize it.
# SoftMax predictions are returned to compute the classification accuracy.


    softmax_predictions_, _ = sess.run([softmax_predictions, error], feed_
    dict=cnn_feed_dict)
    #Calculating number of correctly classified samples.
    correct = numpy.array(numpy.where(softmax_predictions_ == shuffled_
    labels))
    correct = correct.size
    print("Correct predictions/", str(percent * 50000/100), ' : ', correct)


#Closing the session
```

```
sess.close()
```

无须馈送整个训练数据给 CNN，仅使用返回的数据的子集即可。这有助于根据可用的内存大小调整数据。根据代码清单 6-32，使用 get_patch 函数返回数据的子集。这个函数接收输入数据、标签和数据返回样本的百分比作为参数。然后，根据指定的百分比返回数据子集。

代码清单 6-32　将数据集拆分为小块

```
def get_patch(data, labels, percent=70):
    num_elements = numpy.uint32(percent*data.shape[0]/100)
    shuffled_labels = labels#Temporary variable to hold the data after
    being shuffled.
    numpy.random.shuffle(shuffled_labels)#Randomly reordering the labels.

    return data[shuffled_labels[:num_elements], :, :, :], shuffled_
    labels[:num_elements]
```

6.3.4　保存已训练模型

根据代码清单 6-33，在训练 CNN 后，我们保存模型以备后用。读者应改变模型保存的路径，使其适合自己的系统。

代码清单 6-33　保存已训练的 CNN 模型

```
#Saving the model after being trained.
saver = tensorflow.train.Saver()
save_model_path = "\\AhmedGad\\model\\"
save_path=saver.save(sess=sess,save_path=save_model_path+"model.ckpt")
print("Model saved in : ", save_path)
```

6.3.5　构建和训练 CNN 的完整代码

在浏览了项目的所有部分(从读取数据到保存已训练的模型)后，其步骤可汇总为如图 6-16 所示。代码清单 6-34 给出了训练模型的完整代码。在保存了训练过的模型后，我们将使用它预测测试数据的类标签。

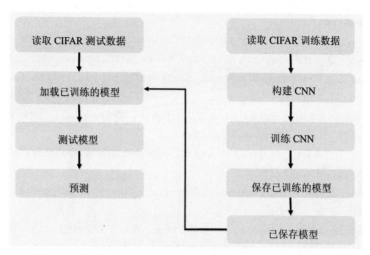

图 6-16 构建使用 CIFAR10 数据集训练的 CNN 的步骤汇总

代码清单 6-34 使用 CIFAR10 数据集训练 CNN 的完整代码

```
import pickle
import tensorflow
import numpy
import matplotlib.pyplot
import scipy.misc
import os


def get_dataset_images(dataset_path, im_dim=32, num_channels=3):
    """

    This function accepts the dataset path, reads the data, and returns it
    after being reshaped to match the requirements of the CNN.
    :param dataset_path:Path of the CIFAR10 dataset binary files.
    :param im_dim:Number of rows and columns in each image. The image is
    expected to be rectangular.
    :param num_channels:Number of color channels in the image.
    :return:Returns the input data after being reshaped and output labels.
    """


    num_files = 5#Number of training binary files in the CIFAR10 dataset.
    images_per_file = 10000#Number of samples within each binary file.
    files_names = os.listdir(patches_dir)#Listing the binary files in the
```

dataset path.

```
# Creating an empty array to hold the entire training data after being
reshaped. The dataset has 5 binary files holding the data. Each binary
file has 10,000 samples. Total number of samples in the dataset is
5*10,000=50,000.
# Each sample has a total of 3,072 pixels. These pixels are reshaped to
form a RGB image of shape 32x32x3.
# Finally, the entire dataset has 50,000 samples and each sample of shape
32x32x3 (50,000x32x32x3).
    dataset_array = numpy.zeros(shape=(num_files * images_per_file, im_dim,
    im_dim, num_channels))
    #Creating an empty array to hold the labels of each input sample. Its
    size is 50,000 to hold the label of each sample in the dataset.
    dataset_labels = numpy.zeros(shape=(num_files * images_per_file),
    dtype=numpy.uint8)
    index = 0#Index variable to count number of training binary files being
    processed.
    for file_name in files_names:
# Because the CIFAR10 directory does not only contain the desired training
files and has some other files, it is required to filter the required
files. Training files start by 'data_batch_' which is used to test whether
the file is for training or not.
        if file_name[0:len(file_name) - 1] == "data_batch_":
            print("Working on : ", file_name)
# Appending the path of the binary files to the name of the current file.
# Then the complete path of the binary file is used to decoded the file and
return the actual pixels values.
            data_dict = unpickle_patch(dataset_path+file_name)
# Returning the data using its key 'data' in the dictionary.
# Character b is used before the key to tell it is binary string.
    images_data = data_dict[b"data"]
    #Reshaping all samples in the current binary file to be of
    32x32x3 shape.
    images_data_reshaped = numpy.reshape(images_data,
    newshape=(len(images_data), im_dim, im_dim, num_channels))
    #Appending the data of the current file after being reshaped.
    dataset_array[index * images_per_file:(index + 1) * images_per_
    file, :, :, :] = images_data_reshaped
```

```
   #Appending the labels of the current file.
   dataset_labels[index * images_per_file:(index + 1) * images_
   per_file] = data_dict[b"labels"]
   index = index + 1#Incrementing the counter of the processed
   training files by 1 to accept new file.
 return dataset_array, dataset_labels#Returning the training input data
 and output labels.


def unpickle_patch(file):
  """


  Decoding the binary file.
  :param file:File path to decode its data.
  :return: Dictionary of the file holding details including input data
  and output labels.
  """
 patch_bin_file = open(file, 'rb')#Reading the binary file.
 patch_dict = pickle.load(patch_bin_file, encoding='bytes')#Loading the
 details of the binary file into a dictionary.
 return patch_dict#Returning the dictionary.


def get_patch(data, labels, percent=70):
  """


  Returning patch to train the CNN.
  :param data: Complete input data after being encoded and reshaped.
  :param labels: Labels of the entire dataset.
  :param percent: Percent of samples to get returned in each patch.
  :return: Subset of the data (patch) to train the CNN model.
  """


 #Using the percent of samples per patch to return the actual number of
 samples to get returned.
 num_elements = numpy.uint32(percent*data.shape[0]/100)
 shuffled_labels = labels#Temporary variable to hold the data after
 being shuffled.
 numpy.random.shuffle(shuffled_labels)#Randomly reordering the labels.
# The previously specified percent of the data is returned starting from
```

the beginning until meeting the required number of samples.
The labels indices are also used to return their corresponding input images samples.
```python
    return data[shuffled_labels[:num_elements], :, :, :], shuffled_
    labels[:num_elements]


def create_conv_layer(input_data, filter_size, num_filters):
    """

    Builds the CNN convolution (conv) layer.
    :param input_data:patch data to be processed.
    :param filter_size:#Number of rows and columns of each filter. It is
    expected to have a rectangular filter.
    :param num_filters:Number of filters.
    :return:The last fully connected layer of the network.
    """


    # Preparing the filters of the conv layer by specifying its shape.
    # Number of channels in both input image and each filter must match.
    # Because number of channels is specified in the shape of the input image
    # as the last value, index of -1 works fine.
    filters = tensorflow.Variable(tensorflow.truncated_
    normal(shape=(filter_size, filter_size, tensorflow.cast(input_data.
    shape[-1], dtype=tensorflow.int32), num_filters), stddev=0.05))
    print("Size of conv filters bank : ", filters.shape)


    # Building the convolution layer by specifying the input data, filters,
    # strides along each of the 4 dimensions, and the padding.
    # Padding value of 'VALID' means the some borders of the input image will
    # be lost in the result based on the filter size.
    conv_layer = tensorflow.nn.conv2d(input=input_data,
                                      filter=filters,
                                      strides=[1, 1, 1, 1],
                                      padding="VALID")
    print("Size of conv result : ", conv_layer.shape)
    return filters, conv_layer#Returning the filters and the convolution
    layer result.
```

```
def create_CNN(input_data, num_classes, keep_prop):
    """

    Builds the CNN architecture by stacking conv, relu, pool, dropout, and
    fully connected layers.
    :param input_data:patch data to be processed.
    :param num_classes:Number of classes in the dataset. It helps to
    determine the number of outputs in the last fully connected layer.
    :param keep_prop:probability of keeping neurons in the dropout layer.
    :return: last fully connected layer.
    """

    #Preparing the first convolution layer.
    filters1, conv_layer1 = create_conv_layer(input_data=input_data,
    filter_size=7, num_filters=4)
# Applying ReLU activation function over the conv layer output.
# It returns a new array of the same shape as the input array.
    relu_layer1 = tensorflow.nn.relu(conv_layer1)
    print("Size of relu1 result : ", relu_layer1.shape)
# Max-pooling is applied to the ReLU layer result to achieve translation
invariance. It returns a new array of a different shape from the input
array relative to the strides and kernel size used.
    max_pooling_layer1 = tensorflow.nn.max_pool(value=relu_layer1,
                                                ksize=[1, 2, 2, 1],
                                                strides=[1, 1, 1, 1],
                                                padding="VALID")
    print("Size of maxpool1 result : ", max_pooling_layer1.shape)

    #Similar to the previous conv-relu-pool layers, new layers are just
    stacked to complete the CNN architecture.
    #Conv layer with 3 filters and each filter is of size 5x5.
    filters2, conv_layer2 = create_conv_layer(input_data=max_pooling_
    layer1, filter_size=5, num_filters=3)
    relu_layer2 = tensorflow.nn.relu(conv_layer2)
    print("Size of relu2 result : ", relu_layer2.shape)
    max_pooling_layer2 = tensorflow.nn.max_pool(value=relu_layer2,
                                                ksize=[1, 2, 2, 1],
                                                strides=[1, 1, 1, 1],
```

```
                                        padding="VALID")
    print("Size of maxpool2 result : ", max_pooling_layer2.shape)


    #Conv layer with 2 filters and a filter size of 5x5.
    filters3, conv_layer3 = create_conv_layer(input_data=max_pooling_
    layer2, filter_size=3, num_filters=2)
    relu_layer3 = tensorflow.nn.relu(conv_layer3)
    print("Size of relu3 result : ", relu_layer3.shape)
    max_pooling_layer3 = tensorflow.nn.max_pool(value=relu_layer3,
                                        ksize=[1, 2, 2, 1],
                                        strides=[1, 1, 1, 1],
                                        padding="VALID")
    print("Size of maxpool3 result : ", max_pooling_layer3.shape)


    #Adding dropout layer before the fully connected layers to avoid
    overfitting.
    flattened_layer = dropout_flatten_layer(previous_layer=max_pooling_
    layer3, keep_prop=keep_prop)


    #First fully connected (FC) layer. It accepts the result of the dropout
    layer after being flattened (1D).
    fc_result1 = fc_layer(flattened_layer=flattened_layer, num_
    inputs=flattened_layer.get_shape()[1:].num_elements(),
                        num_outputs=200)
    #Second fully connected layer accepting the output of the previous
    fully connected layer. Number of outputs is equal to the number of
    dataset classes.
    fc_result2 = fc_layer(flattened_layer=fc_result1, num_inputs=fc_
    result1.get_shape()[1:].num_elements(),
                        num_outputs=num_classes)
    print("Fully connected layer results : ", fc_result2)
    return fc_result2#Returning the result of the last FC layer.


def dropout_flatten_layer(previous_layer, keep_prop):
    """


    Applying the dropout layer.
    :param previous_layer: Result of the previous layer to the dropout
```

```
layer.
:param keep_prop: Probability of keeping neurons.
:return: flattened array.
"""

dropout = tensorflow.nn.dropout(x=previous_layer, keep_prob=keep_prop)
num_features = dropout.get_shape()[1:].num_elements()
layer = tensorflow.reshape(previous_layer, shape=(-1, num_features))
#Flattening the results.
return layer


def fc_layer(flattened_layer, num_inputs, num_outputs):
    """

    building a fully connected (FC) layer.
    :param flattened_layer: Previous layer after being flattened.
    :param num_inputs: Number of inputs in the previous layer.
    :param num_outputs: Number of outputs to be returned in such FC layer.
    :return:
    """

    #Preparing the set of weights for the FC layer. It depends on the
    number of inputs and number of outputs.
    fc_weights = tensorflow.Variable(tensorflow.truncated_
    normal(shape=(num_inputs, num_outputs), stddev=0.05))
    #Matrix multiplication between the flattened array and the set of
    weights.
    fc_result1 = tensorflow.matmul(flattened_layer, fc_weights)
    return fc_result1#Output of the FC layer (result of matrix
    multiplication).


#*************************************************************
#Number of classes in the dataset. Used to specify number of outputs in
the last FC layer.
num_dataset_classes = 10
#Number of rows & columns in each input image. The image is expected to be
rectangular Used to reshape the images and specify the input tensor shape.
im_dim = 32
```

```
# Number of channels in each input image. Used to reshape the images and
specify the input tensor shape.
num_channels = 3

#Directory at which the training binary files of the CIFAR10 dataset are
saved.
patches_dir = "\\AhmedGad\\cifar-10-python\\cifar-10-batches-py\\"
#Reading the CIFAR10 training binary files and returning the input data and
output labels. Output labels are used to test the CNN prediction accuracy.
dataset_array, dataset_labels = get_dataset_images(dataset_path=patches_
dir, im_dim=im_dim, num_channels=num_channels)
print("Size of data : ", dataset_array.shape)

# Input tensor to hold the data read in the preceding. It is the entry
point of the computational graph.
# The given name of 'data_tensor' is useful for retrieving it when
restoring the trained model graph for testing.
data_tensor = tensorflow.placeholder(tensorflow.float32, shape=[None, im_
dim, im_dim, num_channels], name='data_tensor')

# Tensor to hold the outputs label.
# The name "label_tensor" is used for accessing the tensor when testing the
saved trained model after being restored.
label_tensor = tensorflow.placeholder(tensorflow.float32, shape=[None],
name='label_tensor')

#The probability of dropping neurons in the dropout layer. It is given a
name for accessing it later.
keep_prop = tensorflow.Variable(initial_value=0.5, name="keep_prop")

#Building the CNN architecture and returning the last layer which is the FC
layer.
fc_result2 = create_CNN(input_data=data_tensor, num_classes=num_dataset_
classes, keep_prop=keep_prop)

# Predictions propabilities of the CNN for each training sample.
# Each sample has a probability for each of the 10 classes in the dataset.
# Such a tensor is given a name for accessing it later.
```

```
softmax_probabilities = tensorflow.nn.softmax(fc_result2, name="softmax_
probs")

# Predictions labels of the CNN for each training sample.
# The input sample is classified as the class of the highest probability.
# axis=1 indicates that maximum of values in the second axis is to be
returned. This returns that maximum class probability of each sample.
softmax_predictions = tensorflow.argmax(softmax_probabilities, axis=1)

#Cross entropy of the CNN based on its calculated propabilities.
cross_entropy = tensorflow.nn.softmax_cross_entropy_with_
logits(logits=tensorflow.reduce_max(input_tensor=softmax_propabilities,
reduction_indices=[1]),labels=label_tensor)
#Summarizing the cross entropy into a single value (cost) to be minimized
by the learning algorithm.
cost = tensorflow.reduce_mean(cross_entropy)
#Minimizing the network cost using the Gradient Descent optimizer with a
learning rate is 0.01.
ops = tensorflow.train.GradientDescentOptimizer(learning_rate=.01).
minimize(cost)

#Creating a new TensorFlow Session to process the computational graph.
sess = tensorflow.Session()
#Writing summary of the graph to visualize it using TensorBoard.
tensorflow.summary.FileWriter(logdir="\\AhmedGad\\TensorBoard\\",
graph=sess.graph)
#Initializing the variables of the graph.
sess.run(tensorflow.global_variables_initializer())

# Because it may be impossible to feed the complete data to the CNN on
normal machines, it is recommended to split the data into a number of
patches. A subset of the training samples is used to create each path.
Samples for each path can be randomly selected.

num_patches = 5#Number of patches
for patch_num in numpy.arange(num_patches):
  print("Patch : ", str(patch_num))
  percent = 80 #percent of samples to be included in each path.
```

```
#Getting the input-output data of the current path.
shuffled_data, shuffled_labels = get_patch(data=dataset_array,
labels=dataset_labels, percent=percent)
#Data required for cnn operation. 1)Input Images, 2)Output Labels,
and 3)Dropout probability
cnn_feed_dict = {data_tensor: shuffled_data,
    label_tensor: shuffled_labels,
    keep_prop: 0.5}

# Training the CNN based on the current patch.
# CNN error is used as input in the run to minimize it.
# SoftMax predictions are returned to compute the classification accuracy.

softmax_predictions_, _ = sess.run([softmax_predictions, ops], feed_
dict=cnn_feed_dict)
#Calculating number of correctly classified samples.
correct = numpy.array(numpy.where(softmax_predictions_ == shuffled_
labels))
correct = correct.size
print("Correct predictions/", str(percent * 50000/100), ' : ', correct)

#Closing the session
sess.close()

#Saving the model after being trained.
saver = tensorflow.train.Saver()
save_model_path = " \\AhmedGad\\model\\"
save_path = saver.save(sess=sess, save_path=save_model_path+"model.ckpt")
print("Model saved in : ", save_path)
```

6.3.6　准备测试数据

在测试训练模型之前，需要准备测试数据并重新运行先前的训练模型。除了只存在一个二进制文件需要解码外，测试数据的准备与训练数据的准备类似。根据代码清单 6-35，基于修正的 get_dataset_images 函数解码测试文件。注意，由于我们假设存在两个独立的脚本(一个用于训练，另一个用于测试)，因此它与解码训练数据所使用的函数名称相同。这个函数调用 unpickle_patch 的方式与先前对训练数据所做的事情完全相同。

代码清单 6-35　保存已训练的 CNN 模型

```
def get_dataset_images(test_path_path, im_dim=32, num_channels=3):
  data_dict = unpickle_patch(test_path_path)
  images_data = data_dict[b"data"]
  dataset_array=numpy.reshape(images_data,newshape=(len(images_data),
  im_dim, im_dim, num_channels))
  return dataset_array, data_dict[b"labels"]
```

6.3.7　测试已训练的 CNN 模型

根据图 6-16，我们使用保存的模型预测测试数据的标签。根据代码清单 6-36，在准备了测试数据并恢复已训练模型后，我们开始测试模型。值得一提的是，在训练 CNN 时，会话运行要最小化成本。在测试中，我们对最小化成本不再感兴趣，我们仅希望返回数据样本的预测。这就是 TF 会话运行获取 softmax_ propabilities 和 softmax_predictions 张量仅返回预测结果的原因。

恢复图时，我们将测试数据赋值给训练阶段的名为 data_tensor 的张量，同时将样本标签赋值给名为 label_tensor 的张量。

另一个有趣的地方是，现在我们将丢弃层的保留概率 keep_prop 设置为 1.0。这意味着不丢弃任何神经元(即使用所有神经元)。这就是我们在确定丢弃什么神经元后仅使用预训练模型的原因。现在，我们仅使用模型先前所做的东西，对做出任何修改都不感兴趣。

代码清单 6-36　测试已训练的 CNN

```
#Dataset path containing the testing binary file to be decoded.
patches_dir = "\\AhmedGad\\cifar-10-python\\cifar-10-batches-py\\"
dataset_array, dataset_labels = get_dataset_images(test_path_path=patches_
dir + "test_batch", im_dim=32, num_channels=3)
print("Size of data : ", dataset_array.shape)

sess = tensorflow.Session()
#Restoring the previously saved trained model.
saved_model_path = '\\AhmedGad\\model\\'
saver = tensorflow.train.import_meta_graph(saved_model_path+'model.ckpt.meta')
saver.restore(sess=sess, save_path=saved_model_path+'model.ckpt')

#Initializing the variables.
sess.run(tensorflow.global_variables_initializer())
```

```
graph = tensorflow.get_default_graph()

softmax_propabilities = graph.get_tensor_by_name(name="softmax_probs:0")
softmax_predictions = tensorflow.argmax(softmax_propabilities, axis=1)
data_tensor = graph.get_tensor_by_name(name="data_tensor:0")
label_tensor = graph.get_tensor_by_name(name="label_tensor:0")

keep_prop = graph.get_tensor_by_name(name="keep_prop:0")
#keep_prop is equal to 1 because there is no more interest to remove
neurons in the testing phase.
feed_dict_testing = {data_tensor: dataset_array,
                     label_tensor: dataset_labels,
                     keep_prop: 1.0}

#Running the session to predict the outcomes of the testing samples.
softmax_propabilities_, softmax_predictions_ = sess.run([softmax_
propabilities, softmax_predictions], feed_dict=feed_dict_testing)

#Assessing the model accuracy by counting number of correctly
classified samples.
correct = numpy.array(numpy.where(softmax_predictions_ ==
dataset_labels))
correct = correct.size
print("Correct predictions/10,000 : ", correct)

#Closing the session
sess.close()
```

现在，我们已经成功地构建了 CNN 模型，可用于分类 CIFAR10 数据集的图像。在第 7 章中，我们将把保存的已训练 CNN 模型部署到使用 Flask 创建的 Web 服务器，这样互联网用户就可以访问该模型。

第 7 章

■ ■ ■

部署预训练模型

在构建深度学习模型的流程中,创建模型是最艰难的一步,但是困难不止于此。为了从所创建的模型中受益,应让用户可以远程访问它们。用户的反馈将有助于改进模型的性能。

本章将讨论如何部署预训练模型上线,供互联网用户访问。借助微 Web 框架 Flask,我们可以使用 Python 语言创建 Web 应用。通过使用 HTML(超文本标记语言)、CSS(层叠样式表)和 JavaScript,我们可以构建简单的网页,允许用户发送和接收服务器的 HTTP(超文本传输协议)请求。用户使用 Web 浏览器访问应用,并且能够将图像上传到服务器上。基于部署的模型,我们对图像进行分类,类标签将会返回给用户。此外,我们创建了 Android 应用访问 Web 服务器。本章假定读者具备 HTML、CSS、JavaScript 和 Android 的基本知识。读者可以按照 http://flask.pocoo.org/docs/1.0/installation/链接中的说明来安装 Flask。

7.1   应用概述

我们将本章的目标应用汇总为如图 7-1 所示,它扩展了第 6 章中的步骤:构建使用 TF 的 CNN 数据流图,然后在 CIFAR10 数据集上训练模型,最终保存已训练模型以进行部署。通过使用 Flask,创建监听客户端请求的 Web 应用。客户端从使用 HTML、CSS 和 JavaScript 创建的网页访问 Web 应用。

服务器加载已保存的模型,打开会话并等待来自客户端的请求。客户端使用 Web 浏览器打开网页,上传图像给服务器进行分类。服务器基于图像尺寸确保其属于 CIFAR10 数据集。此后,我们将图像送入模型进行分类。模型响应客户端,返回预测标签。最终,客户端将标签显示在网页上。我们针对 Android 设备进行定制,Android 应用发送 HTTP 请求给服务器,接收创建的分类标签。

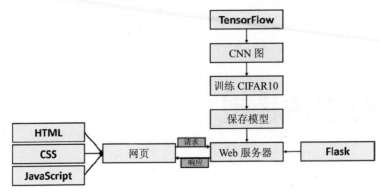

图 7-1　应用总览

本章将会讨论应用的每个步骤，直到顺利完成。

7.2　Flask 介绍

Flask 是构建 Web 应用的微框架。由于微小，因此它不支持其他框架支持的一些功能。我们称其为"微小"，是因为它有构建应用所需的核心条件。通过使用扩展，我们可以添加所需的功能。Flask 让用户自己决定使用什么。例如，它不自带特定的数据库，可让用户自由选择使用哪个数据库。

Flask 使用 WSGI(Web 服务器网关接口)。WSGI 是服务器处理来自 Python Web 应用的请求的机制。我们将其视为服务器与应用之间的通信通道。在服务器接收到请求后，WSGI 进程处理请求，并发送给使用 Python 编写的应用。WSGI 接收应用的响应，返回给服务器。然后，服务器响应客户端。Flask 使用 Werkzeug，后者是 WSGI 实现请求和响应的实用程序。Flask 也使用 jinja2(jinja2 是用于构建模板网页的模板引擎，这些网页可以在以后使用数据动态地进行填充)。

为开始使用 Flask，让我们根据代码清单 7-1 谈论最小的 Flask 应用。构建 Flask 应用所做的第一件事情是创建 Flask 类的实例。使用类构造函数创建 App 实例。构造函数强制性的 import_name 参数非常重要，我们用它查找应用资源。如果在 FlaskApp\firstApp.py 中找到应用，那么将这个参数设置为 FlaskApp。例如，如果在应用目录下有一个 CSS 文件，那么我们使用这个参数查找该文件。

代码清单 7-1　最小的 Flask 应用

```
import flask

app = flask.Flask(import_name="FlaskApp")

@app.route(rule="/")
def testFunc():
```

```
            return "Hello"


app.run()
```

Flask 应用由一组函数组成，每个函数都与 URL(统一资源定位器)相关联。当客户端导航到 URL 时，服务器向应用发送请求以响应客户端。应用使用与 URL 相关联的视图函数进行响应。视图函数返回经过渲染的 Web 页面作为响应。这留给我们一个问题：如何将函数与 URL 相关联？幸运的是，答案很简单。

7.2.1　route()装饰器

首先，函数是可以接收参数的普通 Python 函数。在代码清单 7-1 中，我们称此函数为 testFunc()，它还未接收任何参数。它返回字符串 Hello。这意味着，当客户端访问与函数相关联的 URL 时，字符串 Hello 将会渲染在屏幕上。URL 使用 route()装饰器与函数相关联。由于 route()装饰器的工作机制像路由器，因此我们称之为 route。路由器接收输入消息，并决定发送到哪个输出接口。此外，装饰器接收输入 URL 并决定调用哪个函数。

route()装饰器接收名为 rule 的参数，rule 表示与装饰器之下的视图函数相关联的 URL。根据代码清单 7-1，route()装饰器将表示主页的 URL/与名为 testFunc()的视图函数相关联。

在完成这个简单的应用后，下一步是使用 Flask 类中的 run()方法运行脚本来激活应用。运行应用的结果如图 7-2 所示。根据输出，服务器默认监听 IP 地址 127.0.0.1(这是一个回环地址)。这意味着服务器仅监听来自端口 5000 的本地主机的请求。

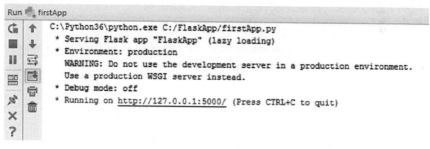

图 7-2　运行第一个 Flask 应用后的控制台输出

当使用 Web 浏览器通过地址 127.0.0.1:5000/访问服务器时，会调用 testFunc()函数。它的输出被渲染到 Web 浏览器上，如图 7-3 所示。

Hello

图 7-3　访问与 testFunc()函数相关联的 URL

我们可以使用 run()方法中的 host 和 port 参数覆盖 IP 和端口的默认值。覆盖了这些参数的默认值后，run()方法如下所示。

```
app.run(host="127.0.0.5", port=6500)
```

图 7-4 显示了设置主机为 127.0.0.5 和端口号为 6500 后的结果。要确保无应用使用所选择的端口。

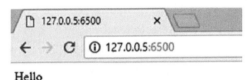

Hello

图 7-4　通过重写 run()方法的默认值监听不同的主机和端口

对于服务器所接收的每个请求(如图 7-5 所示)，HTTP 请求方法、URL 和响应代码都打印在控制台上。例如，当访问主页时，请求返回 200，这意味着网页已成功定位。访问不存在的网页(如 127.0.0.5:6500/abc)会返回 404 作为响应代码，这意味着找不到网页。这有助于调试应用。

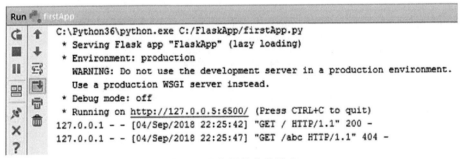

图 7-5　服务器接收的请求

run()方法中另一个有用的参数名为 debug。这是用于确定是否打印出调试信息的布尔参数，参数值默认为 False。当将此参数设置为 True 时，对于代码的每一次更改，我们不必重启服务器。这在开发应用时是有用的。在进行每个更改后会保存应用的 Python 文件，服务器将自动重新加载自己。根据图 7-6，服务器使用 6500端口启动。在将端口号改为 6300 后，服务器自动加载自己来监听新端口。

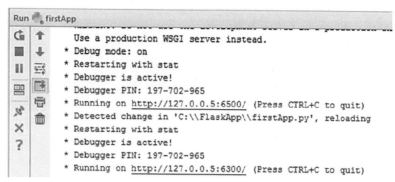

图 7-6 当调试为激活状态时，服务器在每次更改后自动加载

7.2.2 add_rule_url 方法

先前，我们使用 route()装饰器将 URL 与函数绑定。装饰器在内部调用 Flask 类中的 add_url_rule()方法。这个方法与其他任意的装饰器做一样的工作。根据代码清单 7-2，我们可以直接使用这个方法。与以前一样，这个方法接收 rule 参数，同时还接收 view_func 参数。view_func 参数指定了与该 rule 相关联的视图函数。这个参数设置为该函数名，即 testFunc。当我们使用 route()装饰器时，将隐式地知道该函数。该函数要放在装饰器之下。注意，不必在这个函数下调用 add_url_rule()方法。运行这个代码会返回与先前一样的结果。

代码清单 7-2 使用 add_url_rule()方法

```
import flask


app = flask.Flask(import_name="FlaskApp")


def testFunc():
    return "Hello"
app.add_url_rule(rule="/", view_func=testFunc)


app.run(host="127.0.0.5", port=6300, debug=True)
```

7.2.3 变量规则

先前的规则是静态的，在规则中添加变量部分是可能的。我们将这些变量视为参数。在规则的静态部分之后，我们添加变量部分(两个尖括号<>之间)。根据代码清单 7-3，我们可以更改先前的代码，使之接收表示名字的变量参数。现在，主页的规则为/<name>而不只是/。如果客户端导航到URL(127.0.0.5:6300/Gad)，那么name就被设置为 Gad。

代码清单 7-3 规则中添加变量部分

```
import flask

app = flask.Flask(import_name="FlaskApp")

def testFunc(name):
    return "Hello : " + name
app.add_url_rule(rule="/<name>",view_func=testFunc,endpoint="home")

app.run(host="127.0.0.5", port=6300, debug=True)
```

注意，在视图函数中必须有参数接收 URL 的变量部分。出于这个原因，我们将 testFunc()更改为接收与规则所定义的名称相同的参数。同时，我们也使其返回 name 参数的值。图 7-7 显示了使用变量规则后的结果。改变变量部分并访问主页将会改变输出。

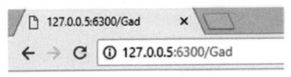

Hello : Gad

图 7-7 在规则中使用变量部分

在规则中使用多个变量部分是可能的。根据代码清单 7-4，规则接收两个分别表示名和姓(使用连字符分隔)的参数。

代码清单 7-4 使用多个变量部分

```
import flask

app = flask.Flask(import_name="FlaskApp")

def testFunc(fname, lname):
    return "Hello : " + fname + " " + lname
app.add_url_rule(rule="/<fname>-<lname>", view_func=testFunc,
endpoint="home")

app.run(host="127.0.0.5", port=6300, debug=True)
```

访问 URL(127.0.0.5:6300/Ahmed-Gad)会将 fname 设置为 Ahmed，将 lname 设置为 Gad。结果如图 7-8 所示。

Hello : Ahmed Gad

图 7-8 在规则中有多个变量部分

7.2.4 端点

add_url_rule()方法接收名为 endpoint 的第三个参数。这是规则的标识符，有助于多次重新使用规则。注意，route()装饰器中也存在这个参数。我们默认将端点的值设置为视图函数。这里是 endpoint 非常重要的一种场景。

假设网站有两个页面，每个页面分配了一个规则。第一个规则为/，第二个规则为/addNums/<num1>-<num2>。第二个页面有两个参数，表示两个数字。我们将这两个数字加在一起，将结果返回给主页进行渲染。代码清单 7-5 给出了创建这些规则以及对应视图函数的代码。我们给 testFunc()视图函数分配了一个 endpoint，将其值设置为 home。

add_func()视图函数接收两个参数，是与其相关联的规则的变量部分。由于这些参数的值为字符串类型，因此使用 int()函数将它们转换为整数。然后，将这两个数相加，结果存入 num3 变量中。这个函数返回的不是数字，而是使用 redirect()方法重定向到另一个页面。此方法接收重定向的位置。

代码清单 7-5 使用端点在页面之间跳转

```
import flask

app = flask.Flask(import_name="FlaskApp")

def testFunc(result):
    return "Result is : " + result
app.add_url_rule(rule="/<result>",view_func=testFunc,endpoint="home")

def add_func(num1, num2):
    num3 = int(num1) + int(num2)
    return flask.redirect(location=flask.url_for("home",result=num3))
app.add_url_rule(rule="/addNums/<num1>-<num2>",view_func=add_func)

app.run(host="127.0.0.5", port=6300, debug=True)
```

不需要硬编码 URL，我们可以简单地使用端点返回它。使用 from_url()方法从端点返回 URL。from_url()方法接收规则的端点以及该规则所接收的任何变量。由于主页规则接收了名为 result 的变量，因此我们必须在 from_url()方法内部添加名为 result 的参数并对其赋值。赋给此变量的值为 num3。通过导航到 URL(127.0.0.5:6300/addNums/1-2)，数字 1 和 2 相加，结果为 3。然后函数重定向到主页，其中规则的 result 变量的值被设置为 3。

比起硬编码 URL，使用端点会使事情变得容易。我们可以简单地将 redirect()方法的 location 参数分配给规则/，但是不推荐这样做。假设主页的 URL 由/更改为/home，那么我们必须对主页的每个引用都应用这个更改。此外，假设 URL 非常长，如 127.0.0.5:6300/home/page1。每次我们需要引用它时，输入 URL 都是一件令人厌烦的事。我们可以将端点视为 URL 的简化。

证明使用端点很重要的另一种情况是，网站管理员可能决定更改网页的地址。如果通过复制粘贴 URL 多次引用了页面，那么我们必须处处更改此 URL。使用端点避免了这个问题。端点不必像 URL 那样频繁更改，因此即使更改了页面的 URL，网站依然保持活跃。注意，不使用端点进行重定向会使将变量部分传递给规则变得比较困难。

代码清单 7-5 中的代码接收了 URL 中要进行加法操作的输入数字。我们可以创建简单的 HTML 表单，允许用户输入这些数字。

7.2.5 HTML 表单

add_url_rule()方法以及 route()装饰器接收名为 methods 的另一个参数。它接收指定规则所响应的 HTTP 方法的列表。这个规则可以响应多种类型的方法。

存在两种常见的 HTTP 方法：GET 和 POST。GET 方法为默认方法，发送未加密的数据。POST 方法用于将 HTML 表单数据发送给服务器。下面创建一个简单的表单，它接收两个数字并将它们发送给 Flask 应用进行求和操作和渲染。

代码清单 7-6 给出了创建表单的 HTML 代码，包括两个类型为 number 的输入和一个类型为 submit 的输入。我们将表单方法设置为 post，其动作为 http://127.0.0.5:6300/form。这个动作表示表单数据将要送往哪个页面。存在一个规则将 URL 与视图函数相关联，这个视图函数从表单中获得两个数字，进行求和操作并渲染结果。由于在提交表单后，只有具有 name 属性的元素才会发送给服务器，因此表单元素的名称非常重要。在 Flask 应用内部，我们使用元素的名称作为标识符，获取元素数据。

代码清单 7-6 HTML 表单

```
<html>
<header>
<title>HTML Form</title>
</header>
<body>
```

```
<form method="post" action="http://127.0.0.5:6300/form">
<span>Num1 </span>
<input type="number" name="num1"><br>
<span>Num2 </span>
<input type="number" name="num2"><br>
<input type="submit" name="Add">
</form>

</body>
</html>
```

HTML 表单如图 7-9 所示。

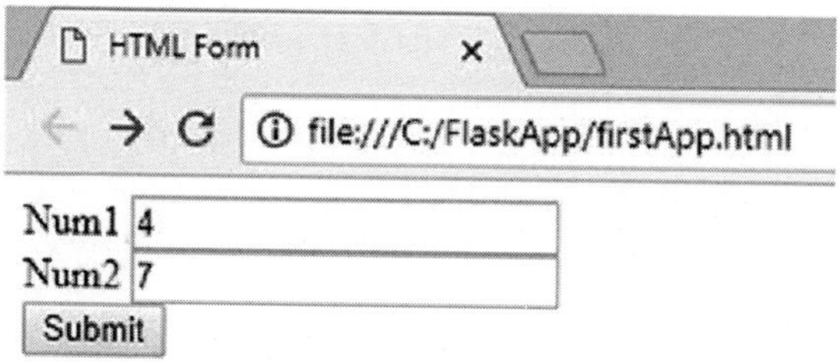

图 7-9　具有两个数值输入的 HTML 表单

在提交表单后，代码清单 7-7 中的 Flask 应用获取表单数据。规则/form 与 handle_form()函数相关联。它仅响应 POST 类型的 HTTP 消息。在函数内部，使用 flask.request.form 字典返回表单元素。我们使用每个 HTML 表单元素的名称作为该对象的索引，返回它们的值。例如，使用 flask.request.form["num1"]返回名为 num1 的第一个表单元素的值。

代码清单 7-7　获取 HTML 表单数据的 Flask 应用

```
import flask

app = flask.Flask(import_name="FlaskApp")

def handle_form():
    num1 = flask.request.form["num1"]
    num1 = int(num1)
    num2 = flask.request.form["num2"]
    num2 = int(num2)
```

```
    result = num1 + num2
    result = str(result)
    return "Result is : " + result
app.add_url_rule(rule="/form",view_func=handle_form,methods=["POST"])

app.run(host="127.0.0.5", port=6300, debug=True)
```

由于通过索引 flask.request.form 对象返回的值是字符串，因此我们必须使用 int() 函数将其转换为整数。两个数相加后，我们将结果存储在 result 变量中。我们将这个变量转换为字符串类型，然后将这个值与字符串连接。使用 handle_form 视图函数返回连接的字符串。渲染的结果如图 7-10 所示。

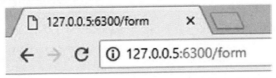

图 7-10　将两个数值型 HTML 表单元素相加的结果

7.2.6　上传文件

使用 Flask 上传文件非常简单，它类似于先前的示例，但是有一些改变。在 HTML 表单中创建了 file 类型的输入。我们将表单加密类型属性 enctype 设置为 multipart/form-data。上传文件的 HTML 表单代码如代码清单 7-8 所示。表单的截图如图 7-11 所示。

代码清单 7-8　上传文件的 HTML 表单

```
<html>
<header>
<title>HTML Form</title>
</header>
<body>

<form method="post" enctype="multipart/form-data"
action="http://127.0.0.5:6300/form">
<span>Select File to Upload</span><br>
<input type="file" name="fileUpload"><br>
<input type="submit" name="Add">
</form>

</body>
```

```
</html>
```

图 7-11 上传文件的 HTML 表单

根据代码清单 7-9，在选择了上传的图像后，我们将其发送给所创建的 Flask 应用。我们再次将规则设置为仅响应 POST 类型的 HTTP 消息。先前，我们使用 flask.request.form 对象检索数据字段。现在，我们使用 flask.request.files 返回上传文件的详细信息。我们使用表单输入的名称 fileUpload 作为该对象的索引，返回上传的文件。注意，flask.request 是全局对象，接收客户端网页的数据。

为保存文件，我们使用 filename 属性检索其名称。我们不推荐根据用户提交的名称保存文件。一些文件名称的设置是意图伤害服务器。为了使保存文件变得安全，我们使用 werkzeug.secure_filename()函数。请记住导入 werkzeug 模块。

代码清单 7-9 将文件上传给服务器的 Flask 应用

```python
import flask, werkzeug

app = flask.Flask(import_name="FlaskApp")

def handle_form():
    file = flask.request.files["fileUpload"]
    file_name = file.filename
    secure_file_name = werkzeug.secure_filename(file_name)
    file.save(dst=secure_file_name)
    return "File uploaded successfully."
app.add_url_rule(rule="/form",view_func=handle_form,methods=["POST"])

app.run(host="127.0.0.5", port=6300, debug=True)
```

我们将安全的文件名返回给 secure_file_name 变量。最后，我们调用 save()方法永久地保存文件。这个方法接受文件保存的目的地。由于仅使用了文件名，因此我们将其保存在 Flask 应用 Python 文件的当前目录中。

7.2.7 Flask 应用内的 HTML

从先前的视图函数中返回的输出仅出现在网页上而没有任何格式的文本。Flask 支持在 Python 代码内部生成 HTML 的内容，这有助于更好地渲染结果。代码清单 7-10 给出了一个示例，其中 testFunc()视图函数的返回结果是 HTML 代码。在 HTML 代码中，<h1>元素渲染了结果。结果如图 7-12 所示。

代码清单 7-10 在 Python 内部生成 HTML

```
import flask, werkzeug

app = flask.Flask(import_name="FlaskApp")

def testFunc():
    return "<html><body><h1>Hello</h1></body></html>"
app.add_url_rule(rule="/", view_func=testFunc)

app.run(host="127.0.0.5", port=6300, debug=True)
```

图 7-12 使用 HTML 代码格式化视图函数的输出

在 Python 代码中生成 HTML 使得代码难以调试。我们最好将 Python 与 HTML 分离。这就是 Flask 使用 Jinja2 模板引擎支持模板的原因。

1. Flask 模板

我们不是在 Python 文件内部输入 HTML 代码，而是创建单独的 HTML 文件(即模板)。使用 render_template()方法可在 Python 内部渲染此模板。由于 HTML 文件不是静态文件，因此我们称其为模板。我们可以采用不同的数据输入多次使用模板。

为了在 Python 代码中定位 Flask 模板，我们创建了名为 templates 的文件夹，保存所有 HTML 文件。假设我们将 Flask Python 文件命名为 firstApp.py，将 HTML 文件命名为 hello.html，项目结构如图 7-13 所示。在代码清单 7-11 中，我们创建了 hello.html 文件来打印 Hello 消息，与代码清单 7-10 所做的一模一样。

firstApp.py

templates

hello.html

图 7-13　使用模板后的项目结构

代码清单 7-11　打印 Hello 消息的模板

```
<html>
<header>
<title>HTML Template</title>
</header>
<body>

<h1>Hello</h1>

</body>
</html>
```

渲染此模板的 Python 代码在代码清单 7-12 中给出。与主页相关联的视图函数的返回结果为 render_template()方法的输出。这个方法接收名为 template_name_or_list 的参数，指定了模板文件名。注意，该参数可以接收一个名称或名称列表。当我们用多个名称指定一个列表时，渲染存在的第一个模板。这个示例的渲染结果等同于图 7-12。

代码清单 7-12　渲染 HTML 模板的 Python 代码

```
import flask, werkzeug

app = flask.Flask(import_name="FlaskApp")

def testFunc():
    return flask.render_template(template_name_or_list="hello.html")
app.add_url_rule(rule="/", view_func=testFunc)

app.run(host="127.0.0.5", port=6300, debug=True)
```

2. 动态模板

当前模板是静态的，因为每次都被渲染成相同的内容。我们可以使用变量数据使模板变得动态。Jinja2 支持在模板内部添加占位符。在渲染模板时，我们用评估

Python 表达式后的输出替代这些占位符。在打印表达式输出的地方,我们使用 {{...}} 括住表达式。代码清单 7-13 给出了使用变量 name 的 HTML 代码。

代码清单 7-13 使用表达式的 HTML 代码

```
<html>
<header>
<title>HTML Template with an Expression</title>
</header>
<body>

<h1>Hello {{name}}</h1>

</body>
</html>
```

根据代码清单 7-14,在将值传递给变量 name 后,接下来开始渲染模板。我们将待渲染模板中的变量作为参数与它们的值一起传递到 render_template 内部。访问主页的结果如图 7-14 所示。

代码清单 7-14 渲染使用表达式的 Flask 模板

```
import flask, werkzeug

app = flask.Flask(import_name="FlaskApp")

def testFunc():
    return flask.render_template(template_name_or_list="hello.html",
    name="Ahmed")
app.add_url_rule(rule="/", view_func=testFunc)

app.run(host="127.0.0.5", port=6300, debug=True)
```

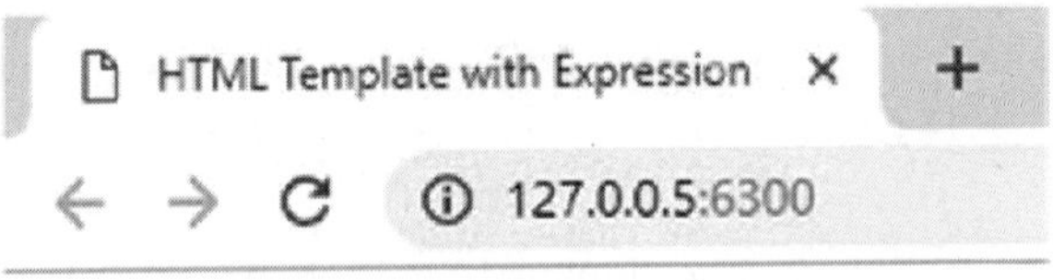

图 7-14 渲染使用表达式的模板的结果

虽然变量 name 的值是静态输入的,但是我们可以使用变量规则或 HTML 表单动态地生成这个值。代码清单 7-15 给出了用于创建接收名称的变量规则的代码。视图函数必须具有根据规则的变量部分命名的参数。然后，将这个参数的值分配给 render_template()方法的 name 参数。之后根据图 7-15，我们将这个值传递给待渲染的模板。

代码清单 7-15 传递值给 Flask 模板的变量规则

```
import flask, werkzeug

app = flask.Flask(import_name="FlaskApp")

def testFunc(name):
  return flask.render_template(template_name_or_list="hello.html",
  name=name)
app.add_url_rule(rule="/<name>", view_func=testFunc)

app.run(host="127.0.0.5", port=6300, debug=True)
```

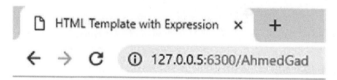

图 7-15 将从变量规则接收到的值传递给 Flask 模板

我们也可以在 HTML 代码中插入 Python 语句、注释和多行语句，每个都使用不同的占位符。语句封闭在{%...%}之间，注释封闭在{#...#}之间，多行语句封闭在 #...##之间。代码清单 7-16 给出了一个示例，在这个示例中，插入了 Python 的 for 循环，打印出从 0 到 4 的 5 个数字，每个数字都在 HTML 元素<h1>内部。循环内部的每个语句都由{%...%}封闭。

Python 使用缩进定义块。由于在 HTML 内部没有缩进，因此使用 endfor 标记 for 循环的结束。渲染此文件的结果如图 7-16 所示。

代码清单 7-16 在 Flask 模板内部嵌入 Python 循环

```
<html>
<header>
<title>HTML Template with Expression</title>
</header>
<body>
{%for k in range(5):%}
<h1>{%print(k)%}</h1>
{%endfor%}
```

```
</body>
</html>
```

图 7-16 使用 Python 循环渲染模板

7.2.8 静态文件

我们使用如 CSS 和 JavaScript 这样的静态文件来风格化网页，使得网页变得动态。类似于模板，我们创建了文件夹来存储静态文件。文件夹名为 static。如果我们创建了名为 style.css 的 CSS 文件和名为 simpleJS.js 的 JavaScript 文件，那么项目结构如图 7-17 所示。

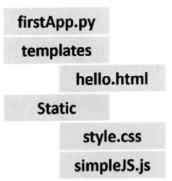

图 7-17 具有模板和静态文件的项目结构

Python 代码与代码清单 7-15 中的代码相同，但是没有使用变量规则。代码清单 7-17 显示了 hello.html 文件的内容。值得一提的是 HTML 文件如何与 JavaScript 和 CSS 文件链接。与往常一样，使用<script>标记添加 JavaScript 文件，其中 type

属性为 text/javascript。同时，使用<link>标记添加 CSS 文件，其中 rel 属性设置为 stylesheet。新内容是定位这些文件的方法。

代码清单 7-17　链接 CSS 和 JavaScript 文件的 HTML 文件

```
<html>
<header>
<title>HTML Template with Expression</title>
<script type="text/javascript" src="{{url_for(endpoint='static',
filename='simpleJS.js')}}"></script>
<link rel="stylesheet"href="{{url_for(endpoint='static',filename='style.
css')}}">
</header>
<body>

{%for k in range(5):%}
<h1 onclick="showAlert({{k}})">{%print(k)%}</h1>
{%endfor%}
</body>
</html>
```

在<script>和<link>标记内部，我们在表达式中使用 url_for()方法定位文件。该方法的 endpoint 属性被设置为 static，这意味着你应该寻找项目结构下名为 static 的文件夹。这个方法接收名为 filename 的另一个参数，这指的是静态文件的文件名。

代码清单 7-18 中给出了 CSS 文件的内容。这仅针对<h1>元素，在文本的上下方添加虚线装饰文字。

代码清单 7-18　CSS 文件的内容

```
h1 {
text-decoration: underline overline;
}
```

代码清单 7-19 给出了 JavaScript 文件的内容。它有一个名为 showAlert 的函数，这个函数接收一个参数，此参数连接到字符串上并作为警告信息打印出来。当 HTML 模块内部表示 5 个数字的任意<h1>元素被单击时，我们调用这个函数。与该元素相关联的数字作为参数被传递给函数并打印出来。

代码清单 7-19　JavaScript 文件的内容

```
function showAlert(num){
alert("Number is " + num)
}
```

当单击带有文本 1 的数字<h1>元素时，输出如图 7-18 所示。

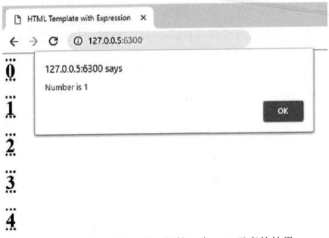

图 7-18 单击带有文本 1 的第二个<h1>元素的结果

现在，我们对 Flask 有了初步了解，这已经足够让我们开始部署预训练模型。在下面的小节中，我们将把使用 Fruits 360 和 CIFAR10 数据集进行过训练的模型部署到 Web 服务器上，使得 Flask 应用能够访问它们，对客户端上传的图像进行分类。

7.3 部署使用 Fruits 360 数据集训练过的模型

我们要部署的第一个模型是使用 Fruits 360 数据集训练过并使用 GA 优化的模型。Flask 应用由两个主要页面组成。

第一个页面为主页，它有一个 HTML 表单，允许用户选择图像文件，上传到服务器。第二个页面完成大部分的工作，它在文件上传后读取文件，提取出特征，使用 STD 过滤特征，使用预训练的 ANN 预测图像类别标签，最终允许用户返回主页，选择另一张图像进行分类。应用的结构如图 7-19 所示。让我们详细讨论该应用。

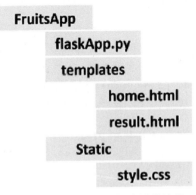

图 7-19 Fruits 360 识别应用的结构

代码清单 7-20 迈出了构建应用的第一步。它导入构建整个应用所必需的模块。它创建了 Flask 类的实例，并且构造函数的 import_name 参数被设置为父目录的名称，即 FruitsApp。到目前为止，只创建了一个规则。这个规则将主页的 URL 与视图函数 homepage 绑定。使用主机 127.0.0.5 和端口号 6302 运行应用，调试模式为 True。

代码清单 7-20　Fruits 360 识别应用的基本结构

```
import flask, werkzeug, skimage.io, skimage.color, numpy, pickle

app = flask.Flask(import_name="FruitsApp")

def homepage():
  return flask.render_template(template_name_or_list="home.html")
app.add_url_rule(rule="/", view_func=homepage, endpoint="homepage")

app.run(host="127.0.0.5", port=6302, debug=True)
```

当用户访问主页 http://127.0.0.5:6302 时，视图函数 homepage() 使用 render_template() 方法渲染 home.html 模板。所使用的相关联的端点为 homepage，与视图函数的名称相同。注意，由于默认端点实际上等于视图函数名，因此忽略这个端点不会改变任何事情。home.html 页面的内容在代码清单 7-21 中给出。

代码清单 7-21　home.html 页面的实现

```
<html>
<header>
<title>Select Image</title>
<link rel="stylesheet"href="{{url_for(endpoint='static',filename='style.
css')}}">
</header>
<body>

<h1>Select an Image from the Fruits 360 Dataset</h1>
<form enctype="multipart/form-data" action="{{url_
for(endpoint='extract')}}" method="post">
<input type="file" name="img"><br>
<input type="submit">
</form>
```

```
</body>
</html>
```

该页面创建了一个具有名为 img 的输入(表示待上传的文件)的 HTML 表单。记住，表单的加密类型属性 enctype 要设置为 multipart/form-data，方法设置为 post。这个动作表示表单数据将提交给哪个页面。在提交表单后，我们将其数据发送给另一个页面，分类已上传的图像文件。为避免硬编码 URL，我们将目标规则的端点设置为 extract，使用 url_for()方法获取 URL。为了在 HTML 页面内能够运行这个表达式，将该表达式放在{{...}}内。

在页面头部，我们使用接收 endpoint 和 filename 参数并用于 url_for 方法的表达式，将样式表静态文件 style.css 与页面链接在一起。记住，我们将静态文件的 endpoint 设置为 static，将 filename 参数设置为目标静态文件名。CSS 文件的内容将在后面讨论。图 7-20 给出了选择图像文件后的主页的截图。在提交表单后，我们将所选文件的细节发送给视图函数 extractFeatures，这个函数与端点 extract 相关联，对图像进行进一步处理。

图 7-20　上传来自 Fruits 360 数据集的图像的主页的屏幕截图

代码清单 7-22 给出了与/extract 规则相关联的 extractFeatures 视图函数的代码。注意，我们让这个规则只监听 POST HTTP 方法。extractFeatures 视图函数响应先前提交的表单，使用字典 flask.request.files 返回上传的图像文件。使用图像文件的 filename 属性返回文件名。为更安全地保存文件，使用 secure_filename()函数返回安全文件名(该函数接受最初的文件名，返回安全名称)。基于此安全名称保存图像。

代码清单 7-22　extractFeatures 视图函数的 Python 代码

```python
def extractFeatures():
    img = flask.request.files["img"]
    img_name = img.filename
    img_secure_name = werkzeug.secure_filename(img_name)
    img.save(img_secure_name)
    print("Image Uploaded successfully.")

    img_features = extract_features(image_path=img_secure_name)
    print("Features extracted successfully.")
```

```
f = open("weights_1000_iterations_10%_mutation.pkl", "rb")
weights_mat = pickle.load(f)
f.close()
weights_mat = weights_mat[0, :]

predicted_label = predict_outputs(weights_mat, img_features,
activation="sigmoid")
class_labels = ["Apple", "Raspberry", "Mango", "Lemon"]
predicted_class = class_labels[predicted_label]
return flask.render_template(template_name_or_list="result.html",
predicted_class=predicted_class)
app.add_url_rule(rule="/extract", view_func=extractFeatures,
methods=["POST"], endpoint="extract")
```

  图像上传到服务器后，我们使用代码清单 7-23 中定义的 extract_features 函数提取特征。extract_features 函数接受图像路径，遵循 3.1 节中的步骤读取图像文件，提取色相通道直方图，使用 STD 过滤特征，最终返回过滤后的特征集。基于在训练数据上完成的实验，根据所选中元素的索引过滤特征。这些元素的数目为 102。然后使用形状为 1×102 的 NumPy 行向量返回特征向量。这样特征就可以进行矩阵相乘。在返回特征向量后，我们可以继续执行 extractFeatures 视图函数。

代码清单 7-23　从上传的图像中提取特征

```
def extract_features(image_path):
    f = open("select_indices.pkl", "rb")
    indices = pickle.load(f)
    f.close()

    fruit_data = skimage.io.imread(fname=image_path)
    fruit_data_hsv = skimage.color.rgb2hsv(rgb=fruit_data)
    hist = numpy.histogram(a=fruit_data_hsv[:, :, 0], bins=360)
    im_features = hist[0][indices]
    img_features = numpy.zeros(shape=(1, im_features.size))
    img_features[0, :] = im_features [:im_features.size]
    return img_features
```

根据代码清单 7-23，使用 img_features 变量接收特征向量的下一步是恢复使用 GA 训练的 ANN 所学习到的权重集。使用 weights_mat 变量返回权重。注意，这些权重表示在上一代后返回的种群的所有解。我们仅需要找到种群的第一个解。这就是为什么 weights_mat 变量仅返回索引 0。

在图像特征和所习得的权重准备就绪后，下一步是在 ANN 上应用它们，使用 predict_outputs()函数生成预测标签，如代码清单 7-24 所示。predict_outputs 函数接收权重、特征和激活函数。激活函数与我们先前所实现的一样。predict_outputs()函数使用一个循环执行 ANN 中每一层输入和权重的矩阵相乘。在得到输出层的结果后，返回预测的类索引。这与具有最大分数的类对应。

代码清单 7-24 为上传的图像预测类别标签

```python
def predict_outputs(weights_mat, data_inputs, activation="relu"):
    r1 = data_inputs
    for curr_weights in weights_mat:
        r1 = numpy.matmul(a=r1, b=curr_weights)
        if activation == "relu":
            r1 = relu(r1)
        elif activation == "sigmoid":
            r1 = sigmoid(r1)
    r1 = r1[0, :]
    predicted_label = numpy.where(r1 == numpy.max(r1))[0][0]
    return predicted_label
```

在返回预测的类索引后，我们回到代码清单 7-22。然后，我们将返回的索引转换为对应类别的字符串标签。所有标签都被保存进 class_labels 列表。使用 predicted_class 变量返回所预测的类别标签。extractFeatures 视图函数最终使用 render_template()方法渲染 result.html 模板。它将预测的类别标签传递给这个模板。此模板的代码如代码清单 7-25 所示。

代码清单 7-25 result.html 模板中的内容

```html
<html>
<header>
<title>Predicted Class</title>
<link rel="stylesheet"href="{{url_for(endpoint='static',filename='style.
css')}}">
</header>
<body>
```

```
<h1>Predicted Label</h1>
<h1>{{predicted_class}}</h1>
<a href="{{url_for(endpoint='homepage')}}">Classify Another Image</a>
</body>
</html>
```

该模板创建了一个表达式，使得能够在\<h1\>元素内渲染预测的类别标签。我们创建了一个锚，让用户返回主页，对另一张图像进行分类。基于此端点，返回主页的 URL。在打印出类别标签后，result.html 文件的截屏如图 7-21 所示。

图 7-21 对上传的图像进行分类的结果

注意，应用仅有一个名为 style.css 的静态文件，如代码清单 7-26 所示。它改变了\<input\>和\<a\>元素的字体大小。它还为\<h1\>元素文本添加了一些装饰，在文本上下方各添加一条线。

代码清单 7-26 添加样式的静态 CSS 文件

```
a, input{
font-size: 30px;
color: black;
}
h1 {
text-decoration: underline overline dotted;
}
```

在讨论了应用的每个部分后，完整的代码如代码清单 7-27 所示。

代码清单 7-27 对 Fruits 360 数据集图像进行分类的 Flask 应用的完整代码

```
import flask, werkzeug, skimage.io, skimage.color, numpy, pickle

app = flask.Flask(import_name="FruitsApp")
```

261

```python
def sigmoid(inpt):
    return 1.0/(1.0+numpy.exp(-1*inpt))

def relu(inpt):
    result = inpt
    result[inpt<0] = 0
    return result

def extract_features(image_path):
    f = open("select_indices.pkl", "rb")
    indices = pickle.load(f)
    f.close()

    fruit_data = skimage.io.imread(fname=image_path)
    fruit_data_hsv = skimage.color.rgb2hsv(rgb=fruit_data)
    hist = numpy.histogram(a=fruit_data_hsv[:, :, 0], bins=360)
    im_features = hist[0][indices]
    img_features = numpy.zeros(shape=(1, im_features.size))
    img_features[0, :] = im_features[:im_features.size]
    return img_features

def predict_outputs(weights_mat, data_inputs, activation="relu"):
    r1 = data_inputs
    for curr_weights in weights_mat:
        r1 = numpy.matmul(a=r1, b=curr_weights)
        if activation == "relu":
            r1 = relu(r1)
        elif activation == "sigmoid":
            r1 = sigmoid(r1)
    r1 = r1[0, :]
    predicted_label = numpy.where(r1 == numpy.max(r1))[0][0]
    return predicted_label

def extractFeatures():
    img = flask.request.files["img"]
    img_name = img.filename
    img_secure_name = werkzeug.secure_filename(img_name)
```

```
    img.save(img_secure_name)
    print("Image Uploaded successfully.")

    img_features = extract_features(image_path=img_secure_name)
    print("Features extracted successfully.")

    f = open("weights_1000_iterations_10%_mutation.pkl", "rb")
    weights_mat = pickle.load(f)
    f.close()
    weights_mat = weights_mat[0, :]

    predicted_label = predict_outputs(weights_mat, img_features,
    activation="sigmoid")

    class_labels = ["Apple", "Raspberry", "Mango", "Lemon"]
    predicted_class = class_labels[predicted_label]
    return flask.render_template(template_name_or_list="result.html",
    predicted_class=predicted_class)
app.add_url_rule(rule="/extract", view_func=extractFeatures,
methods=["POST"], endpoint="extract")

def homepage():
    return flask.render_template(template_name_or_list="home.html")
app.add_url_rule(rule="/", view_func=homepage)

app.run(host="127.0.0.5", port=6302, debug=True)
```

7.4　部署使用 CIFAR10 数据集训练过的模型

部署使用 TensorFlow 创建并用 CIFAR10 数据集训练的模型与部署使用 Fruits 360 数据集训练的模型的步骤一样，不过比起先前的应用，它有一些改进。应用的结构如图 7-22 所示。

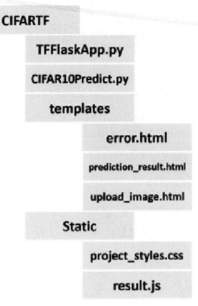

图 7-22 部署使用 CIFAR10 数据集训练过的模型的应用结构

我们稍后讨论应用的各个部分，先从代码清单 7-28 开始。导入整个应用中所需的库并在独立的模块中进行预测步骤。这就是使用 CIFAR10Predict 模块的原因，它拥有预测 CIFAR10 数据集中图像的类别标签所需的所有函数。这使得 Flask 应用的Python 文件聚焦于视图函数。

代码清单 7-28 准备 Flask 应用来部署使用 CIFAR10 数据集训练的模型

```python
import flask, werkzeug, os, scipy.misc, tensorflow
import CIFAR10Predict

app = flask.Flask("CIFARTF")

def redirect_upload():
  return flask.render_template(template_name_or_list="upload_image.html")
app.add_url_rule(rule="/", endpoint="homepage", view_func=redirect_upload)

if __name__ == "__main__":
  prepare_TF_session(saved_model_path='\\AhmedGad\\model\\')
  app.run(host="localhost", port=7777, debug=True)
```

在运行应用之前，确保这是所执行的主文件，而不是引用于另一个文件。如果将文件作为主文件运行，那么__name__变量的名称为__main__。否则，__name__

变量设置为所调用文件的模块。只有这个为主文件时，文件才运行。这就是使用 if
语句的原因。

为恢复预训练模型，使用代码清单 7-29 中所实现的 prepare_TF_session 函数来
创建 TF 会话。这个函数接受所保存模型的路径，以便在开始预测之前初始化图中
的变量，恢复图并准备会话。

代码清单 7-29 恢复预训练的 TF 模型

```
def prepare_TF_session(saved_model_path):
    global sess
    global graph

    sess = tensorflow.Session()

    saver=tensorflow.train.import_meta_graph(saved_model_path+'model.
    ckpt.meta')
    saver.restore(sess=sess,save_path=saved_model_path+'model.ckpt')

    sess.run(tensorflow.global_variables_initializer())

    graph = tensorflow.get_default_graph()
    return graph
```

在准备完会话后，使用 localhost 作为主机运行应用，端口号为 7777 并激活
调试。

创建一个规则将主页 URL 绑定到视图函数 redirect_upload()。这个规则有端点
homepage。当用户访问主页 http://localhost:777 时，视图函数使用 render_template()
方法来渲染代码清单 7-30 中定义的 upload_image.html 模板。

代码清单 7-30 上传来自 CIFAR10 数据集的图像的 HTML 文件

```
<!DOCTYPE html>
<html lang="en">
<head>
<link rel="stylesheet" type="text/css" href="{{url_for(endpoint='static',
filename='project_styles.css')}}">
<meta charset="UTF-8">
<title>Upload Image</title>
</head>
<body>
```

```
<form enctype="multipart/form-data" method="post" action="http://
localhost:7777/upload/">
<center>
<h3>Select CIFAR10 image to predict its label.</h3>
<input type="file" name="image_file" accept="image/*"><br>
<input type="submit" value="Upload">
</center>
</form>
</body>
</html>
```

这个 HTML 文件创建了一个表单,允许用户选择图像上传给服务器。这个页面的屏幕截图如图 7-23 所示。

图 7-23　用于上传 CIFAR10 图像的 HTML 页面的屏幕截图

本页面与为 Fruits 360 应用所创建的表单非常类似。在提交表单后,我们将数据发送给与规则(由 action 属性指定)相关联的页面,即/upload。这个规则及其视图函数由代码清单 7-31 给出。

代码清单 7-31　上传 CIFAR10 图像给服务器

```
def upload_image():
    global secure_filename
    if flask.request.method == "POST"
        img_file = flask.request.files["image_file"]
        secure_filename = werkzeug.secure_filename(img_file.filename)
        img_file.save(secure_filename)
        print("Image uploaded successfully.")
        return flask.redirect(flask.url_for(endpoint="predict"))
    return "Image upload failed."
app.add_url_rule(rule="/upload/", endpoint="upload", view_func=upload_
image, methods=["POST"])
```

我们将名为 upload 的端点赋予/upload 规则，这个规则仅响应 POST 类型的 HTTP 消息。它与 upload_image 视图函数相关联。它从原始的文件名中获取安全文件名，将图像保存到服务器。如果图像成功上传，那么它会使用 redirect()方法将应用重定向到与 predict 端点相关联的 URL。那个端点属于/predict 规则。代码清单 7-32 中给出了这个规则及其视图函数。

代码清单 7-32　预测 CIFAR10 图像的类别标签的视图函数

```
def CNN_predict():
    global sess
    global graph

    global secure_filename

    img=scipy.misc.imread(os.path.join(app.root_path,secure_filename))
    if(img.ndim) == 3:
      if img.shape[0] == img.shape[1] and img.shape[0] == 32:
        if img.shape[-1] == 3:
          predicted_class = CIFAR10Predict.main(sess, graph, img)
          return flask.render_template(template_name_or_
          list="prediction_result.html",predicted_class=predicted_
          class)
        else:
          return flask.render_template(template_name_or_list="error.
          html", img_shape=img.shape)
      else:
        return flask.render_template(template_name_or_list="error.
        html", img_shape=img.shape)
    return "An error occurred."
app.add_url_rule(rule="/predict/", endpoint="predict", view_func=CNN_predict)
```

这个函数读取图像文件，基于图像的形状和尺寸，检查其是否属于 CIFAR10 数据集。这个数据集中的每张图像都具有三个维度；前两个维度尺寸相同，都为 32。此外，这个图像为 RGB 格式，因此第三个维度具有三个通道。根据代码清单 7-33，如果找不到这些规格，那么应用将会被重定向到 error.html 模板。

代码清单 7-33　指出所上传图像不属于 CIFAR10 数据集的模板

```
<!DOCTYPE html>
<html lang="en">
```

```
<head>
<link type="text/css" rel="stylesheet" href="{{url_for(endpoint='static',
filename='project_styles.css')}}">
<meta charset="UTF-8">
<title>Error</title>
</head>
<body>
<center>
<h1 class="error">Error</h1>
<h2 class="error-msg">Read image dimensions {{img_shape}} do not match the
CIFAR10 specifications (32x32x3).</h2>
<a href="{{url_for(endpoint='homepage')}}"><span>Return to homepage</
span>.</a>
</center>
</body>
</html>
```

它使用表达式打印出上传的图像的尺寸以及 CIFAR10 数据集的标准尺寸。当上传的图像的形状或尺寸与 CIFAR10 数据集不匹配时，错误信息如图 7-24 所示。

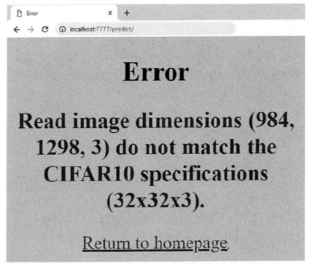

图 7-24　当上传的图像与 CIFAR10 图像的形状或尺寸不同时所显示的错误信息

如果上传的图像的形状和尺寸与 CIFAR10 图像匹配，那么它有可能是一个 CIFAR10 图像，因此使用 CIFAR10Predict 模块预测其标签。如代码清单 7-34 所示，它有一个名为 main 的函数，接收所读取的图像并返回其类别标签。

代码清单 7-34 预测图像的类别标签

```
def main(sess, graph, img):

    patches_dir="\\AhmedGad\\cifar-10-python\\cifar-10-batches-py\\"
    dataset_array = numpy.random.rand(1, 32, 32, 3)
    dataset_array[0, :, :, :] = img

    softmax_propabilities = graph.get_tensor_by_name(name="softmax_
    probs:0")
    softmax_predictions=tensorflow.argmax(softmax_propabilities,axis=1)
    data_tensor = graph.get_tensor_by_name(name="data_tensor:0")
    keep_prop = graph.get_tensor_by_name(name="keep_prop:0")

    feed_dict_testing = {data_tensor: dataset_array, keep_prop: 1.0}

    softmax_propabilities_, softmax_predictions_ = sess.run([softmax_
    propabilities, softmax_predictions], feed_dict=feed_dict_testing)

    label_names_dict = unpickle_patch(patches_dir + "batches.meta")
    dataset_label_names = label_names_dict[b"label_names"]
    return dataset_label_names[softmax_predictions_[0]].decode('utf-8')
```

该函数恢复所需的张量,基于它们的名称帮助返回预测标签,如 softmax_predictions 张量。它也恢复其他一些张量来重写它们的值,例如 keep_prop 张量(可以避免在测试阶段落下任何神经元)和 data_tensor 张量(提供上传的图像文件的数据)。然后,会话运行来返回预测的标签。这个标签仅是表示类标识符的一个数字。数据集提供了元数据文件,在这个文件中存在一个包含所有类别名称的列表。通过索引列表,标识符被转换为类字符串标签。

预测完成后,CNN_predict()视图函数将预测类别发送给 prediction_result.html 模板进行渲染。这个模板的实现在代码清单 7-35 中给出。它非常简单,仅使用一个表达式打印<span>元素内的类别。这个页面基于端点提供返回主页的链接,以选择另一张图像进行分类。上传了图像后渲染的页面如图 7-25 所示。

图 7-25　预测类别标签后的渲染结果

代码清单 7-35　渲染预测的类别

```html
<!DOCTYPE html>
<html lang="en">
<head>
<link rel="stylesheet" type="text/css" href="{{url_for(endpoint='static',
filename='project_styles.css')}}">
<script type="text/javascript" src="{{url_for(endpoint='static',
filename='result.js')}}"></script>
<meta charset="UTF-8">
<title>Prediction Result</title>
</head>
<body onload="show_alert('{{predicted_class}}')">
<center><h1>Predicted Class Label : <span>{{predicted_class}}</span></h1>
<br>
<a href="{{url_for(endpoint='homepage')}}"><span>Return to homepage</
span>.</a>
</center>
</body>
</html>
```

注意，在加载代码清单 7-35 中的<body>元素时，调用了名为 show_alert()的
JavaScript 函数。这个函数接收预测类别标签并显示警告消息，其实现在代码清
单 7-36 中给出。

代码清单 7-36　显示预测类别的 JavaScript 警告

```javascript
function show_alert(predicted_class){
alert("Processing Finished.\nPredicted class is *"+predicted_class+"*.")
}
```

现在已经讨论了应用的各个部分，代码清单 7-37 给出了完整的代码。

代码清单 7-37 针对 CIFAR10 数据集的完整 Flask 应用

```
import flask, werkzeug, os, scipy.misc, tensorflow
import CIFAR10Predict#Module for predicting the class label of an input
image.

#Creating a new Flask Web application. It accepts the package name.
app = flask.Flask("CIFARTF")

def CNN_predict():
    """

    Reads the uploaded image file and predicts its label using the saved
    pretrained CNN model.
    :return: Either an error if the image is not for the CIFAR10 dataset or
    redirects the browser to a new page to show the prediction result if no
    error occurred.
    """

    global sess
    global graph

# Setting the previously created 'secure_filename' to global.
# This is because to be able to invoke a global variable created in another
function, it must be defined global in the caller function.

    global secure_filename
    #Reading the image file from the path it was saved in previously.
    img = scipy.misc.imread(os.path.join(app.root_path, secure_filename))

# Checking whether the image dimensions match the CIFAR10 specifications.
# CIFAR10 images are RGB (i.e. they have 3 dimensions). Its number of
dimensions was not equal to 3, then a message will be returned.

    if(img.ndim) == 3:

# Checking if the number of rows and columns of the read image matched
CIFAR10 (32 rows and 32 columns).
```

```
        if img.shape[0] == img.shape[1] and img.shape[0] == 32:
```

```
# Checking whether the last dimension of the image has just 3 channels
(Red, Green, and Blue).
```

```
        if img.shape[-1] == 3:
```

```
# Passing all preceding conditions, the image is proved to be of CIFAR10.
# This is why it is passed to the predictor.
```

```
            predicted_class = CIFAR10Predict.main(sess, graph, img)
```

```
# After predicting the class label of the input image, the prediction label
is rendered on an HTML page.
# The HTML page is fetched from the /templates directory. The HTML page
accepts an input which is the predicted class.
```

```
                return flask.render_template(template_name_or_
                list="prediction_result.html", predicted_class=predicted_
                class)
            else:
                # If the image dimensions do not match the CIFAR10
                specifications, then an HTML page is rendered to show the
                problem.
                return flask.render_template(template_name_or_list="error.
                html", img_shape=img.shape)
            else:
                # If the image dimensions do not match the CIFAR10
                specifications, then an HTML page is rendered to show the
                problem.
                return flask.render_template(template_name_or_list="error.
                html", img_shape=img.shape)
        return "An error occurred."#Returned if there is a different error
    other than wrong image dimensions.
```

```
# Creating a route between the URL (http://localhost:7777/predict) to a
viewer function that is called after navigating to such URL.
```

```python
# Endpoint 'predict' is used to make the route reusable without hard-coding
it later.


app.add_url_rule(rule="/predict/", endpoint="predict", view_func=CNN_
predict)


def upload_image():
    """

    Viewer function that is called in response to getting to the 'http://
    localhost:7777/upload' URL.
    It uploads the selected image to the server.
    :return: redirects the application to a new page for predicting the
    class of the image.
    """


    #Global variable to hold the name of the image file for reuse later in
    prediction by the 'CNN_predict' viewer functions.
    global secure_filename
    if flask.request.method == "POST":#Checking of the HTTP method
    initiating the request is POST.
        img_file = flask.request.files["image_file"]#Getting the file name
        to get uploaded.
        secure_filename = werkzeug.secure_filename(img_file.
        filename)#Getting a secure file name. It is a good practice to use
        it.
        img_file.save(secure_filename)#Saving the image in the specified
        path.
        print("Image uploaded successfully.")
# After uploading the image file successfully, next is to predict the class
label of it. The application will fetch the URL that is tied to the HTML
page responsible for prediction and redirects the browser to it.
# The URL is fetched using the endpoint 'predict'.

        return flask.redirect(flask.url_for(endpoint="predict"))
    return "Image upload failed."


# Creating a route between the URL (http://localhost:7777/upload) to a
```

viewer function that is called after navigating to such URL.
Endpoint 'upload' is used to make the route reusable without hard-coding
it later. The set of HTTP method the viewer function is to respond to is
added using the 'methods' argument. In this case, the function will just
respond to requests of the methods of type POST.

```
app.add_url_rule(rule="/upload/", endpoint="upload", view_func=upload_
image, methods=["POST"])

def redirect_upload():
    """

    A viewer function that redirects the Web application from the root to
    an HTML page for uploading an image to get classified.
    The HTML page is located under the /templates directory of the
    application.
    :return: HTML page used for uploading an image. It is 'upload_image.
    html' in this example.
    """

    return flask.render_template(template_name_or_list="upload_image.html")

# Creating a route between the homepage URL (http://localhost:7777) to a
viewer function that is called after getting to such a URL.
# Endpoint 'homepage' is used to make the route reusable without hard-
coding it later.

app.add_url_rule(rule="/", endpoint="homepage", view_func=redirect_upload)
def prepare_TF_session(saved_model_path):
    global sess
    global graph

    sess = tensorflow.Session()

    saver = tensorflow.train.import_meta_graph(saved_model_path+'model.
    ckpt.meta')
    saver.restore(sess=sess, save_path=saved_model_path+'model.ckpt')
```

```
#Initializing the variables.
sess.run(tensorflow.global_variables_initializer())

graph = tensorflow.get_default_graph()
return graph


# To activate the web server to receive requests, the application must run.
# A good practice is to check whether the file is called from an external
Python file or not.
# If not, then it will run.


if __name__ == "__main__":


# In this example, the app will run based on the following properties:
# host: localhost
# port: 7777
# debug: flag set to True to return debugging information.

    #Restoring the previously saved trained model.
    prepare_TF_session(saved_model_path='\\AhmedGad\\model\\')
    app.run(host="localhost", port=7777, debug=True)
```

第8章

■ ■ ■ ■

跨平台的数据科学应用

当前的深度学习库中有一些版本支持为移动设备创建应用。例如，TensorFlowLite、Caffe Android 和 Torch Android 分别为 TF、Caffe 和 Torch 支持移动设备的版本。这些版本基于其父版本，必须经过一些中间步骤，才能使得原始模型在移动设备上运行。例如，使用 TensorFlowLite 创建 Android 应用有以下几个步骤：

(1) 准备 TF 模型。

(2) 将 TF 模型转换为 TensorFlowLite 模型。

(3) 创建 Android 项目。

(4) 在项目中导入 TensorFlowLite 模型。

(5) 在 Java 代码内调用模型。

使用这些步骤创建适合于运行在移动设备上的模型有点麻烦。第二步是具有挑战性的步骤。

TensorFlowLite 是与移动设备相兼容的版本。因此，相比于其祖先 TF，它得到了简化。这意味着它不支持父版本库中的所有内容。目前，一些 TF 中的运算(如 tanh、image.resize_bilinear 和 depth_to_space)在 TensorFlowLite 中都不支持。这使得为移动设备准备模型时有所限制。此外，模型开发者必须创建 Android 应用来运行预训练的 CNN 模型。通过 Python 语言，模型将使用 TF 创建。在使用 TF 优化转换器(TOCO)对模型进行优化后，使用 Android Studio 创建一个项目。在此项目中，使用 Java 调用模型。这使得这个过程并不简单，创建应用变得极具挑战。关于使用 TensorFlowLite 构建移动应用的更多信息，请阅读 www.tensorflow.org/lite/overview 中的文档。在本章中，我们将以最少量的工作应用 Kivy(KV)构建跨平台运行的应用。

Kivy 是一个抽象的模块化的开源跨平台 Python 框架，用于创建自然用户界面(UI)。它使用后端的库访问底层的图形硬件，处理音频和视频，将开发者从复杂的细节中解脱出来。它仅为开发者提供简单的 API 完成任务。

本章通过一些简单的示例介绍 Kivy 的基本程序结构、UI 部件、使用 KV 语言的部件结构化以及处理动作。Kivy 支持在 Windows、Linux、Mac 以及移动设备上执行相同的 Python 代码，这使其能够跨平台运行。通过使用 Buildozer 和 Python-4-Android(P4A)，我们可以将 Kivy 应用转换为 Android 包。Kivy 不仅支持执行原生 Python 代码，还支持在移动设备上运行一些库，如 NumPy 和 PIL(Python 图像库)。在本章结束前，我们将构建一个跨平台应用来执行第 5 章中使用 NumPy 实现的 CNN。由于目前 Buildozer 运行在 Linux 上，因此本章使用了 Ubuntu。

8.1 Kivy 简介

在本节中，基于一些示例详细讨论 Kivy 的基础知识。这有助于我们自己动手构建应用。在第 7 章中，Flask 从实例化 Flask 类创建应用开始，然后调用 run()方法运行应用。Kivy 与之类似，但是有一些改变。我们可以假设 Flask 类对应于 Kivy 中的 App 类。在 Kivy 和 Flask 内部有一个称为 run()的方法。我们不是通过实例化 App 类而是通过实例化 App 类的子类来创建 Kivy 应用。然后，使用通过子类创建的实例调用 run()方法运行应用。

Kivy 用于构建包含一组视觉元素(称为部件)的 UI。在实例化类和运行实例之间，我们必须指定使用哪个部件以及它们的布局。App 类支持名为 build()的方法，它返回布局部件(包含 UI 中的所有其他部件)。这个方法可以重写父类 App 中的方法。

8.1.1 使用 BoxLayout 的基本应用

让我们通过讨论代码清单 8-1 中的一个基本 Kivy 应用，让概念变得清晰一些。首先，从 Kivy 中导入所需的模块。kivy.app 包含了 App 类。我们使用这个类作为所定义的 FirstApp 类的父类。第二个语句导入了具有标签部件的 kivy.uix.label。这个部件仅在 UI 上显示文本。

在 build()方法中，使用 kivy.uix.label.Label 类创建标签部件。类构造函数接收名为 text 的参数，这是要显示在 UI 上的文本。返回的标签作为 FirstApp 对象的属性保存。比起将部件保存为单独的变量，将部件添加为类对象的属性可使得此后获取部件变得容易。

代码清单 8-1 基本的 Kivy 应用

```
import kivy.app
import kivy.uix.label
import kivy.uix.boxlayout

class FirstApp(kivy.app.App):
  def build(self):
    self.label = kivy.uix.label.Label(text="Hello Kivy")
    self.layout = kivy.uix.boxlayout.BoxLayout()
    self.layout.add_widget(widget=self.label)
    return self.layout
```

```
firstApp = FirstApp()
firstApp.run()
```

在 Kivy 中，我们将所有部件组合为根部件。在代码清单 8-1 中，BoxLayout 被用作根部件，包含了所有其他部件。这就是导入 kivy.uix.boxlayout 的原因。基于 kivy.uix.label.BoxLayout 类的构造函数，BoxLayout 对象被保存为 FirstClass 对象的属性。在创建了标签和布局对象后，使用 add_widget()方法将标签添加到布局中。这个方法有一个名为 widget 的参数，接收添加到布局中的部件。在添加标签到根部件(布局)中后，使用 build()方法返回布局。

在创建子类 FirstApp 并准备了 build()方法后，创建该类的一个实例。然后，通过该实例调用 run()方法，显示应用窗口，如图 8-1 所示。

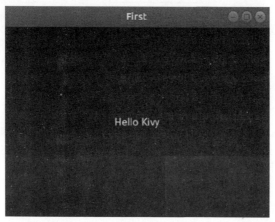

图 8-1 具有文本标签的简单 Kivy 应用

8.1.2 Kivy 应用的生命周期

通过运行应用，屏幕上会渲染在 build()方法中定义的部件。注意，图 8-2 详细描述了 Kivy 的生命周期。这与 Android 应用的生命周期类似。生命周期从使用 run() 方法运行应用开始。此后，执行 build()方法，返回待显示的部件。在执行了 on_start() 方法后，成功运行应用。同时，应用也可能被暂停或停止。如果要暂停，那么可以调用 on_pause()方法。如果要重新恢复应用，可以调用 on_resume()方法。如果不恢复应用，则会停止应用。应用可能会直接停止而不是先暂停。如果是这种情况，则调用 on_stop()方法。

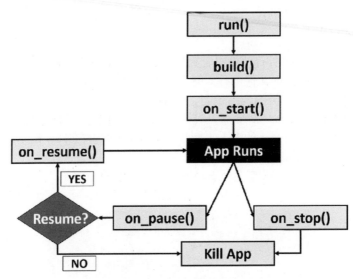

图 8-2　Kivy 应用的生命周期

图 8-1 顶部显示了单词 First。这是什么？子类名为 FirstApp。当子类的名称以单词 App 结尾时，Kivy 就使用 App 之前的单词作为应用的标题。类的名称为 MyApp，那么应用的标题就是 My。注意，单词 App 必须以大写字母开头。如果类的名称为 Firstapp，那么应用的标题也为 Firstapp。我们可以使用类构造函数中的 title 参数自定义名称。构造函数也接收名为 icon 的参数，这个参数为图像的路径。

代码清单 8-2 设置了自定义的应用标题，同时实现了 on_start()和 on_stop()方法。图 8-3 中显示了这个窗口。当启动应用时，调用 on_start()方法打印消息。这与 on_stop()方法相同。

代码清单 8-2　实现生命周期方法

```python
import kivy.app
import kivy.uix.label
import kivy.uix.boxlayout


class FirstApp(kivy.app.App):
  def build(self):
    self.label = kivy.uix.label.Label(text="Hello Kivy")
    self.layout = kivy.uix.boxlayout.BoxLayout()
    self.layout.add_widget(widget=self.label)
    return self.layout


  def on_start(self):
```

```
    print("on_start()")


  def on_stop(self):
    print("on_stop()")


firstApp = FirstApp(title="First Kivy Application.")
firstApp.run()
```

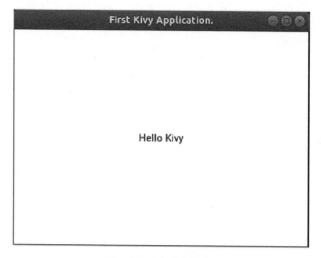

图 8-3　改变应用标题

　　我们可以将多个部件添加到 BoxLayout 内。这个布局部件垂直或水平地安排其子部件。它的构造函数具有名为 orientation 的参数，用于定义排列方向。该参数具有两个值 horizontal 和 vertical，默认为 horizontal。

　　如果将 orientation 设置为 vertical，那么部件就会堆叠在彼此的顶部，其中所添加的第一个部件出现在窗口的底部，所添加的最后一个部件出现在顶部。这种情况下，所有的子部件平分窗口的高度。

　　如果 orientation 为 horizontal，那么添加的部件并排，其中所添加的第一个部件出现在屏幕的最左边，而所添加的最后一个部件出现在屏幕的最右边。这种情况下，所有的子部件平分窗口的宽度。

　　代码清单 8-3 使用了 5 个按钮部件，其文本分别被设置为 Button 1、Button 2……直到 Button 5。这些部件水平添加到 BoxLayout 部件内。结果如图 8-4 所示。

代码清单 8-3　使用 BoxLayout 作为根部件并采用水平排列方式的 Kivy 应用

```
import kivy.app
import kivy.uix.button
import kivy.uix.boxlayout
```

```
class FirstApp(kivy.app.App):
  def build(self):
    self.button1 = kivy.uix.button.Button(text="Button 1")
    self.button2 = kivy.uix.button.Button(text="Button 2")
    self.button3 = kivy.uix.button.Button(text="Button 3")
    self.button4 = kivy.uix.button.Button(text="Button 4")
    self.button5 = kivy.uix.button.Button(text="Button 5")
    self.layout = kivy.uix.boxlayout.BoxLayout(orientation=
    "horizontal")
    self.layout.add_widget(widget=self.button1)
    self.layout.add_widget(widget=self.button2)
    self.layout.add_widget(widget=self.button3)
    self.layout.add_widget(widget=self.button4)
    self.layout.add_widget(widget=self.button5)
    return self.layout
firstApp = FirstApp(title="Horizontal BoxLayout Orientation.")
firstApp.run()
```

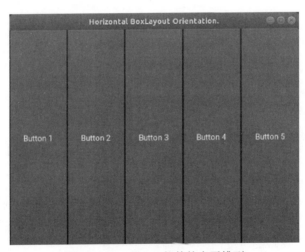

图 8-4 BoxLayout 部件的水平排列

8.1.3 部件尺寸

BoxLayout 将整个屏幕平分给所有部件。添加 5 个部件，然后将屏幕划分为 5 个宽度和高度都相等的部分，将每个相同尺寸的部分分配给每个部件。我们可以使用部件的 size_hint 参数使得分配给某个部件部分的尺寸变大或变小。这个参数接收带有两个值的元组，定义了相对于窗口尺寸的宽度和高度。默认情况下，对于所有的部件而言，元组为(1,1)。这意味着尺寸相同。如果对于某个部件而言，这个参数被设置为(2,1)，那么比起默认的宽度，部件的宽度将会加倍。如果这个参数被设置为(0.5,1)，那么部件的宽度将为默认宽度的一半。

代码清单 8-4 改变了一些部件的 size_hint 参数。图 8-5 显示了结果，其中每个按钮的文本反映部件相对于窗口尺寸的宽度。注意，子部件通过指定 size_hint 参数的值，向其父部件暗示了它所希望的尺寸。父部件可以接受也可以拒绝该请求。这就是参数名中有 hint 的原因。

例如，设置部件的 col_force_default 或 row_force_default 属性可以使父部件完全忽略 size_hint 参数。注意，size_hint 是部件构造函数的参数，也可作为部件实例的属性。

代码清单 8-4 使用 size_hint 参数改变部件的相对尺寸

```
import kivy.app
import kivy.uix.button
import kivy.uix.boxlayout

class FirstApp(kivy.app.App):
  def build(self):
    self.button1 = kivy.uix.button.Button(text="2", size_hint = (2, 1))
    self.button2 = kivy.uix.button.Button(text="1")
    self.button3 = kivy.uix.button.Button(text="1.5", size_hint =
    (1.5, 1))
    self.button4 = kivy.uix.button.Button(text="0.7", size_hint =
    (0.7, 1))
    self.button5 = kivy.uix.button.Button(text="3", size_hint = (3, 1))
    self.layout = kivy.uix.boxlayout.BoxLayout(orientation="horizontal")
    self.layout.add_widget(widget=self.button1)
    self.layout.add_widget(widget=self.button2)
    self.layout.add_widget(widget=self.button3)
    self.layout.add_widget(widget=self.button4)
    self.layout.add_widget(widget=self.button5)
    return self.layout

firstApp = FirstApp(title="Horizontal BoxLayout Orientation.")
firstApp.run()
```

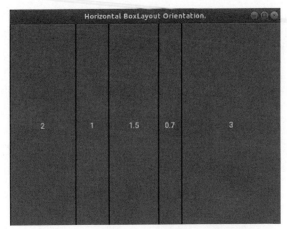

图 8-5 使用 size_hint 参数改变部件的宽度

8.1.4 网格布局

除了 BoxLayout，还有别的布局。例如，GridLayout 基于指定的行数目和列数目将屏幕划分成网格。根据代码清单 8-5，我们将网格布局划分为两行三列，添加 6 个按钮。根据 rows 和 cols 属性分别设定行数目和列数目。所添加的第一个部件出现在左上角，而所添加的最后一个部件出现在右下角，结果如图 8-6 所示。

代码清单 8-5 使用 GridLayout 将屏幕划分成尺寸为 2×3 的网格

```
import kivy.app
import kivy.uix.button
import kivy.uix.gridlayout

class FirstApp(kivy.app.App):
  def build(self):
    self.button1 = kivy.uix.button.Button(text="Button 1")
    self.button2 = kivy.uix.button.Button(text="Button 2")
    self.button3 = kivy.uix.button.Button(text="Button 3")
    self.button4 = kivy.uix.button.Button(text="Button 4")
    self.button5 = kivy.uix.button.Button(text="Button 5")
    self.button6 = kivy.uix.button.Button(text="Button 6")
    self.layout = kivy.uix.gridlayout.GridLayout(rows=2, cols=3)
    self.layout.add_widget(widget=self.button1)
    self.layout.add_widget(widget=self.button2)
    self.layout.add_widget(widget=self.button3)
    self.layout.add_widget(widget=self.button4)
```

```
self.layout.add_widget(widget=self.button5)
self.layout.add_widget(widget=self.button6)
return self.layout

firstApp = FirstApp(title="GridLayout with 2 rows and 3 columns.")
firstApp.run()
```

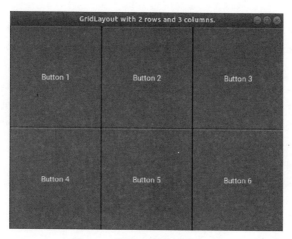

图 8-6 两行三列的网格布局

适合于移动设备的另一个布局是 PageLayout。实际上，这是在相同的布局内部构建了几个页面。在页面的边界处，用户可以向左或向右拖动页面来浏览另一个页面。创建这样的一个布局是非常简单的，只是创建 kivy.uix.pagelayout.PageLayout 类的实例，这与我们之前所做的是类似的。然后，将部件添加到布局中，这与我们使用 add_widget()方法做的工作一样。

8.1.5　更多部件

在 UI 中有多个部件可供使用。例如，我们使用 Image 部件基于图像源显示图像。TextInput 部件允许用户输入文本给应用。其他的部件包括 CheckBox、RadioButton、Slider 等。

代码清单 8-6 给出了 Button、Label、TextInput 和 Image 部件的示例。TextInput 类构造函数具有名为 hint_text 的属性，这允许在部件内部显示提示消息，有助于用户明白输入什么文本。Image 部件使用 source 属性指定图像的路径。图 8-7 显示了结果。稍后，我们要处理这些部件的操作，如单击按钮、改变标签文本等。

代码清单 8-6　具有 Label、TextInput、Button 和 Image 部件的 BoxLayout

```
import kivy.app
import kivy.uix.label
```

```
import kivy.uix.textinput
import kivy.uix.button
import kivy.uix.image
import kivy.uix.boxlayout

class FirstApp(kivy.app.App):
  def build(self):
    self.label = kivy.uix.label.Label(text="Label")
    self.textinput = kivy.uix.textinput.TextInput(hint_text="Hint
    Text")
    self.button = kivy.uix.button.Button(text="Button")
    self.image = kivy.uix.image.Image(source="im.png")
    self.layout = kivy.uix.boxlayout.BoxLayout(orientation="vertical")
    self.layout.add_widget(widget=self.label)
    self.layout.add_widget(widget=self.textinput)
    self.layout.add_widget(widget=self.button)
    self.layout.add_widget(widget=self.image)
    return self.layout

firstApp = FirstApp(title="BoxLayout with Label, Button, TextInput, and
Image")
firstApp.run()
```

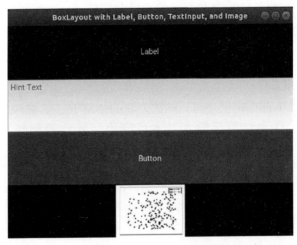

图 8-7 具有 Label、TextInput、Button 和 Image 部件的垂直 BoxLayout

8.1.6 部件树

在先前的例子中,有一个根部件(布局)并有若干子部件直接与其连接。代码清单 8-6 中的部件树如图 8-8 所示。这棵树只有一层。我们可以创建更深的树,如图 8-9 所示,在这棵树中,根部件 BoxLayout 具有垂直排列的两个布局作为子部件。第一个为 GridLayout 部件(两行两列)。第二个子部件是 Boxlayout 部件,为水平排列。GridLayout 子部件具有自己的子部件。

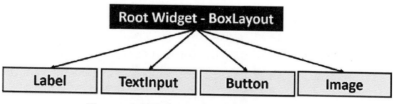

图 8-8　代码清单 8-6 中 Kivy 应用的部件树

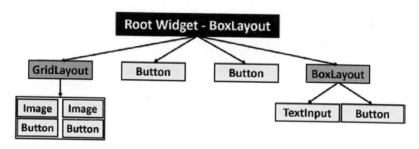

图 8-9　具有嵌套布局的部件树

代码清单 8-7 中给出了具有部件树(在图 8-9 中定义)的 Kivy 应用。该应用创建了各个父部件,然后创建了其子部件,最终将这些子部件添加到父部件中。应用的渲染窗口如图 8-10 所示。

代码清单 8-7　在部件树中有嵌套部件的 Kivy 应用

```
import kivy.app
import kivy.uix.label
import kivy.uix.textinput
import kivy.uix.button
import kivy.uix.image
import kivy.uix.boxlayout
import kivy.uix.gridlayout

class FirstApp(kivy.app.App):
  def build(self):
```

```
    self.gridLayout = kivy.uix.gridlayout.GridLayout(rows=2, cols=2)
    self.image1 = kivy.uix.image.Image(source="apple.jpg")
    self.image2 = kivy.uix.image.Image(source="bear.jpg")
    self.button1 = kivy.uix.button.Button(text="Button 1")
    self.button2 = kivy.uix.button.Button(text="Button 2")
    self.gridLayout.add_widget(widget=self.image1)
    self.gridLayout.add_widget(widget=self.image2)
    self.gridLayout.add_widget(widget=self.button1)
    self.gridLayout.add_widget(widget=self.button2)
    self.button3 = kivy.uix.button.Button(text="Button 3")
    self.button4 = kivy.uix.button.Button(text="Button 4")

    self.boxLayout = kivy.uix.boxlayout.BoxLayout(orientation=
"horizontal")
    self.textinput = kivy.uix.textinput.TextInput(hint_text="Hint
Text.")
    self.button5 = kivy.uix.button.Button(text="Button 5")
    self.boxLayout.add_widget(widget=self.textinput)
    self.boxLayout.add_widget(widget=self.button5)

    self.rootBoxLayout = kivy.uix.boxlayout.BoxLayout(orientation=
"vertical")
    self.rootBoxLayout.add_widget(widget=self.gridLayout)
    self.rootBoxLayout.add_widget(widget=self.button3)
    self.rootBoxLayout.add_widget(widget=self.button4)
    self.rootBoxLayout.add_widget(widget=self.boxLayout)

    return self.rootBoxLayout

firstApp = FirstApp(title="Nested Widgets.")
firstApp.run()
```

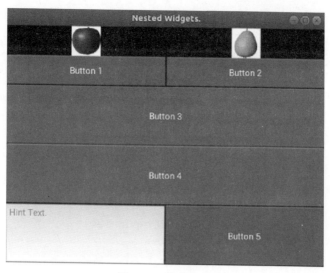

图 8-10　嵌套部件

8.1.7　处理事件

我们可以使用 bind()方法处理由 Kivy 部件生成的事件。这个方法接收指定待处理目标事件的参数，然后将这个参数赋给调用的某个函数或方法处理此事件。例如，当按下按钮时，触发 on_press 事件。因此，与 bind()方法一起使用的参数将被命名为 on_press。假设我们要使用名为 handle_press 的方法处理这个事件，那么这个方法名将会赋给 bind()方法的 on_press 参数。注意，处理事件的这个方法接收表示触发该事件的部件的参数。让我们来了解使用代码清单 8-8 中的应用，这些事情是如何工作的。

该应用有两个 TextInput 部件：Label 和 Button。用户在每个 TextInput 部件中输入数字。在按下按钮时，取出数字并相加，然后结果就被渲染在 Label 上。基于先前的示例，除了调用 bind()方法和使用 add_nums()方法处理按下按钮事件，应用中的每一件事情我们都很熟悉。

代码清单 8-8　将两个数字相加并在标签上显示其结果的应用

```
import kivy.app
import kivy.uix.label
import kivy.uix.textinput
import kivy.uix.button
import kivy.uix.image
import kivy.uix.boxlayout
import kivy.uix.gridlayout
```

```python
class FirstApp(kivy.app.App):

  def add_nums(self, button):
      num1 = float(self.textinput1.text)
      num2 = float(self.textinput2.text)
      result = num1 + num2
      self.label.text = str(result)

  def build(self):
    self.boxLayout = kivy.uix.boxlayout.BoxLayout(orientation=
    "horizontal")
    self.textinput1 = kivy.uix.textinput.TextInput(hint_text="Enter
    First Number.")
    self.textinput2 = kivy.uix.textinput.TextInput(hint_text="Enter
    Second Number.")
    self.boxLayout.add_widget(widget=self.textinput1)
    self.boxLayout.add_widget(widget=self.textinput2)

    self.label = kivy.uix.label.Label(text="Result of Addition.")
    self.button = kivy.uix.button.Button(text="Add Numbers.")
    self.button.bind(on_press=self.add_nums)

    self.rootBoxLayout = kivy.uix.boxlayout.BoxLayout(orientation=
    "vertical")
    self.rootBoxLayout.add_widget(widget=self.label)
    self.rootBoxLayout.add_widget(widget=self.boxLayout)
    self.rootBoxLayout.add_widget(widget=self.button)

    return self.rootBoxLayout

firstApp = FirstApp(title="Handling Actions using Bind().")
firstApp.run()
```

　　按钮调用 bind()方法(任何部件都有的属性)。为处理 on_press 事件，该方法将用它作为参数，将这个参数设置为自定义函数(名为 add_nums)。这意味着每次触发 on_press 事件时都执行 add_nums()方法。on_press 本身就是一个方法。由于默认情况下 on_press 方法为空，因此我们需要在其中添加一些逻辑。这个逻辑可能是我们在 Python 文件中定义的方法，如 add_nums 方法。注意，我们创建了方法而不是函数来处理事件，访问对象内部的所有部件。如果使用函数，那么我们必须传递所需的部件属性来处理事件。

在 add_nums()方法内部，两个 TextInput 部件内部的文本使用 text 属性返回到 num1 和 num2 变量中。由于由 text 属性返回的结果是字符串，因此我们必须将其转换为数字，我们使用 float()函数完成这个任务。将这两个数字相加并将结果返回给 result 变量。两个数字相加后将返回一个数字。因此，result 变量的数据类型为数值型。由于 text 属性只接收字符串，因此我们必须使用 str()函数将 result 变量转换为字符串，将其值显示在标签上。图 8-11 显示了将两个数字相加并将其结果渲染在 Label 部件上之后的应用 UI。

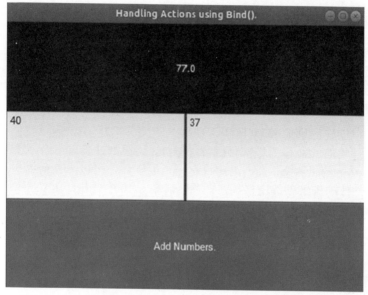

图 8-11　将两个数字相加并将结果显示在 Label 部件上的应用 UI

8.1.8　KV 语言

通过添加更多的部件扩大部件树会使得 Python 代码难以调试。类似于我们在第 7 章中所做的(在 Flask 应用内部将逻辑与 HTML 代码分离开来)，本章将把 UI 代码从应用逻辑中分离出来。

通过使用称为 KV 的语言(kvlang 或 Kivy 语言)，我们创建了 UI。这个语言创建了具有扩展名.kv 的文件来保存 UI 部件。因此，.py 文件用于存放应用逻辑(如处理事件)，.kv 文件用于保存应用的 UI。KV 语言使用简单的方式构建部件树，比起将部件树添加到 Python 代码内部，这易于阅读。由于每个子部件属于哪个给定的父部件非常清晰，因此这易于我们调试 UI。

KV 文件由一组类似于 CSS 规则(定义了部件)的规则集组成。规则由部件类和一组属性(带有值)组成。在部件类名后添加冒号是指示开始部件内容。与使用 Python

定义块内容一样，缩进给定部件下的内容。在属性名和其对应值之间有冒号。例如，代码清单 8-9 创建了构建按钮部件的规则。

　　按钮部件后面有一个冒号。冒号后缩进的每一行都属于该部件。缩进空格的数目并不固定为 4。这与 Python 类似，我们可以使用任意数目的空格。我们发现有三个缩进的属性。第一个是 text 属性，我们使用冒号将其与值隔开。来到新的缩进行，我们可以编写新属性 background_color，使用冒号将其与对应值隔开。通过这种方法，我们使用 RGBA 颜色空间定义了颜色，其中 A 表示 alpha 通道。颜色值在 0.0 和 1.0 之间。对于第三个属性，重复相同的过程，将名称和对应的值使用冒号隔开。color 属性定义了文本颜色。

代码清单 8-9　使用 KV 语言准备具有某些属性的 Button 部件

```
Button:
  text: "Press Me."
  background_color: (0.5, 0.5, 0.5, 1.0)
  color: (0,0,0,1)
```

　　我们可以创建简单的 Kivy 应用，使用 KV 文件构建 UI。假设我们要创建具有 BoxLayout 部件的 UI 作为根部件(垂直排列)。该根部件具有三个子部件(Button、Label 和 TextInput)。注意，KV 语句只有一个根部件，可以无任何缩进地输入定义它。这个根部件的子部件等空格缩进。代码清单 8-10 中给出了 KV 语言文件。根部件后的 Button、Label 和 TextInput 部件都缩进 4 个空格。根部件本身具有属性。每个子部件的属性在其部件之后都进行了缩进。这非常简单，但是我们如何在 Python 代码中使用这些 KV 文件呢？

代码清单 8-10　使用 KV 语言创建简单的 UI

```
BoxLayout:
  orientation: "vertical"
  Button:
    text: "Press Me."
    color: (1,1,1,1)
  Label:
    text: "Label"
  TextInput:
    hint_text: "TextInput"
```

　　有两种方式将 KV 文件加载到 Python 代码中。第一种方式是在 kivy.lang.builder. Builder 类的 load_file()方法内部指定文件的路径。这个方法使用 filename 参数指定文件的路径。这个文件可以位于任何位置，不要求与 Python 文件在同一目录中。代码清单 8-11 显示了如何使用这种方式定位 KV 文件。

此前，build()方法返回的是定义在 Python 文件内的根部件。现在，它返回的是
load_file()方法的结果。在将 Python 文件内部的逻辑与其表示(现在在 KV 文件内部)
分离后，Python 代码变得更清晰了。

代码清单 8-11　使用文件路径定位 LV 文件

```
import kivy.app
import kivy.lang.builder

class FirstApp(kivy.app.App):

    def build(self):
        return kivy.lang.builder.Builder.load_file(filename='ahmedgad/
        FirstApp/first.kv')

firstApp = FirstApp(title="Importing UI from KV File.")
firstApp.run()
```

使用第二种方式加载 KV 文件可以使该代码更清晰。这种方式依赖于继承 App
类的子类的名称。如果这个类名为 FirstApp，那么 Kivy 将寻找名为 first.kv 的 KV
文件，即移除单词 App，将剩余的文本 First 转换为小写字母。如果在与 Python 文
件相同的目录下存在 first.kv 文件，那么将自动加载这个文件。

使用这种方式的 Python 代码如代码清单 8-12 所示。现在，代码比以前更清晰，
也更易于调试。在 FirstApp 类内部加上 pass 语句，以避免留空。注意，如果 Kivy
不能根据 first.kv 定位文件，那么应用将依然运行，但是会显示一个空白窗口。

代码清单 8-12　加载根据子类名命名的 KV 文件

```
import kivy.app

class FirstApp(kivy.app.App):
    pass

firstApp = FirstApp(title="Importing UI from KV File.")
firstApp.run()
```

我们可以将代码清单 8-8 中的 UI 与 Python 代码分离开来，在 KV 文件内部将
事件处理程序与按钮绑定。代码清单 8-13 中给出了 KV 文件。

还有值得一提的一些点。在 KV 文件内部，可以使用 id 属性给部件赋予 ID。
这个值不需要封闭在引号之间。在 KV 文件和 Python 文件内部，可以使用这个 ID
检索部件的属性。根据代码，我们可以将 ID 赋给元素 Label 和两个 TextInput 部件。

理由是这些是我们要根据其属性检索或改变的部件。

代码清单 8-13　将代码清单 8-8 的 UI 分离到 KV 文件中

```
BoxLayout:
  orientation: "vertical"
  Label:
    text: "Result of Addition."
    id: label
  BoxLayout:
    orientation: "horizontal"
    TextInput:
      hint_text: "Enter First Number."
      id: textinput1
    TextInput:
      hint_text: "Enter Second Number."
      id: textinput2
  Button:
    text: "Add Numbers."
    on_press: app.add_nums(root)
```

按钮部件有 on_press 属性。我们使用它将事件处理程序与 on_press 事件绑定。事件处理程序为 add_nums()方法(可以在代码清单 8-14 的 Python 代码中找到)。因此，我们需要从 KV 文件中调用 Python 方法。该如何完成这个任务？

KV 语言有三个有用的关键字：app(指的是应用实例)、root(指的是 KV 文件中的根部件)和 self(指的是当前的部件)。为调用 Python 代码的方法，可使用的合适关键字为 app。由于 app 引用的是整个应用，因此它也能够引用 Python 文件内部的方法。我们可以使用 app.add_nums()调用 add_nums()方法。

代码清单 8-14　处理 on_press 事件的 Kivy Python 文件

```
import kivy.app

class FirstApp(kivy.app.App):

  def add_nums(self, root):
    num1 = float(self.root.ids["textinput1"].text)
    num2 = float(self.root.ids["textinput2"].text)
    result = num1 + num2
    self.root.ids["label"].text = str(result)
```

```
firstApp = FirstApp(title="Importing UI from KV File.")
firstApp.run()
```

在此方法内部，我们希望引用 TextInput 和 Label 部件，以便获取输入的数字并打印在标签上。由于 self 参数引用的是整个应用的实例，因此我们可以使用 self.root 来引用根部件。这将返回部件的根，我们可以基于子部件的 ID 访问它的任何子部件。

KF 文件内的所有 ID 都被保存在 ids 字典中。我们可以使用这个字典获取我们需要的任何部件(只要我们有部件的 ID)。在获取部件后，我们可以获取其属性。通过使用这种方法，我们可以在 TextInput 部件内部返回输入的数字，将其值从字符串类型转换为浮点数类型并相加，在将结果转换为字符串类型后，将其赋给 Label 部件的 text 属性。

8.2 P4A

现在，我们对 Kivy 有了一个总体的印象，可以继续使用 Kivy 构建 Android 应用。我们从打包代码清单 8-13 和代码清单 8-14 中的 Kivy 应用开始。

不对先前的应用作任何更改，在进行打包后，它们将可以在 Android 上运行。将 Kivy 应用转换为 Android 应用的简化步骤如图 8-12 所示。

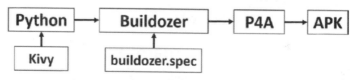

图 8-12　使用 Kivy 应用构建 Android 应用的步骤

在完成 Kivy Python 应用后，我们使用 Buildozer 工具准备创建 APK 文件所需的工具。最重要的工具称为 P4A。在将 Kivy 应用转换为 Android 应用之前，Buildozer 工具为每个 Kivy 应用创建名为 buildozer.spec 的文件。这个文件保存了关于应用的所有细节，我们将在后面的 8.2.2 节中讨论这个应用。让我们从安装 Buildozer 工具开始。

8.2.1 安装 Buildozer

在本节中，我们使用 Buildozer 工具将 Kivy 应用打包为 Android 应用。一旦进行了安装，Buildozer 会自动化构建 Android 应用的过程。它根据成功构建应用的所有要求准备环境。这些要求包括 P4A、Android SDK 和 NDK。在安装 Buildozer 之前，需要安装一些依赖的包。可以使用下列 Ubuntu 命令自动下载和安装它们。

```
ahmed-gad@ubuntu:~$ sudo pip install --upgrade cython==0.21
```

```
ahmed-gad@ubuntu:~$ sudo dpkg --add-architecture i386
ahmed-gad@ubuntu:~$ sudo apt-get update
ahmed-gad@ubuntu:~$ sudo apt-get install build-essential ccache git
libncurses5:i386 libstdc++6:i386 libgtk2.0-0:i386 libpangox-1.0-0:i386
libpangoxft-1.0-0:i386 libidn11:i386 python2.7 python2.7-dev openjdk-8-jdk
unzip zlib1g-dev zlib1g:i386
```

成功安装这些依赖包后，根据下列命令安装 Buildozer。

```
ahmed-gad@ubuntu:~$ sudo install --upgrade buildozer
```

如果 Buildozer 已安装在机器上，那么--upgrade 选项可以确保其升级到最新的版本。在成功安装 Buildozer 后，让我们准备 buildozer.spec 文件来构建 Android应用。

8.2.2 准备 buildozer.spec 文件

打包成 Android 应用的项目结构如图 8-13 所示。有一个名为 FirstApp 的文件夹，它包含三个文件。第一个文件名为 main.py，这是先前命名为 FirstApp.py 的 Kivy应用。重命名的原因是，在构建 Android 应用时，必须有一个命名为 main.py 的文件作为应用的入口。这不会改变应用中的任何内容。

图 8-13 项目结构

在进行下一步之前，最好检查 Kivy 应用是否能够成功运行。根据图 8-14 所示，在机器上激活 Kivy 虚拟环境，运行 Python 文件 main.py。其结果如图 8-11所示。

图 8-14 激活 Kivy 虚拟环境并运行 Kivy 应用

至此,Kivy 桌面应用已成功创建。现在,我们可以开始准备缺少的 buildozer.spec 文件并构建 Android 应用。

buildozer.spec 文件可以简单地使用 Buildozer 自动生成。在打开 Ubuntu 终端后,导航到存放应用的 Python 和 KV 文件的 FirstApp 目录,发出以下命令。

```
ahmed-gad@ubuntu:~/ahmedgad/FirstApp$ buildozer init
```

在发出此命令后,会出现确认消息,如图 8-15 所示。该文件的一些重要的字段在代码清单 8-15 中列出。例如,title 表示应用的标题;source 目录指的是存放 main.py 文件的应用根目录,这里被设置为当前目录;应用版本;Python 和 Kivy 版本;fullscreen 表示应用是否全屏显示;应用的 requirements 被设置为 Kivy。如果我们使用由 P4A 支持的库(如 NumPy),那么需要将其列在 kivy 旁边,这样就可以加载到应用中。permissions 属性表示应用所要求的权限。如果 SDK 和 NDK 已经存在于机器上,那你也可以硬编码其路径,以便节省下载它们的时间。注意,代码行前的#符号表示它是注释。presplash.filename 属性用于指定图像路径,这个图像会在加载应用时出现。我们将作为应用图标图片的文件名赋给 icon.filename 属性。

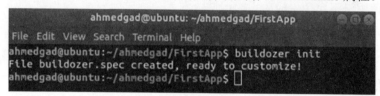

图 8-15   成功创建 buildozer.spec 文件

这些字段都在规范文件的[app]部分。读者可以编辑规范文件,更改你认为值得修改的任何字段。package.domain 属性默认情况下被设置为 org.test,我们仅将其用于测试而非生产。如果此值保持原样,则它会阻止应用的构建。

代码清单 8-15   buildozer.spec 文件中的一些重要字段

```
[app]
title = Simple Application
package.name = firstapp
package.domain = gad.firstapp
source.dir = .
source.include_exts = py,png,jpg,kv,atlas
version = 0.1
requirements = kivy
orientation = portrait
osx.python_version = 3
osx.kivy_version = 1.10.1
```

```
fullscreen = 0
presplash.filename = presplash.png
icon.filename = icon.png
android.permissions = INTERNET
android.api = 19
android.sdk = 20
android.ndk = 9c
android.private_storage = True
#android.ndk_path =
#android.sdk_path =
```

在准备好构建 Android 应用所需的文件后，下一步是使用 Buildozer 构建它。

8.2.3　使用 Buildozer 构建 Android 应用

在准备了所有的项目文件后，Buildozer 使用它们生成 APK 文件。在开发阶段，我们可以使用以下命令生成应用的调试版本。

```
ahmed-gad@ubuntu:~/ahmedgad/FirstApp$ buildozer android release
```

图 8-16 所示为输入命令时的响应。当第一次构建应用时，Buildozer 必须下载所需要的依赖包，如 SDK、NDK 和 P4A。Buildozer 为我们节约了大量的精力，会自动下载和安装它们。基于互联网连接，在一切启动和运行后，这个过程可能需要一些时间，因此需要耐心等待。

图 8-16　安装 Buildozer 构建 Android 应用所需的依赖包

在成功安装后，会创建两个文件夹。第一个文件夹名为.buildozer，它表示 Buildozer 所下载的构建应用需要的所有文件。第二个文件夹名为 bin，它存储构建应用后所生成的 APK 文件。我们可以将 APK 文件传输给 Android 设备，安装并测试它。Android 应用的屏幕如图 8-17 所示。

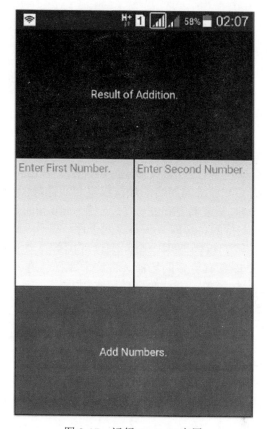

图 8-17　运行 Android 应用

根据下面的命令，如果机器连接并识别了 Android 设备，那么 Buildozer 可以生成 APK 文件并在机器上安装它。

```
ahmed-gad@ubuntu:~/ahmedgad/FirstApp$ buildozer android debug deploy run
```

基于 Python Kivy 应用构建基本的 Android 应用后，我们可以开始构建更高级的应用。并不是所有在台式机上运行的 Kivy 应用都可以直接运行在移动设备上。一些库可能不支持作为移动应用打包。例如，P4A 仅支持能够在 Android 应用中使用的一组库。如果使用不支持的库，那应用可能会崩溃。

P4A 支持 Kivy，它可以构建与我们先前所讨论的一模一样的应用 UI。P4A 也支持另一些库，如 NumPy、PIL、dateutil、OpenCV、Pyinius、Flask 等。使用 Python 构建 Android 应用时的限制仅是要使用由 P4A 支持的一组库。在下一节中，我们将讨论如何使用第 3 章所创建的应用(识别 Fruits 360 数据集图像)构建 Android 应用。

8.3　Android 上的图像识别

第 3 章创建的应用从 Fruits 360 数据集中提取特征，用于训练 ANN。在第 7 章中，我们创建了可以从 Web 访问的 Flask 应用。在本章中，我们将讨论如何将这个应用打包成 Android 应用，离线运行并在设备上提取特征。

要考虑的第一件事是，应用中所使用的库是否得到 P4A 的支持。所使用的库如下所示：

- 用于读取原始 RGB 图像并将其转换为 HSV 格式的 scikit-image。
- 用于提取特征(即色相直方图)、构建 ANN 层和做出预测的 NumPy。
- 用于恢复使用 GA 训练的网络的最佳权重和所选择特征元素索引的 pickle。

在使用的库中，P4A 只支持 NumPy，不支持 scikit-image 和 pickle。因此，我们必须找到得到 P4A 支持的备选库来代替这两个库。替代 scikit-image 的可用选择为 OpenCV 和 PIL。我们仅需要用一个库来读取图像文件并将其转换为 HSV。OpenCV 比所需的两个库具有更多的特征。将这个库打包进 Android 应用会增加应用的大小。由于 PIL 比较简单，因此我们使用它。

至于 pickle，我们可以使用 NumPy 替代它。NumPy 可以在扩展名为.npy 的文件中保存和加载变量。出于这个原因，权重和所选中的元素索引可以保存到.npy 文件，这样就能使用 NumPy 读取它们。

项目结构如图 8-18 所示。Fruits.py 文件包含从测试图像中提取特征并预测其标签所需的函数。这个函数与先前在第 3 章中所用的函数几乎相同(除了使用 NumPy 而不是使用 pickle，使用 PIL 而不是 scikit-image)。这个文件的实现如代码清单 8-16 所示。

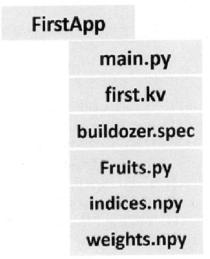

图 8-18　Android 上用于识别 Fruits 360 数据集图像的项目结构

extract_features()函数具有表示图像文件路径的参数。它使用 PIL 读取图像，并使用 convert 方法将其转换为 HSV 色彩空间。这个方法接收 HSV 字符串(指定图像将转换为 HSV)。之后，extract_features()方法提取特征，基于所选择的 indices.npy 文件过滤特征元素，最终返回它们。我们编写 predict_output()函数，使其接受 weights.npy 文件路径，然后使用 NumPy 读取它，基于 ANN 分类图像并返回分类标签。

代码清单 8-16　用于提取特征和分类图像的 Fruits.py 模块

```python
import numpy
import PIL.Image

def sigmoid(inpt):
    return 1.0/(1.0+numpy.exp(-1*inpt))

def relu(inpt):
    result = inpt
    result[inpt<0] = 0
    return result

def predict_output(weights_mat_path, data_inputs, activation="relu"):
    weights_mat = numpy.load(weights_mat_path)
    r1 = data_inputs
    for curr_weights in weights_mat:
        r1 = numpy.matmul(a=r1, b=curr_weights)
        if activation == "relu":
            r1 = relu(r1)
        elif activation == "sigmoid":
            r1 = sigmoid(r1)
    r1 = r1[0, :]
    predicted_label = numpy.where(r1 == numpy.max(r1))[0][0]
    return predicted_label

def extract_features(img_path):
    im = PIL.Image.open(img_path).convert("HSV")
    fruit_data_hsv = numpy.asarray(im, dtype=numpy.uint8)

    indices = numpy.load(file="indices.npy")
```

```
hist = numpy.histogram(a=fruit_data_hsv[:, :, 0], bins=360)
im_features = hist[0][indices]
img_features = numpy.zeros(shape=(1, im_features.size))
img_features[0, :] = im_features[:im_features.size]
return img_features
```

负责构建应用 UI 的 KV 文件 first.kv 如代码清单 8-17 所示。值得一提的是，可以使用 font_size 属性增加标签和按钮部件的字体大小。同时，我们也可以调用 classify_image()方法响应按钮部件的 on_press 事件。

代码清单 8-17　水果识别应用的 KV 文件

```
BoxLayout:
    orientation: "vertical"
    Label:
        text: "Predicted Class Appears Here."
        font_size: 30
        id: label
    BoxLayout:
        orientation: "horizontal"
    Image:
        source: "apple.jpg"
        id: img
    Button:
        text: "Classify Image."
        font_size: 30
        on_press: app.classify_image()
```

根据代码清单 8-18，在 main.py 文件内部可以得到 classify_image()方法的实现。这个方法使用图像部件的 source 属性加载待分类图像的路径。然后，这个路径作为参数被传递给 Fruits 模块内的 extract_features()函数。predict_output()函数接收提取的特征、ANN 权重和激活函数，对每层的输入及其权重进行矩阵乘法后返回分类标签。然后，我们将这个标签打印在标签部件上。

代码清单 8-18　水果识别应用的 main.py 文件的实现

```
import kivy.app
import Fruits

class FirstApp(kivy.app.App):
    def classify_image(self):
        img_path = self.root.ids["img"].source

        img_features = Fruits.extract_features(img_path)
```

```
predicted_class = Fruits.predict_output("weights.npy", img_
features, activation="sigmoid")

self.root.ids["label"].text = "Predicted Class : " + predicted_
class

firstApp = FirstApp(title="Fruits 360 Recognition.")
firstApp.run()
```

在开始构建 APK 文件之前，我们通过运行 Kivy 应用确保一切如预期的那样进行。在运行应用并按下按钮后分类图像，结果如图 8-19 所示。在确保应用成功运行后，我们开始构建 Android 应用。

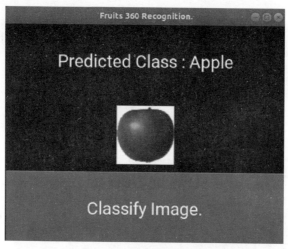

图 8-19　运行 Kivy 应用进行图像分类后的结果

在使用 Buildozer 构建应用之前，必须生成 buildozer.spec 文件。读者可以使用 buildozer init 命令自动创建这个文件。重要的是要注意到在应用内，我们使用两个.npy 文件表示过滤元素的索引和权重。我们需要将它们包括到 APK 文件中。如何做到这一点呢？在 buildozer.spec 文件内，有一个名为 source.include_exts 的属性，它接收我们需要包括到 APK 文件中的所有文件的扩展名(使用逗号隔开)。这些文件位于应用的根处。例如，为添加具有扩展名.py、.npy、.kv、.png 和.jpg 的文件，属性值如下所示。

```
source.include_exts = py,png,jpg,kv,npy
```

　　应用成功执行的两个关键步骤是使用 PIL 将 RGB 图像转换为 HSV 图像,使用 NumPy 内部的 matmul()函数进行矩阵相乘。请注意提供这些功能的库的版本。

　　对于将 RGB 转换为 HSV,确保使用称为 Pillow 的新版 PIL。这只是能够导入和使用的 PIL 扩展,与 PIL 没有什么区别。关于矩阵乘法,它只被 NumPy 1.10.0 版本或更高的版本支持。注意不要使用较低的版本。这留下了另一个问题,就是如何告诉 P4A 我们需要某个库的特定版本。一种方式是在 P4A 处方(recipe)中指定对应于 NumPy 的所需的版本。这些处方位于 Buildozer 安装的 P4A 安装目录下。例如,基于图 8-20,我们使用 1.10.1 版本。在构建应用时,基于指定的版本,可以从 Python 包索引(PyPI)处自动下载并安装库。注意,为 Android 准备 Kivy 环境比使用它要更难。

```
from pythonforandroid.recipe import
CompiledComponentsPythonRecipe
from pythonforandroid.toolchain import warning


class NumpyRecipe(CompiledComponentsPythonRecipe):

    version = '1.10.1'
    url = 'https://pypi.python.org/packages/source/n/numpy/
numpy-{version}.tar.gz'
    site_packages_name= 'numpy'

    depends = ['python2']

    patches = ['patches/fix-numpy.patch',
               'patches/prevent_libs_check.patch',
               'patches/ar.patch',
               'patches/lib.patch']
```

图 8-20　指定待安装的 NumPy 版本

　　现在,我们准备构建 Android 应用。我们使用 buildozer android debug deploy run 命令在连接到开发机器的 Android 设备上构建、安装和运行应用。通过在命令末尾添加 logcat 这个单词,我们可以使用 logcat 工具打印出关于设备的调试信息。在成功构建后,Android 应用的 UI 如图 8-21 所示。

图 8-21　用于分类 Fruits 360 数据集图像的 Android 应用的 UI

8.4　Android 上的 CNN

在第 5.2 节中，我们创建了一个项目，使用 NumPy 从头开始构建 CNN。在本节中，我们将这个项目打包为 Android 应用，在设备上执行 CNN。项目的结构如图 8-22 所示。numpycnn.py 文件保存第 5 章中讨论的构建 CNN 层的所有函数。主应用文件 main.py 有一个名为 NumPyCNNApp 的子类，这就是 KV 文件应该命名为 numpycnn.kv 的原因。buildozer.spec 文件与我们先前所讨论的类似。我们将简短地讨论主文件和 KV 文件。基于先前在本章中所讨论的内容，我们预计读者对项目的这一部分都非常清楚。

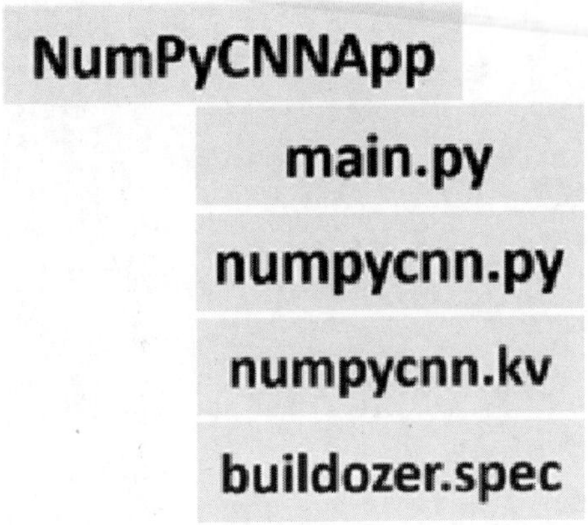

图 8-22　在 Android 上运行 CNN 的项目结构

我们将从代码清单 8-19 中的 KV 文件开始。根部件是垂直的 BoxLayout，具有两个 GridLayout 子部件。第一个 GridLayout 部件显示了原始图像以及 CNN 中最后一层的结果。这个界面平分给两个垂直的子 BoxLayout 部件。每个布局都有标签和图像部件。标签仅用于指示原始和结果图像在哪里。

根部件的第二个 GridLayout 部件具有三个子部件。第一个是 Button，在按下这个按钮时，调用主 Python 文件内部的 start_cnn()方法执行 CNN；第二个是 Label，在执行完所有 CNN 层后，打印出结果的尺寸；第三个子部件是 TextInput 部件，这允许用户使用文本指定 CNN 的架构。例如，conv4,pool,relu 指的是网络由三层组成：第一层是卷积层，具有 4 个过滤器；第二层是平均池层；第三层是 ReLU 层。当应用运行时，它的 UI 如图 8-23 所示。

代码清单 8-19　CNN Kivy 应用的 KV 文件

```
BoxLayout:
  orientation: "vertical"
  GridLayout:
    size_hint_y: 8
    cols: 3
    spacing: "5dp", "5dp"
    BoxLayout:
      orientation: "vertical"
      Label:
        id: lbl1
        size_hint_y: 1
        font_size: 20
        text: "Original"
```

```
      color: 0, 0, 0, 1
    Image:
      source: "input_image.jpg"
      id: img1
      size_hint_y: 5
      allow_stretch: True
  BoxLayout:
    orientation: "vertical"
    Label:
      id: lbl2
      size_hint_y: 1
      font_size: 20
      text: ""
      color: 0, 0, 0, 1
    Image:
      id: img2
      size_hint_y: 5
      allow_stretch: True
GridLayout:
  cols: 3
  size_hint_y: 1
  Button:
    text: "Run CNN"
    on_press: app.start_cnn()
    font_size: 20
    id: btn
  Label:
    text: "Click the button & wait."
    id: lbl_details
    font_size: 20
    color: 0, 0, 0, 1
  TextInput:
    text: "conv4,pool,relu"
    font_size: 20
    id: cnn_struct
```

main.py 文件的实现如代码清单 8-20 所示。这个文件的入口点是 start_cnn()方法。它从 Image 部件处读取图像路径,使用 PIL 读取图像,如我们在先前示例中所讨论的一样。为简单起见，我们使用 convert() 方法转换图像。字符 L 将图像转换为灰度图。根据 TextInput 中指定的结构，在按下 Button 部件后，这个函数运行后台线程来执行 CNN。最后一层的结果返回给 refresh_GUI() 方法。这个方法将结果的第一个矩阵显示在 UI 窗口中。

图 8-23　执行 CNN 的 Kivy 应用的主窗口

代码清单 8-20　执行 CNN 的 Kivy 应用的主文件的实现

```
import kivy.app
import PIL.Image
import numpy
import numpycnn
import threading
import kivy.clock


class NumPyCNNApp(kivy.app.App):

  def run_cnn_thread(self):
      layers = self.root.ids["cnn_struct"].text.split(",")
      self.root.ids["lbl_details.text"] = str(layers)
      for layer in layers:
        if layer[0:4] == "conv":
          if len(self.curr_img.shape) == 2:
              l_filter = numpy.random.rand(int(layer[4:]), 3, 3)
          else:
              l_filter = numpy.random.rand(int(layer[4:]), 3, 3,
              self.curr_img.shape[-1])
          self.curr_img = numpycnn.conv(self.curr_img, l_filter)
```

```
                print("Output Conv : ", self.curr_img.shape)
        elif layer == "relu":
                self.curr_img = numpycnn.relu(self.curr_img)
                print("Output RelU : ", self.curr_img.shape)
        elif layer == "pool":
                self.curr_img = numpycnn.avgpooling(self.curr_img)
                print("Output Pool : ", self.curr_img.shape)
        elif layer[0:2] == "fc":
                num_outputs = int(layer[2:])
                fc_weights = numpy.random.rand(self.curr_img.size, num_
                outputs)
                print("FC Weights : ", fc_weights.shape)
                self.CNN_FC_Out = numpycnn.fc(self.curr_img, fc_weights=fc_
                weights, num_out=num_outputs)
                print("FC Outputs : ", self.CNN_FC_Out)
                print("Output FC : ", self.CNN_FC_Out.shape)
        else:
                self.root.ids["lbl_details"].text = "Check input."
                break
self.root.ids["btn.text"] = "Try Again."
self.refresh_GUI()
    def start_cnn(self):
        img1 = self.root.ids["img1"]#Original Image
        im = PIL.Image.open(img1.source).convert("L")
        img_arr = numpy.asarray(im, dtype=numpy.uint8)
        self.curr_img = img_arr

        im_size = str(self.curr_img.shape)
        self.root.ids["lbl_details"].text = "Original image size
        " + im_size

        threading.Thread(target=self.run_cnn_thread).start()
        self.root.ids["btn"].text = "Wait."

@kivy.clock.mainthread
def refresh_GUI(self):
    im = PIL.Image.fromarray(numpy.uint8(self.curr_img[:, :, 0]))
    layer_size = str(self.curr_img.shape)
```

```
im.save("res.png")
self.root.ids["img2"].source = "res.png"
self.root.ids["lbl2"].text = "Last Layer Result"
self.root.ids["lbl_details"].text = "Out size "+layer_size


if __name__ == "__main__":
NumPyCNNApp().run()
```

线程执行 run_cnn_thread()方法，这个方法将从 TextInput 处所检索到的文本拆分，分别返回每个层。基于 if 语句，从 numpycnn.py 文件中调用合适的函数构建特定的 CNN 层。例如，如果当前的字符串为 relu，那么将会调用 relu 函数。我们将附加到 conv 字符串的数字作为参数，指定过滤器的数目。所有过滤器的形状都是 3×3。它们被随机填充。如果存在不可识别的字符串，那应用会在 Label 上显示消息，指示输入中存在一些错误。在这个函数结束执行后，返回到 refresh_GUI()方法。它显示所返回的第一个矩阵，在 Label 上打印出其尺寸。

修正的应用版本允许运行所有三个连续的卷积、池化和 ReLU 层，显示它们返回的所有结果。基于前三层(带有两个过滤器的卷积层,后面跟着池化层和 ReLU 层),图 8-24 中给出了所有返回的结果。

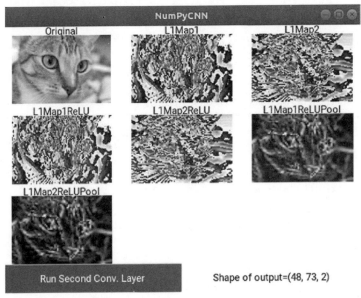

图 8-24 基于三层 CNN 的所有层的结果

在确定应用可以良好地运行在台式机上后，唯一剩下的文件是 buildozer.spec。我们可以根据先前的讨论准备这个文件。在成功创建这个文件后，与先前所做的一样，我们使用 Buildozer 开始构建它。在 Android 设备上运行应用后，其 UI 如图 8-25

所示。

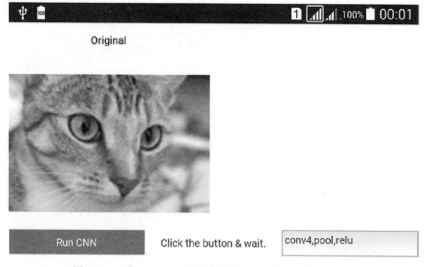

图 8-25　在 Android 设备上运行 Kivy 应用来执行 CNN

附录 A

使用 pip 安装程序安装自制项目包

我们中的大多数人都曾使用若干种语言(如 Java、C++和 Python 等)创建过一些项目,但遗憾的是,这些项目可能就此埋没,无人知晓。为什么不让这些项目上线?使用 Python 可以很容易地发布这些项目,这样有需求的人可以受益于第 5 章中使用 NumPy 实现的 CNN。

本附录将讨论打包 Python 项目,使用 setuptools 发布它们,使用 twine 将它们上传到 PyPI 存储仓库,最后使用 Python 安装程序(如 pip 和 conda)安装它们。本附录从名为 printmsg 的简单 Python 项目(它有一个调用时打印消息的简单函数)开始。

我们将讨论以下几点:

- 创建简单的 Python 项目。
- Python 如何定位库?
- 通过将项目文件复制到 site-packages 进行手动安装。
- Python 安装程序如何定位库?
- 准备软件包及其文件(__init__.py 和 setup.py)。
- 发布软件包。
- 在线上传发布文件到 Test PyPI。
- 安装来自 Test PyPI 的发布包。
- 导入和使用已安装的软件包。
- 使用 PyPI 而不是 Test PyPI。

所使用的平台是安装了 Python 3.6.5 的 Linux Ubuntu 18.04,但是读者也可以使用其他平台(如 Windows),这些平台所使用的命令差别较少或根本没有差别。让我们来了解它是如何工作的。

A.1 创建简单的 Python 项目

让我们创建一个简单的项目并发布它。为能够打包和发布任意的 Python 项目,必须存在包含该项目所需要的文件的相关文件夹。文件夹名就是此后的项目名。

A.1.1　项目结构

这个项目仅有一个层，包含了一个 Python 文件。项目结构如图 A-1 所示。

```
/printmsg
    print_msg_file.py
```

图 A-1　简单的项目结构

所使用的项目/文件夹名称为 printmsg，这反映了它的用途。文件夹内的 Python 文件名为 print_msg_file.py。Python 文件包含了一个函数和一个变量。函数名为 print_msg_func，调用此函数时会打印出一条消息。由于大部分现存的项目包含了一些反映其属性的变量，因此我们使用名为 version 的变量保存项目的版本。

A.1.2　项目实现

代码清单 A-1 中给出了 print_msg_file.py 文件的实现。第一行使用名为 __version__ 的变量定义了项目的版本。调用 print_msg_func()函数时打印出 hello 消息。在将 Python 文件作为主文件(或非主文件)调用的情况下，这是一种很好的处理方法。这是文件末尾 if 语句的工作，使用内置的特殊变量 __name__。当 Python 文件作为主程序执行时，可以将 __name__ 变量设置为等于 __main__。当文件在某个模块内使用时，将 __name__ 变量设置为模块名。if 语句确保在另一个模块中未导入文件，然后调用 print_msg_func()打印 hello 消息。

代码清单 A-1　print_msg_file.py 的实现

```python
__version__ = "1.0"

def print_msg_func():
    print("Hello Python Packaging")

if __name__ == "__main__":
    print_msg_func()
```

A.1.3　运行项目

在完成这样一个简单的项目后，下一步是执行它，确保一切运行良好。在 Linux 终端或 Windows 命令提示符中发出后跟文件位置的 Python 命令，执行 Python 文件。图 A-2 显示了在 Windows 和 Ubuntu 中如何运行 Python 文件。注意，我们将项目文件夹保存在了桌面上。

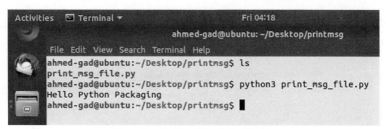

图 A-2　将模块作为主程序运行

在 printmsg 目录中打开 CMD/终端。使用 ls 命令显示其内容。此处，仅存在目标文件 print_msg_file.py。发布 Python 命令来运行文件。

A.1.4　将模块导入其目录内的文件

确保一切运作良好后，为能够调用项目内容，我们可以将项目导入另一个 Python 文件。如果要将一个文件导入另一个文件，传统的方式是在与该文件相同的目录内创建另一个文件。注意，不强制要求在相同的目录内，但是这种情况下，这样做比较简单，可避免较长的路径。例如，另一个名为 inside_project.py 的 Python 文件导入了项目并调用其函数，如代码清单 A-2 所示。

代码清单 A-2　导入模块并调用其函数

```
import print_msg_file
print_msg_file.print_msg_func()
```

第一行导入了项目。然后，在第二行调用其函数。在打开终端并设置当前目录为 printmsg 文件夹后，可以执行新文件 inside_project.py，如图 A-3 所示。这样就成功调用了函数。

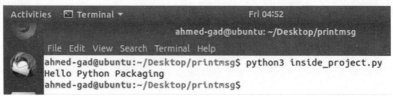

图 A-3　成功将模块导入另一个文件

A.1.5　将模块导入其目录外的文件

由于所导入的模块与调用其的脚本在同一目录下，因此过程比较简单，只需要在导入语句中输入模块的名称。但是，现在出现了一个重要的问题：如果调用文件的脚本与要导入模块的目录不同，会发生什么情况？让我们尝试创建与所导入模块不在同一目录的另一个 Python 文件并尝试再一次导入模块。我们将这个文件命名为

outside_project.py，将其放在桌面上。换句话说，这个文件在模块的上一级。它与先前的文件 inside_project.py 中所使用的代码相同。在终端运行这个文件后，结果如图 A-4 所示。

图 A-4　无法在不同的目录中定位模块

由于文件和所导入的模块在不同的目录下，因此未找到模块。文件位于 ~/Desktop/ 目录下，模块位于 ~/Desktop/printmsg/ 目录下。为解决这个问题，在模块名称后添上 printmsg，使得解释器知道在何处可以找到它，如代码清单 A-3 所示。

代码清单 A-3　在导入函数时附加模块名称

```
import printmsg.print_msg_file
printmsg.print_msg_file.print_msg_func()
```

执行 outside_project.py 文件后的结果如图 A-5 所示。

图 A-5　在 import 语句中正确定位模块后，成功地找到了它

但是，将文件夹名添加到从文件到所导入模块的路径中比较烦人，当这个文件与模块的距离有若干个层时更是如此。为解决这个问题，下面介绍 Python 解释器如何定位所导入的库。

A.2　Python 如何找到库

当 Python 解释器遇到 import 语句时，它会搜索一些目录，寻找要导入的库。如果在所有的这些目录中未找到库，就会产生一个错误，如图 A-4 所示。

对于搜索给定的库，存在多个路径源。例如，PYTHONHOME 或 PYTHONPATH 环境变量内的路径、当前脚本目录的路径和 site-packages 目录的路径。Python 搜索的所有这些目录的列表由 sys 内置模块的 path 属性列出。这可以打印出来，如代码清单 A-4 所示。

代码清单 A-4 打印所搜索目录的列表

```
import sys
print(sys.path)
```

使用终端打印出 sys.path 列表,结果如图 A-6 所示。

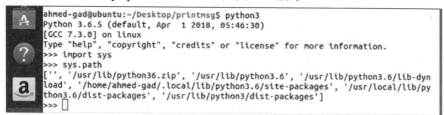

图 A-6 Python 用于定位模块的搜索路径

在示例中,模块不位于 sys.path 列出的任何目录中,这就是抛出异常的原因。我们可以将库移动到其中一条路径中来修复这个问题。将要使用的目录为 site-packages 目录。原因在于,使用 pip 或 conda 所安装的库被添加到了该目录中。下面介绍如何手动将项目添加到目录中。

A.3 通过将项目文件复制到 site-packages 进行手动安装

在图 A-5 中,列出了 site-packages 目录作为所导入库的搜索路径。通过简单地复制和粘贴项目目录 printmsg 到 site-packages 目录中,可以导入 print_msg_file 模块。图 A-7 显示了 printmsg 项目被复制到 site-packages 中。

图 A-7 将项目复制到 site-packages 目录中,使其能够被 Python 定位

基于代码清单 A-3 中的前两行代码,outside_project.py 文件现在可以成功导入

项目并打印输出，如图 A-5 所示。这种情况下，所导入的模块 print_msg_file 会加上 printmsg 项目目录前缀，这样无论 outside_project.py 文件位于何处，导入都是有效的。

A.4　Python 安装程序如何定位库

到现在为止，为成功导入项目，我们可以手动将其复制到 site-packages 目录中。在进行这个操作之前，我们必须使用某种方法将项目复制到机器中，如从文件托管服务器处下载项目。但是，所有的工作都是手动的，每个库都要手动安装，这种工作让人厌烦。因此，我们需要有其他方式安装这些库。

一些安装程序(如 pip 或 conda)能够接收库名，自动下载和安装库。但如何使这些安装程序可以访问自制的库呢？

安装程序在软件仓库(如 PyPI)内搜索库。一旦发现这些库，它们就可自动下载并安装它们。现在，我们的问题是应该如何上传自制的库到这些软件仓库。这些软件仓库接收的是发布格式，如 wheel。

那么，下一个问题是如何将项目转换为 wheel 发布格式。为生成 wheel 发布格式，我们需要将一些文件一起打包。这些文件包括实际的 Python 项目文件、这些文件所需的任何补充文件，以及一些给出项目细节的辅助性文件。

我们所遵循的顺序是准备打包文件，生成发布文件，然后上传文件到 PyPI 软件仓库。我们将在下面的章节中讲解这些内容。

A.5　准备软件包及其文件(_init_.py 和 setup.py)

第一步是指定软件包的结构及其文件。软件包的结构如图 A-8 所示。

```
/root
    /printmsg
        __init__.py
        print_msg_file.py
    setup.py
```

图 A-8　供 Python 安装程序使用所准备的项目结构

根目录存放所有文件和包的目录。在根目录下，存在名为 printmsg 的另一个目录，它存放安装后要导入的所有 Python 文件。

对于这个简单的示例而言，我们将使用所需的最少文件，即 __init__.py 和 setup.py 文件以及实际的项目文件 print_msg_file.py。下一步是准备这些文件。

A.5.1　__init__.py

要准备的第一个文件是 __init__.py 文件。这个文件的主要用途是允许 Python 将目录作为一个包处理。当软件包具有__init__.py 文件时，在由任何安装程序安装后，可以将该软件包当成一个常规的库导入。它只要存在即可，即使是一个空文件。你可能会想，为什么现在我们需要它，当手动安装这些库时却不需要。答案是，没有__init__.py 文件，安装程序就不知道目录是一个包。这就是安装程序不能获取 Python 库文件(print_msg_file.py)的原因。

假设现在在使用__init__.py 文件的情况下，Python 安装程序能够访问库，我们可以成功将其安装在 Windows 上，那在 site-packages 目录中会生成两个文件夹(printmsg-1.4.dist-info 和 printmsg)，如图 A-9 所示。

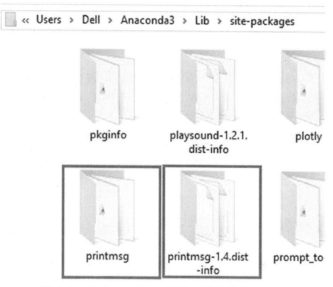

图 A-9　在 site-packages 目录中创建的项目目录

printmsg 文件夹保存此后待导入的 Python 文件。如果不使用__init__.py 文件，那么将找不到 printmsg 文件夹。由于缺失__init__.py 文件，因此不可能使用 Python 代码。

除了告诉 Python 这个目录是一个 Python 软件包外，在导入模块后，由于__init__.py 文件是第一个加载的文件，因此可以进行初始化。

A.5.2　setup.py

在使用__init__.py 文件标记目录为软件包后，下一步是添加更多关于软件包的详细信息。这就是使用 setup.py 文件的原因。setup.py 脚本给出了项目的详细信息，如项目运行所依赖的各种软件。这个脚本使用 setuptools 发布工具构建发布文件，以便之后上传到 PyPI。代码清单 A-5 包含了用于发布项目的 setup.py 文件的内容。

代码清单 A-5　setup.py 文件的内容

```
import setuptools
```

```
setuptools.setup(
    name="printmsg",
    version="1.6",
    author="Ahmed Gad",
    author_email="ahmed.f.gad@gmail.com",
    description="Test Package for Printing a Message")
```

这个文件包含了有关项目详细信息的一些字段，如软件的名称、版本、作者、作者的电子邮件、在 PyPI 上出现的简单描述。基于用户的需要，还可以使用其他一些字段。

注意，目前在两个位置使用了软件包的名称。一个是模块目录，另一个是此处的 setup.py 文件中。这两个位置必须等同吗？答案是否定的。每个名称都有其用处，但是这两个名称是不相关的。setup.py 文件中的名称是在安装软件包时使用的名称，目录的名称是导入模块时使用的名称。如果这两个名称不同，那么软件包将使用一个名称安装，用另一个名称导入。这两个名称应该保持一致，以避免软件包用户混淆。

A.6 发布软件包

软件包准备完毕后，就可以发布它了。在实际发布之前，要确定所需的依赖包是否存在。为发布项目，要求安装 setuptools 和 wheel 项目。我们使用 wheel 项目生成 wheel 发布格式。使用以下指令确保安装并更新了它们，如图 A-10 所示。

ahmed-gad@ubuntu:~/Desktop/root$ pip install --user --upgrade setuptools wheel

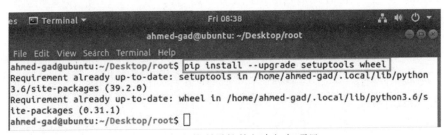

图 A-10　安装所需软件包来打包项目

然后通过运行 setup.py 文件就可以发布软件包，如图 A-11 所示。在打开终端后，将当前目录作为软件包的根目录，然后运行 setup.py 文件。

ahmed-gad@ubuntu:~/Desktop/root$ python3 setup.py sdist bdist_wheel

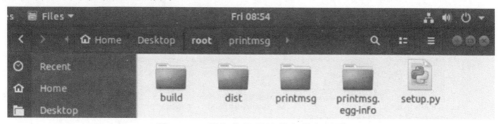

```
es    □ Terminal ▾                                      Fri 08:51
                                                ahmed-gad@ubuntu: ~/Desktop/root
  File  Edit  View  Search  Terminal  Help
ahmed-gad@ubuntu:~/Desktop/root$ python3 setup.py sdist bdist_wheel
running sdist
running egg_info
creating printmsg2.egg-info
writing printmsg2.egg-info/PKG-INFO
writing dependency_links to printmsg2.egg-info/dependency_links.txt
writing top-level names to printmsg2.egg-info/top_level.txt
writing manifest file 'printmsg2.egg-info/SOURCES.txt'
reading manifest file 'printmsg2.egg-info/SOURCES.txt'
writing manifest file 'printmsg2.egg-info/SOURCES.txt'
warning: sdist: standard file not found: should have one of README, README.rst, README.txt, README.md

running check
warning: check: missing required meta-data: url

creating printmsg2-1.6
creating printmsg2-1.6/printmsg2.egg-info
copying files to printmsg2-1.6...
copying setup.py -> printmsg2-1.6
copying printmsg2.egg-info/PKG-INFO -> printmsg2-1.6/printmsg2.egg-info
copying printmsg2.egg-info/SOURCES.txt -> printmsg2-1.6/printmsg2.egg-info
copying printmsg2.egg-info/dependency_links.txt -> printmsg2-1.6/printmsg2.egg-info
copying printmsg2.egg-info/top_level.txt -> printmsg2-1.6/printmsg2.egg-info
Writing printmsg2-1.6/setup.cfg
creating dist
Creating tar archive
removing 'printmsg2-1.6' (and everything under it)
running bdist_wheel
running build
installing to build/bdist.linux-x86_64/wheel
running install
running install_egg_info
Copying printmsg2.egg-info to build/bdist.linux-x86_64/wheel/printmsg2-1.6-py3.6.egg-info
running install_scripts
creating build/bdist.linux-x86_64/wheel/printmsg2-1.6.dist-info/WHEEL
creating '/home/ahmed-gad/Desktop/root/dist/printmsg2-1.6-py3-none-any.whl' and adding '.' to it
adding 'printmsg2-1.6.dist-info/top_level.txt'
adding 'printmsg2-1.6.dist-info/WHEEL'
adding 'printmsg2-1.6.dist-info/METADATA'
adding 'printmsg2-1.6.dist-info/RECORD'
removing build/bdist.linux-x86_64/wheel
ahmed-gad@ubuntu:~/Desktop/root$ []
```

图 A-11　生成项目的源和 wheel 发布

我们使用 sdist 生成源发布格式，使用 bdist_wheel 生成 wheel 构建发布版本。我们提供这两种版本以兼容不同的用户。

执行 setup.py 文件后，会在软件包的根目录内得到一些新目录。根目录内的这些文件和目录如图 A-12 所示。

```
s   ▤ Files ▾                 Fri 08:54                    ⚎ ◀) ⏻ ▾
 ‹  ›  ↑  ⌂ Home  Desktop  root  printmsg  ▸      🔍  ⠿  ☰  ◉◉⊗
 ◷  Recent
 ⌂  Home
 ▭  Desktop
        build      dist      printmsg    printmsg.    setup.py
                                         egg-info
```

图 A-12　所生成的项目的文件和目录

由于 dist 文件夹包含了将上传到 PyPI 的发布文件，因此这个文件夹很重要。图 A-13 中展现了它的内容。它包含了.whl 文件(这是构建发布)以及源发布文件.tar.gz。

图 A-13　项目的源发布和 wheel 发布文件

发布文件准备就绪后，下一步是将它们上传到 PyPI。

A.7　在线上传发布文件到 Test PyPI

当前使用了两种 Python 软件包仓库，其中一个是 Test PyPI(test.pypi.org)，它用于测试和实验；另一个是 PyPI(pypi.org)，它用于真实的索引。这两个仓库是类似的，我们可以从使用 Test PyPI 开始讲解。

在将文件上传到 Test PyPI 之前，你应该进行注册，获得用户名和密码，以上传软件包。使用有效的电子邮件地址进行注册，收到确认邮件后激活账户。注册链接为 https:// test.pypi.org/account/register/。

在注册完成后，可以使用 twine 工具上传软件包到 Test PyPI。应使用以下命令确保安装和升级 twine：

```
ahmed-gad@ubuntu:~/Desktop/root$ pip install --upgrade twine
```

一旦安装了 twine，就可以上传软件包给 Test PyPI。打开终端，确保是在软件包的根目录下，发布以下命令。

```
ahmed-gad@ubuntu:~/Desktop/root$ twine upload --repository-url https://
test.pypi.org/legacy/ dist/*
```

你将会被要求输入 Test PyPI 用户名和密码。一旦用户名和密码得到验证，就开始上传文件。结果如图 A-14 所示。

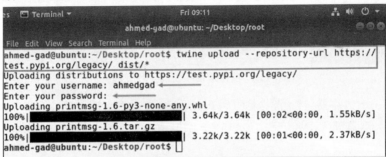

图 A-14　使用 twine 上传项目到 Test PyPI

在成功上传文件后，我们可以在 Test PyPI 中打开个人资料，查看上传的项目。图 A-15 显示了 printmsg 项目成功成为活动状态。注意，setup.py 文件内部的描述字段所使用的值现在已出现在仓库中。

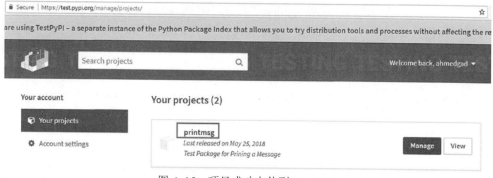

图 A-15　项目成功上传到 Test PyPI

A.8　安装来自 Test PyPI 的发布包

至此，我们成功打包并发布了 Python 项目。现在连接到互联网的用户可以下载它。为使用 pip 安装项目，可以使用下列命令。结果如图 A-16 所示。

```
ahmed-gad@ubuntu:~/Desktop/root$ pip install --index-url https://test.
pypi.org/simple/ printmsg
```

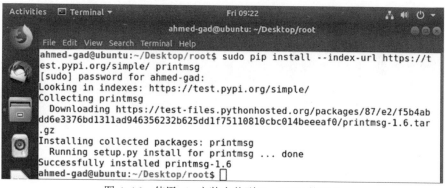

图 A-16　使用 pip 安装上传到 Test PyPI 的项目

A.9　导入和使用已安装的软件包

项目安装完毕后，可以导入它。现在可以执行代码清单 A-3 中的代码。不同之处在于，现在使用的是从 Test PyPI 仓库中安装的软件包，而不是手动安装的软件包。结果如图 A-4 所示。

A.10 使用 PyPI 而不是 Test PyPI

如果你决定将项目放入真正的 PyPI，那么可以重复先前的步骤，但需要进行一些改变。首先，必须在 https://pypi.org/ 上注册，获得用户名和密码。虽然这有点令人厌烦，但是你必须再一次注册，因为 Test PyPI 中的注册与 PyPI 中的注册不同。

第一个改变是，由于 PyPI 是默认的上传软件包的仓库，因此使用 twine 时不再使用--repository-url 选项。所需的命令如下所示：

```
ahmed-gad@ubuntu:~/Desktop/root $ twine upload dist/*
```

类似地，出于同样的原因，第二个改变是，在使用 pip 时忽略--index-url 选项(在安装软件包时，PyPI 是默认的仓库)。

```
ahmed-gad@ubuntu:~/Desktop/root $ twine upload dist/*
```